数据分析与大数据应用

陈思华　齐亚伟　杨海文　编著

科学出版社

北京

内 容 简 介

本书以常见的数据分析与大数据应用方法为主线，按照数据采集、数据存储与管理、数据预处理、数据分析与挖掘的逻辑关系分析大数据时代应如何采用量化方法分析经济问题。本书在定性分析的基础上，采用大量的实例和软件操作插图来直观地解释大数据分析方法的原理和应用，为读者提供"一站式"服务。同时，通过对线性回归、逻辑回归等计量方法，主成分分析、聚类分析等统计方法，以及神经网络、决策树、随机森林等机器学习方法的学习，实现大数据背景下传统计量、统计学数据分析方法向人工智能、机器学习方法的过渡。

本书可作为普通高等学校经济管理类及理工类高年级本科生和研究生的教学用书，也可作为对经济定量分析和软件操作感兴趣的工程技术人员的参考用书。

图书在版编目（CIP）数据

数据分析与大数据应用 / 陈思华，齐亚伟，杨海文编著. —北京：科学出版社，2022.4

ISBN 978-7-03-071706-1

Ⅰ. ①数… Ⅱ. ①陈… ②齐… ③杨… Ⅲ. ①数据处理 Ⅳ. ①TP274

中国版本图书馆 CIP 数据核字（2022）第 034207 号

责任编辑：方小丽 / 责任校对：贾伟娟
责任印制：张　伟 / 封面设计：蓝正设计

科学出版社 出版
北京东黄城根北街 16 号
邮政编码：100717
http://www.sciencep.com
北京九州迅驰传媒文化有限公司 印刷
科学出版社发行　各地新华书店经销
*
2022 年 4 月第　一　版　　开本：787×1092　1/16
2024 年 1 月第四次印刷　　印张：15 1/4
字数：362 000
定价：58.00 元
（如有印装质量问题，我社负责调换）

前言

　　党的二十大报告指出："我们要坚持教育优先发展、科技自立自强、人才引领驱动，加快建设教育强国、科技强国、人才强国，坚持为党育人、为国育才，全面提高人才自主培养质量，着力造就拔尖创新人才，聚天下英才而用之。"教材是教学内容的主要载体，是教学的重要依据、培养人才的重要保障。在优秀教材的编写道路上，我们一直在努力。

　　我们正处于一个大数据飞速发展的时代。随着互联网的飞速发展，特别是近年来随着社交网络、物联网、云计算及多种传感器等新数据源的出现，非结构化、半结构化数据呈现爆发式的增长，个人大数据、企业大数据、政府大数据等已经渗透到居民生活的方方面面。大数据是一种需要新处理模式才能具有更强的决策力、洞察力和流程优化能力的信息资产，具有海量、高增长率、多样化等特征。大数据所能带来的巨大商业价值，被认为将引领一场足以与20世纪的计算机革命匹敌的巨大变革。大数据正在促生新的蓝海，催生新的经济增长点，正在成为企业竞争的新焦点。人们必须掌握大数据思维，重新认识数据的重要价值。数据分析对我们深刻领会国情，把握规律，实现科学发展，做出科学决策，具有重要意义。

　　数据分析是从数据、信息到知识的过程，需要经济理论、数学与统计模型及计算机工具三者的结合。在数据量较少时，传统的数据分析方法能够发现数据中包含的知识。但面对海量数据时，数据处理的复杂度和速度要求更高，要更多地借助计算机工具和数据挖掘、机器学习等大数据技术手段挖掘大数据背后隐藏的知识。数据挖掘可以揭示数据之间隐藏的关系，将数据分析的范围从"已知"扩展到"未知"，从"过去"推向"将来"。机器学习不需要人过多干预，通过计算机的自主学习，发现数据规律，并通过数据可视化技术展示数据，以便更好地理解数据。

　　本书将在大数据应用背景下，拓展传统数据分析方法，按照数据采集与清洗、数据存储与管理、数据分析与挖掘的逻辑关系介绍大数据分析框架。数据收集后要明确数据的类型、规模，对数据中的"噪声"进行处理，得到结构统一的数据，以支持后续的数据建模。数据存储与管理是大数据分析的底层支撑，主要介绍存储介质的更新和相关存储技术的发展。本书从计量、统计和机器学习三个方面介绍了数据分析与挖掘的方法，并以具体案例和软件操作介绍了大数据分析与挖掘方法的应用。其中，计量方面主要采用线性回归和逻辑回归分析随机变量之间的数量关系；统计方面主要采用主成分分析和聚类分析等大数据挖掘技术对大数据进行降维或分类；机器学习方面主要采用神经网络、决策树和随机森林等人工智能技术模拟人类思考问题的模式，从大数据中挖掘出合适的模型进行分析决策与行为预测。

　　本书根据大数据分析的流程介绍了常见的大数据分析方法，每种方法都结合具体案例，并以贴图的形式给出了主流软件的详细操作步骤，在训练读者数据分析实操能力的同时，也锻炼了读者采用定量方法研究中国问题的数据思维。每一章的最后还放置了对应大数据分析方法在大数据时代的应用背景或面临的挑战，该内容可作为课后阅读或思政材料，激发读者了解时事政治，认识国情，加深对当前大数据分析方法的思考的兴趣。因此，无论对于在校学生，还是对于数据分析领域的其他人员，本书都是一本兼具操作性与实用性的读物。

本书由了解大数据前沿知识，精通各种软件操作且长期活跃在教学、科研一线的青年教师合作完成。第1~3章由江西财经大学应用经济学博士、安阳工学院讲师杨海文完成；第4~7章由江西财经大学信息管理学院教授、博士生导师齐亚伟完成；第8~10章由江西财经大学信息管理学院教授、博士生导师陈思华完成。最后由陈思华负责统一定稿。该团队积极探索大数据技术与传统定量分析方法的区别，以及大数据技术在经济管理问题中的应用，相信本书能帮助读者了解大数据及量化分析的魅力。

本书得到国家自然科学基金项目"逆全球化背景下中国制造业创新网络韧性的形成、演进及评价机制研究"（72363015），江西省社会科学"十四五"基金项目"创新生态系统驱动江西制造业发展能级的作用机制研究"（21YJ05）的资助。

由于我们的水平有限，对大数据分析方法的理解和掌握难免存在一定的局限性，本书可能存在不足之处，恳请读者批评指正，以便对其不断进行修正与完善。

编 者

2023 年 11 月

目　录

第1章

大数据分析技术概述

随着云计算、物联网、区块链等信息技术的兴起及社会网络、移动支付等应用的快速发展，数据正以前所未有的速度不断地增长和累积，大数据时代已经到来。最早提出大数据时代到来的是全球知名咨询公司麦肯锡，麦肯锡称："数据，已经渗透到当今每一个行业和业务职能领域，成为重要的生产因素。人们对于海量数据的挖掘和运用，预示着新一波生产率增长和消费者盈余浪潮的到来。"

大数据无处不在，为企业和个人带来了新的服务和机遇。几乎每个人都在用智能终端拍照、拍视频、发微博、发微信、购物，这些行为产生的数据无一例外都将被捕捉，未来或许我们的每个呼吸都会被精准记录。这些被记录的数据像海洋中的水滴、宇宙中的星体一样，等待着被开发利用，企业利用从中获取的新信息和知识可以提供更为精准的服务和开拓新业务。本章内容旨在让大家更好地认识大数据的应用场景及了解大数据分析技术。

■ 1.1 大数据的内涵

1.1.1 数据的概念

人们对客观规律的认知一般都经历了从早期单纯的定性分析到依靠数据进行精准的定量分析的历程。美国有句谚语叫"除了上帝，任何人都必须用数据来说话"。"数据"可以说是以数为据，也可以说是定量分析、预测、决策的依据，它帮助大家去认识、理解客观世界。人们对客观事物的感知和认识经历了三个连续的阶段：数据的组织阶段、信息的创造阶段及知识的发现阶段。数据、信息和知识这三者都是社会生产活动中的基础性资源，都可以采用数字、文本、符号、图像、声音、视频等形式来表示。而且，它们都同时具有客观性、真实性、正确性、价值性、共享性、结构性等特点。

1. 数据的组织阶段

数据是一种将客观事物按照某种测度感知而获取的原始记录，未被加工，没有回答特定的问题。现代计算机系统中，数据是指所有能输入到计算机并被计算机程序处理的符号的介质的总称。它反映了客观事物的某种运动状态，除此之外没有其他意义；它与其他数据之间没有建立相互联系，是分散和孤立的。

数据可以直接来自测量仪器的实时记录，也可以来自人的认识，但是大量的数据多是借助于数据处理系统自动地从数据源进行采集和组织的。数据源是指客观事物发生变化的实时数据。

数据是用来记录信息的可识别的符号，是信息的具体表现形式。

2. 信息的创造阶段

信息是客观事物状态和运动特征的一种普遍形式。信息的目的是消除不确定的因素。信息是根据一定的发展阶段及其目的进行定制加工而生产出来的。信息系统就是用于加工、创造信息产品的人机系统。根据对象、目的和加工深度的不同，可以将信息产品分为一次信息、二次信息直至高次信息。

利用信息技术对信息进行加工和处理，可以使数据之间建立相互联系，形成回答了某个特定问题的文本，或者赋予数字、声音、图像等某些意义。信息技术包含了对某种可能的因果关系的理解，回答了信息中关于 who（谁）、what（什么）、where（哪里）或 when（何时）等问题。信息虽赋予数据某种意义和关联，但它往往和人们手上的任务没有什么关联，不能作为判断、决策和行动的依据。

3. 知识的发现阶段

知识不是数据和信息的简单积累，而是人们运用大脑对获取或积累的信息进行系统化的提炼、研究和分析的结果。知识是可用于指导实践的信息，是人们在改造世界的实践中所获得的认识和经验的总和，能够精确地反映事物的本质。

知识可分为显性知识和隐性知识。显性知识是已经或可以文本化的知识，易于传播；隐性知识是存在于个人头脑中的经验或知识，需要进行大量的分析、总结和展现才能转化成显性知识。

数据→信息→知识→数据……的转化过程是螺旋上升的循环周期。人们运用信息系统，对信息和相关的知识进行规律性、本质性和系统性的思维活动，创造新的知识。随后，新的知识又开辟了需要进一步认识的对象和领域，并推动人们获取新的数据和信息，从而进入新一轮的上升式循环周期。

1.1.2　大数据的概念

1965 年，英特尔创始人戈登·摩尔提出著名的"摩尔定律"，即集成电路上可容纳的晶体管数目，约每隔 18 个月便会增加一倍。该定律带领人类进入信息时代。1998 年，图灵奖获得者 James Nicholas Gray（詹姆斯·尼古拉·格雷）提出"全球数据总量每 18 个月翻番"的"新摩尔定律"开始掀起大数据（big data）的巨浪。来自国际数据公司和数据存储公司希捷的一份新报告显示，中国创造和复制的数据将以每年 3% 的速度超过全球平均水平。该报告称，2018 年，中国共产生 7.6GB 数据，到 2025 年，这个数字将增长到 486GB。

近些年来，大数据一词越来越多地被提及。人们用它来描述和定义信息爆炸时代产生的海量数据、大规模数据等概念。大数据科学家 John Rauser 提到一个简单的定义：大数据就是任何超过了一台计算机处理能力的庞大数据量。迈克·德里斯科尔——Metamarkets 公司的联合创始人兼首席执行官——对于"大数据"有这样一个定义：数据无法用单台的计算机进行处理，必须采用分布式架构，对海量数据进行分布式数据挖掘。简单来说，当你的电脑不能再存储更多的数据时，你就会换一个更大容量的存储器来存储更多的数据。下面通过表 1.1.1 大致解释这个含义。

表 1.1.1　数据的分布等级

等级	大小	组成	适用于	举例
低	<10GB	表格数据	机器内存	上千个数据
中	10GB～1TB	索引文件，庞大的数据	机器硬盘	上百万个页面
高	>1TB	分布式系统基础架构，分布式数据库	存储于多机器	上百亿页面点击量

《著云台》的分析师团队认为，大数据通常用来形容一个公司创造的大量的非结构化和半结构化的数据，这些数据下载到关系型数据库用于分析时会花费过多的时间和金钱。大数据的出现对传统的数据存储、数据处理及数据挖掘提出了新的挑战，同时也深刻地影响着人类的生活、工作及思维。因此，大数据的概念不能只着眼于数据规模本身，而且要反映数据爆发背景下的数据处理技术与应用需求，是数据对象、技术与应用三者的统一。数据间具有结构性和关联性，是大数据与大规模数据的重要差别。大数据的对象既可能是实际的、有限的数据集合，如某个政府部门或企业掌握的数据库；也可能是虚拟的、无限的数据集合，如微博、微信等社交网络上的全部信息。从数据的类别上看，大数据指的是无法用传统流程或工具处理或分析的信息。它定义了那些超出正常处理范围和大小、迫使用户采用非传统处理方法的数据集。大数据是需要新处理模式才能具有更强的决策力、洞察发现力和流程优化能力的海量、高增长率和多样化的信息资产。

综上所述，大数据是指所涉及的资料量规模巨大到无法在一定时间范围内通过目前主流的软件工具进行捕捉、管理、处理的数据集合。大数据是通过新系统、新工具、新模型对大量、动态、能持续的数据进行挖掘，从而获得具有洞察力和新价值的东西，是基于云计算的数据处理与应用模式，通过数据的集成共享、交叉复用形成的智力资源和知识能力服务。为了从大数据中获得更多有价值的"新"信息，需要综合运用数据采集、分布式处理、数据挖掘等大数据技术。可见，大数据技术是从各种类型的大数据中，快速获得有价值的信息的技术及其集成，是令大数据中所蕴含的价值得以挖掘和展现的重要工具。

1.1.3　大数据的分类

根据大数据的产生方式可以将其分为机器产生的数据、Web 和社交数据及交易数据。机器产生的数据包括传感器、智能仪表、监控摄像头等设备产生的数据；Web 和社交数据包括 Web 上的新闻、评论、社交关系等数据；交易数据则主要是指电子商务网站、零售业等行业的交易数据。

根据大数据的结构类型可以将其分为结构化数据、非结构化数据和半结构化数据。结构化数据结构规整、语义明确，如交易数据；非结构化数据则没有明显的结构，数据的语义要从数据本身来推断，如文本、声音和视频；半结构化数据就是介于结构化数据（如关系型数据库、面向对象数据库中的数据）和非结构化数据（如文本、声音、图像等）之间的数据，HTML（hyper text markup language，超文本标记语言）文档就属于半结构化数据，它一般是自描述的，数据的结构和内容混在一起，没有明显的区分。

根据大数据产生和更新的频率可以将其分为高频数据、中频数据和低频数据。高频数据包括大部分机器产生的数据（如传感器数据）、社交媒体数据和交易数据等；中频数据包括 Web 文本数据（如新闻评论）；低频数据则包括搜索指数等。

与经济管理指标或日常生活有关的大数据可以分类如下。

（1）交易大数据。交易大数据包括主要电商平台、行业门户网站及专门交易网站的交易数据，交易对象包括商品、股票和大宗商品等，这类数据中包含了成交的信息和价格信息。这类数据主要是结构化数据，数据产生的频率可以是高频也可以是低频，其中高频数据主要涉及具体交易信息，而低频数据则指的是各种统计信息，如淘宝搜索指数、淘宝采购指数、阿里采购指数和阿里供货指数。这类数据可以在很大程度上反映电商行业的运行情况，并折射出全国和各区域主要行业宏观经济的运行情况（主要与消费、就业、金融、财政和国民经济总体等指标有关）。

（2）Web 文本大数据。Web 文本大数据主要包括 Web 上的新闻网页、研究报告、Web 评论、论坛、贴吧等 Web 资源库的数据。这类数据主要是非结构化数据，更具体地说，主要是文本数据。数据产生的频率为中频。从这类数据中，可以获取网友的各种观点；通过情感分析，反映民众的情绪状态和心理预期，从而间接反映消费、就业、财政等宏观经济面的状况，以及国家宏观经济政策对经济的影响。

（3）社交媒体大数据。社交媒体大数据主要包括微博、微信等社会媒体和社交平台上用户之间的关系网络，以及用户发表在这些平台上的言论和评论。这类数据也是非结构化数据，但是产生频率为高频。用户发表的言论和评论也是文本数据，但是与 Web 网页上的数据具有截然不同的特征；而用户之间的关系网络则为网状数据。这类数据也反映出消费、就业、财政等宏观经济面的状况，以及国家宏观经济政策对经济的影响。

（4）Web 行为大数据。Web 行为大数据主要包括 Web 上的搜索指数、Web 站点访问量、评论量、Web 论坛用户数、新增用户数等，从这类数据可以了解 Web 上各个主题的活跃度和关注度，进而折射出宏观经济面的运行情况。这类数据一般是低频数据，更新频率相对较低。这类数据可以用于对各个宏观经济面的预测。

（5）位置大数据。随着移动通信技术的飞速发展，以及位置服务（location based services，LBS）的流行，很多机构和产品服务商掌握了全国大量人口的地域流动信息，再结合其用户的注册信息数据，他们就可以对全国人口的流动情况进行精细化统计分析。例如，12306 网站的购票统计信息、航空公司的订票信息、旅行社出行信息等。这类数据是高频数据，并且一般是非（半）结构化的。对这些位置移动数据的长期监测，能够发现人口在不同地域之间迁移的信息，再结合对不同地域经济发展、产品结构、人口规模等数据的综合比对和分析，就能对不同地域的就业情况、贸易情况、经济活力等信息进行大数据监测分析。

1.1.4 大数据的特征

大数据的意义在于提供"大见解"，从不同来源收集信息，然后分析信息，从而揭示用其他方法发现不了的趋势。大数据主要有以下四个特征。

1. 规模性（volume）

大数据的规模性首先体现在数据量上。随着收集和分析的数据量的不断扩大，大量的数据由不同的源头持续产生，最后汇聚在一起形成海量的数据。如今，在相关数据的整合过程中，数据的量级越来越高，已从 GB、TB、PB 发展至 EB，甚至是 ZB。在大数据领域，人们需要处理海量、低密度的非结构化数据，而这些数据给我们带来的价值是未知的。例如，Twitter 数据流、网页或移动应用点击流，以及设备传感器所捕获的数据等。在实际应用中，大数据的数据量通常高达数十 TB，甚至数百 PB。

2. 多样性（varicty）

大数据来源于多种数据源。数据的类型多，分为结构化数据、半结构化数据和非结构化数据。随着互联网和物联网的发展，数据的类型又扩展到网页、社交媒体、感知数据，涵盖了音频、图片、视频、模拟信号等。数据类型的多样性为数据容量的扩大提供了支撑，有利于相关人员更方便地获得有用的数据，可以满足更多人群对数据信息的需求，还能够有效降低数据处理的难度，提高数据处理与分析的效率。

3. 高速性（velocity）

大数据的高速性指高速接收乃至处理数据时，数据通常直接流入内存而非写入磁盘。在实际应用中，某些联网的智能产品需要实时或者近乎实时地运行，要求实时评估和实时操作，而大数据只有具备高速特性时才能满足这些要求。数据的流动性非常高，该特性可能导致数据的价值和作用在一段时间内急速降低甚至消失，所以数据具有特别强的时效性。比如，搜索引擎要求几分钟前的新闻能够被用户查询到，个性化推荐算法要求尽可能实时地完成推荐。高速性是大数据区别于传统数据挖掘的显著特征。

4. 价值性（value）

大数据中含有大量可挖掘的价值。大数据的价值挖掘是一个完整的探索过程，而不仅仅是数据分析。虽然大数据蕴含的价值大，但其价值密度低，也就是说，大数据蕴含着巨大的价值，但并非所有的数据都是有用的，只有一部分数据具有核心的价值。

1.1.5　常见的大数据应用场景

1. 医疗领域

除了较早就开始利用大数据的互联网公司，医疗行业是让大数据最先发扬光大的传统行业之一。医疗行业拥有大量的病例、病理报告、治愈方案、药物报告等，如果这些数据可以被整理和应用，将会极大地帮助医生和病人。我们面对的数目及种类众多的病菌、病毒及肿瘤细胞，都处于不断进化的过程中，在诊断疾病时，疾病的确诊和治疗方案的确定是最困难的。

在未来，借助大数据平台我们可以收集不同的病例和治疗方案，以及病人的基本特征，由此可以建立针对疾病特点的数据库。如果未来基因技术发展成熟，就可以根据病人基因序列的特点对其进行分类，建立医疗行业的病人分类数据库。医生在诊断病人时可以参考病人的疾病特征、化验报告和检测报告，以及参考疾病数据库帮助病人快速确诊，明确定位疾病。在制订治疗方案时，医生可以依据病人的基因特点，调取相似基因、年龄、人种、身体情况的有效的治疗方案，以制订适合病人的治疗方案，帮助更多人及时进行治疗。同时这些数据也有利于医药行业开发出更加有效的药物和医疗器械。

医疗行业的大数据应用一直在进行，但是数据没有打通，都是孤岛数据，没有办法进行大规模应用。未来需要将这些数据收集起来，纳入统一的大数据平台，为人类健康造福。政府和医疗行业是推动这一趋势的重要动力。

2. 金融领域

大数据在金融行业的应用范围较广，典型的案例有花旗银行利用 IBM 沃森电脑为财富管理客户推荐产品；美国银行利用客户点击数据集为客户提供特色服务，如有竞争的信用额度；招商银行对客户的刷卡、存取款、电子银行转账、微信评论等行为数据进行分析，每周给客户发送有针对性的广告信息，里面有顾客可能感兴趣的产品和优惠信息。

金融行业的大数据面临的制约是数据没有打通。只有国家层面建设的统一数据库能够拿到部分企业和个人的一些信用记录，单个银行是无法拿到用户在其他银行的行为记录数据的。另外，银行在做信贷风险分析时，需要大量数据做相关性分析，但是这些数据来源于工商税务、质量监督、检察院、法院等各个政府职能部门，短期是无法拿到的。企业或个人日常产生的各种行为数据更难拿到，因此，银行对客户的风险性评估还是借用原来的方法。

3. 零售领域

零售行业的大数据应用有两个层面。一个层面是零售行业可以了解客户的消费喜好和趋势，从而进行商品的精准营销，降低营销成本；另一个层面是依据客户购买的产品，为客户提供其可能购买的其他产品，扩大销售额，这也属于精准营销范畴。另外，零售行业可以通过大数据掌握未来的消费趋势，这有利于热销商品的进货管理和过季商品的处理。零售行业的数据对于产品生产厂商来说是非常宝贵的，零售商的数据信息有助于厂商资源的有效利用，厂商依据零售商的信息按实际需求进行生产，可以减少不必要的生产浪费，降低产能过剩。

未来考验零售企业的不再只是供求关系的好坏，而且要看挖掘消费者需求的能力，以及高效整合供应链满足消费者需求的能力，因此信息科技技术水平的高低成为零售企业能否获得竞争优势的关键要素。不论是国际零售巨头，还是本土零售品牌，要想顶住日渐微薄的利润率带来的压力，在这片红海中立于不败之地，就必须思考如何在大数据时代拥抱新科技，并为顾客带来更好的消费体验。

4. 农业领域

农业关乎国计民生，且农产品不容易保存，因此，科学的规划有助于社会整体效率的提升。大数据技术可以帮助农牧民及政府实现对农业的精细化管理，实现科学决策。大数据在农业领域的应用主要是指依据未来商业需求的预测来进行农牧产品的生产，降低菜贱伤农的概率；同时大数据分析将更加精确地预测未来的天气气候，帮助农牧民做好自然灾害的预防工作；大数据也会帮助农民依据消费者的消费习惯来决定增加哪些品种的农作物的种植、减少哪些品种的农作物的生产，以提高单位种植面积的产值，同时有助于快速销售农产品，完成资金回流；牧民可以通过大数据分析来安排放牧范围，有效利用牧场；渔民可以利用大数据安排休渔期、定位捕鱼范围等；在数据驱动下，结合无人机技术，农民可以采集农产品的生长信息、病虫害信息，相较于过去雇用飞机成本将大大降低，同时精度也将大大提高；借助大数据提供的消费趋势报告和消费习惯报告，政府将为农牧业生产提供合理引导，建议依据需求进行生产，避免产能过剩，造成资源和社会财富的浪费。

5. 教育领域

随着信息技术的发展，大数据已在教育领域有了越来越广泛的应用。考试、课堂、师生互动、校园设备使用、家校关系……只要是技术能够到达的地方，各个环节都被大数据包裹。

在课堂上，数据不仅可以帮助改善教育教学，而且在重大教育决策的制定和教育改革方面，大数据更有用武之地。美国利用数据来判断处在辍学危险期的学生、探索教育开支与学生学习成绩提升的关系、探索学生缺课与成绩的关系。比较有趣的一个例子是，教师的高考成绩和所教学生的成绩有关吗？美国某州公立中小学的数据分析显示，在语文成绩上，教师的高考分数和学生的成绩呈现显著的正相关。也就是说，教师的高考成绩与他们现在所教语文课上的学生的学习成绩有很明显的关系，教师的高考成绩越好，学生的语文成绩也越好。让我们进一步探讨其背后真正的原因。其实，教师高考成绩的高低在某种程度上是教师的某个特点在起作用，而正是这个特点对教好学生起着至关重要的作用，因此教师的高考分数可以作为挑选教师的一个指标。如果有充分的数据，便可以发掘更多的教师特征和学生成绩之间的关系，从而为挑选教师提供更好的参考。

毫无疑问，在不远的将来，无论是教育管理部门，还是校长、教师，以及学生和家长，都可以利用大数据工具得到针对不同应用的个性化分析报告。通过大数据分析优化教育机制，做出更科学的决策，将带来潜在的教育革命。不久的将来，个性化学习终端将会更多地融入学习资源云平台，它可以根据每个学生的兴趣爱好和特长，推送相关领域的前沿技术、资讯、资源乃至未来的职业发展方向等。

6. 舆情监控领域

《黑猫警长》大家都很熟悉，它讲述的是黑猫警长如何精明能干、对坏人穷追不舍、跌宕起伏的故事。在大数据时代背景下，虽然它也能体现黑猫警长的尽职尽责、聪明能干，但人们不禁在想一个问题：疾病可以预防，难道犯罪不能预防吗？答案是肯定的。美国密歇根大学的研究人员就设计出了一种利用"超级计算机以及大量数据"来帮助警方定位那些最易受不法分子侵扰的片区的方法。具体做法是，研究人员根据大量的多类型数据（从人口统计数据到毒品犯罪数据再到各区域所出售酒的种类、治安状况、流动人口数据等）绘制了一张波士顿犯罪高发地区热点图。同时，还将相邻片区等各种因素加入到数据模型中，并根据历史犯罪记录和地点统计不断修正所得出的预测数据。

大数据时代，大量的社会行为正逐步走向互联网，人们更愿意借助互联网平台来表述自己的想法和宣泄情绪。社交媒体和朋友圈正成为追踪人们社会行为的平台。国家正在将大数据技术用于舆情监控，根据收集到的数据除了可以了解民众诉求、减少群体事件的发生之外，还可以进行犯罪管理。例如，一些好心人通过微博帮助别人寻找走失的亲人或提供可能被拐卖人口的信息，这些都是社会群体互助的例子。国家也可以利用社交媒体分享图片和信息，来收集个体的情绪信息，预防个体犯罪行为和反社会行为。

1.2 大数据时代企业管理决策面临的挑战

在大数据时代，企业管理人员需要充分挖掘大数据中所蕴含的价值，并将其转化成企业管理的有效资源，由此制定更准确的决策，为企业发展带来持续不断的竞争力。但是大数据作为一项新技术，与其相关的诸多方面还不够成熟。现阶段，人们都隐约地知道大数据的价值性很高，但具体如何充分挖掘大数据中所蕴含的价值、如何高效地利用这些价值、如何保证信息安全，尚未有明确的做法，企业也由此陷入困境。

1.2.1　数据分析人才不足

对大数据进行处理是企业应用大数据做出科学决策的前提。数据分析者是处理大数据、挖掘大数据价值的人员。只有数据分析者对数据关系重新构建，赋予数据新的意义，企业在进行管理决策时，才能够充分利用数据背后的价值，提高企业的核心竞争力。

但是，一个合格的数据分析人才，需要熟悉分析操作的工具、熟悉企业业务的运作细节、具备数据勘探知识。目前，同时具备这三种能力的人才是很稀缺的。大部分企业的数据分析科学家，都擅长为已经发生的问题找出问题源头并解决问题，但大都缺乏发觉未知问题的能力。从根本上来讲，很多企业长期以来对于数据的价值都没有充分的认识，也没有依赖数据做出决策的习惯，甚至很多还忽略了数据的存在。

1.2.2　数据分析的局限性

如今数据信息已经改变了人们的日常生活，但我们也要认识到，大数据分析由于技术的限制，局限性大。企业决策者需要认识到，大数据虽然可以给人们的生活带来方便，企业管理者在进行经营决策时也可根据大数据模型进行分析、解决，但管理者无法通过大数据来预测某些存在不确定性的活动，难以消除活动中存在的不确定性，更不能分析其价值观、情感表达。大数据虽然已融入各个行业，但其本身并不完善，企业必须要认识到这一情况，采用先进的技术和思维优化大数据存在的漏洞，不断创新，灵活运用大数据才是最正确的。

1.2.3　传统观念根深蒂固

改革开放之初，很多企业都从中获利。当时传统实体经济的作用非常大，但时代在进步，随着时间的推移互联网迎来了高速发展，很多传统企业未能适应互联网发展大潮而渐渐失去了竞争力，最后只能"关门"。目前，我国只有少部分企业重视大数据在决策方面的应用，多数企业管理人员还未真正认识到大数据的价值，一些企业管理者认为，大数据不过是简单的数据归纳和整理，其运用并不能给企业带来直接的效益。归根结底还是传统的管理观念根深蒂固，从而导致一些企业难以接受大数据在企业管理决策方面的应用。殊不知，在这个大数据时代，一个企业的数据占有量越多、数据整合越有效，其经营和发展就越占优势。还有一些企业虽然在做数据的整理和分析，但是其管理者还是遵循传统的管理模式，过于追求事情的因果关系。而在大数据时代，我们追求的并不是因果关系而是相关关系。在海量的数据中，只要挖掘出与提高企业利润相关性比较高的因素，就可在一定程度上为企业的决策管理提供战略支持，这就要求企业的管理者有敏锐的洞察力，同时这也对管理者的思维方式提出了一种新的挑战。

1.2.4　数据安全存在隐患

虽然海量信息的集中存储会使数据的分析更加便捷，但在管理不当的情况下，反而容易导致数据泄露、丢失或损坏，继而使得企业利益遭受重大损失。数据安全面临的威胁长期存在，研究表明，目前在泄密事故中由内部人员导致的泄密事故占75%以上。虽然通过管理制度规范、访问控制约束及审计手段威慑等防护措施能够在很大程度上降低内部泄密的风险，但在个人灵活掌握终端的情况下，这些防护手段仍然很脆弱。一旦终端信息脱离组织内部环境，泄密情况就可能发生。所以，为了保护信息的安全，必须采取更完善的措施对信息进行加密，只有这样才能够有效保护整个信息生命周期，从根本上解决泄密问题。

1.2.5　未形成有效的大数据思维

随着互联网技术的发展，数据无处不在，而海量繁杂的数据也对企业管理与应用数据的能力提出了新要求。随着电脑的普及，网络中每天都在产生大量的数据，高增长率是大数据的特点之一，这一特点使大数据具有时效性。我们在对大量的数据进行分析时，可能一大批新的数据已经产生，而原来的数据分析便失去了其原有的价值。在海量的信息中如何精准地收集数据、筛选信息成为企业发展面临的一项挑战。因此，在现代企业的竞争中，如何快速、精准地收集信息、对其真伪做出正确的判断并从中准确地进行筛选将成为企业制胜的重要因素；如何根据瞬息万变的数据做出准确而长远的判断，并找准工作的重心，而非一味被数据牵制将成为企业管理者应考虑的重要问题。

■ 1.3　大数据对企业管理决策的影响

大数据技术的发展带来了企业管理决策模式的转变，驱动着行业变革，衍生出新的商机和发展契机。驾驭大数据的能力已被证实为领军企业的核心竞争力，这种能力能够帮助企业打破数据边界、绘制企业运营全景视图、做出最优的商业决策。

1.3.1　优化决策环境

随着社会生产生活和科技的发展进步，大数据经过信息技术的催化，其数据量开启井喷增长模式，如何有效地运用大数据技术捕捉市场经济的发展规律、提高企业管理决策的时效性与准确性是企业目前重点思索的问题。依托于云计算的大数据环境深刻影响着企业的决策信息收集、决策方案制订及方案评估等过程，使决策环境发生了显著的变化。同时大数据视域下的企业管理决策表现出了鲜明的数据驱动特征，也就是数据驱动业务发展，为业务改良与创新提供积极可靠的导向。在信息技术高速发展的今天，企业要想充分深入地了解市场变化的特点，以及自身当前生产经营中存在的缺陷和不足，就需要全方位地收集市场数据，进而为自身的决策方案提供有效的指导。

1.3.2　提高决策能力

大数据时代下，企业管理决策的数据无论是形式还是内容都在不断扩大，而且数据的结构也在发生变化。但大数据的核心价值并不在于数据形式或其内容本身，而在于数据所潜藏的有利于企业发展的信息，因此企业要提高对大数据的重视程度，尤其要注重实时数据的作用。企业在从大数据中提取信息时，既要拥有数据收集能力，又要具备强大的数据整合和分析能力。任何企业的管理决策都不是一项简单的工作，在决策过程中，管理者需要对企业的发展和行业状况进行全面的分析和了解。在传统的企业管理决策中，对行业管理的认识是通过对一些文件和企业经营数据的分析来进行的，这些文件和数据是企业管理决策的前提，由于信息量大、信息隐藏深，如果没有一定的专业性和前瞻性，很难迅速找到有价值的数据。随着大数据技术的发展，管理者可以在更短的时间内分析更多的行业信息数据，从而进一步保证决策数据的准确性和可靠性，帮助管理者做出更好的企业管理决策。另外，在管理中如果仅依靠数据来完成重大事项的决策，则不免会出现与生产实际相脱离的问题，因此还需融合决策者的主观能动性，从而使决策更具可行性。

1.3.3 改变决策模式

大数据的推广应用彻底颠覆了传统的经验决策模式，传统的企业决策参与者大多是在一定程度上决定企业未来发展方向的人。随着大数据的推广应用，决策的主体由企业高层管理者拓展至一线员工。在网络媒体的宣传作用下，数据获取困难与数据缺失问题得到了较好的解决，越来越多的人接触并认识到了大数据技术，且逐渐参与到了企业的决策管理中，促使管理决策呈现民众化、多元化的特征。新时期下，数据分析师作为优秀的决策参与者，可以灵活运用机器学习、统计分析和分布式处理等技术从海量数据中提取出有价值的业务信息，并以直观形象的方式将其传达给企业的高层决策者，确保企业管理决策的高效性和科学性。

1.3.4 提升决策技术

面对急剧增长的数据量，企业正在致力于找寻低成本、易扩展的数据处理分析平台，用于整合海量数据，现阶段的云计算平台为大数据的管理提供了强有力的技术支撑，它不仅可以对大量的异构数据源进行统一结构化，而且还可以对数据进行一系列的转换处理，并将其以直观形象的方式传递给企业的高层决策人员作为事实参考。在此过程中，还应用了可视化技术，该技术可对原本抽象的数据信息进行加工使其转变为图文形式，有助于加深用户对信息的理解和掌握。大数据背景下，数据多以数据流的形态呈现，需要运用知识挖掘技术来探寻数据碎片间的潜在关联，并获得真正有价值的信息，因此企业需要加快技术创新，以利用最新的技术为其管理决策过程服务。

1.3.5 完善知识管理

企业的长足发展，离不开知识这一重要的内部资源。在大数据时代，庞大的数据中存在着人们所需的知识，知识的种类越来越多，知识的整体规模与数量也在不断增加。海量数据背景下，企业管理层的相关人员也面临极大的挑战，他们需要对数据进行深层次的挖掘与整理，筛选出有用的知识进行再利用，以服务于企业决策。

对知识的利用可以解决企业本身对消费者认知不足和外部信息匮乏的问题。在信息趋于透明的情况下，能够取得企业内部的信息资源是一种重大的进步，将得到的信息资源通过技术手段进行分析，可以推断出不同层次下的信息资源分配和技术分配的结果。企业对于信息资源的利用也趋于自动化，以往的企业信息管理都是通过人工处理数据，通过人工从数据中筛选信息资源并进行判别，当存在误差时并不能及时发现和弥补从而可能导致企业的判断失误，影响企业的正常运作。因此，通过数据解决这些失误是当今企业选择的管理方式，其不仅可以对资源进行充分调用，还可以用大数据处理的手段对信息资源进行总结和过滤，满足了企业高效运营的需求。

1.3.6 改变决策文化

企业文化是企业在发展过程中受企业发展方向、发展方式、发展理念及管理理念等多种因素影响而形成的企业内部文化体系，对于企业员工工作积极性的提高有着重要的影响，也会影响企业员工情感方向的发展。决策文化属于企业文化的一种，如果企业的决策文化过于感性则会影响员工的工作理念和工作方式，让员工过于依赖主观情绪。当决策主体可以利用科学化的数据制订决策方案时，会使决策文化逐渐向科学化的方向发展，使决策文化不再局限于主观的判断之中。决策文化客观化可以降低企业管理决策过程中的风险性，提升企业发展的稳定性，同时也可以转变企业员工的工作模式。企业的决策主体需要重视决策文化的构建，要正确认识新时代给企业管理决策带来的变化，促使企业内部的决策文化跟随市场、经济的发展而改变。

1.4 常见的大数据分析技术

随着"数智化"时代的到来，我们生活的方方面面都离不开数据。常见的大数据分析技术有数据采集、数据存储与管理、数据预处理、数据分析与挖掘、数据可视化。大数据分析技术是一个庞大的体系，如图 1.4.1 所示，我们可以用菜市场买菜来类比大数据分析技术的各个方面。

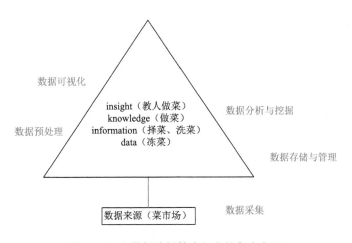

图 1.4.1 大数据分析技术包含的各个方面

数据来源（菜市场）：买菜，简单的事实，未处理的、无组织的数据。data（冻菜）：存储起来，方便管理和调用数据。information（择菜、洗菜）：经过结构化组织处理的数据。knowledge（做菜）：是通过学习将经验联系在一起的信息地图，具有预测、决策和概括的能力。insight（教人做菜）：准确而深刻地理解复杂问题或情况的能力（可以借助工具实现）

1.4.1 数据采集

数据采集，又称数据获取，是从传感器和其他待测设备等模拟和数字被测单元中自动采集信息的过程。数据采集是大数据生命周期中的第一个环节，是大数据分析至关重要的一个环节，也是大数据分析的入口。在互联网行业快速发展的今天，数据采集广泛地应用于互联网及分布式领域（常见的摄像头、麦克风等都可以成为数据采集的工具），此外，数据采集工具还整合了信号、传感器、激励器、信号调理、数据采集设备和软件应用等方式获取的各种结构化、半结构化和非结构化的海量数据。在数据采集过程中，主要面临的挑战和困难如下。

（1）数据的分布性：文档数据分布在数以百万计的不同服务器上，没有预先定义的拓扑结构相连。

（2）数据的不稳定性：系统会定期或不定期地添加和删除数据。

（3）数据的无结构和冗余性：很多网络数据没有统一的结构，并存在大量的重复信息。

（4）数据的错误性：数据可能是错误的或者无效的，错误来源有录入错误、语法错误、光学字符识别（optical character recognition，OCR）错误等。

（5）数据结构复杂：既有存储在关系数据库中的结构化数据，也有文本、系统、日志、图形、图像、语音、视频等非结构化数据。

过去，传统企业会使用传统的关系型数据库 MySQL 和 Oracle 来存储数据，因此，可以利用数据库进行数据采集。随着大数据时代的到来，快速增长的数据导致传统关系型数据库的存储效果不好。另外，由于可能存在成千上万的用户并发的访问和操作，如火车票售票网站和淘宝的并发访问量在峰值时可达上百万，因此传统的数据采集技术已经无法满足大数据的需求。如何部署大量的采集端数据库进行分布式采集，并保证数据库之间的负载均衡是值得思考的问题。常见的大数据采集方法主要有以下几种。

（1）数据库采集系统。传统企业会使用传统的关系型数据库 MySQL 和 Oracle 等来存储数据。随着大数据时代的到来，Redis、MongoDB 和 HBase 等 NoSQL 数据库也常用于数据的采集。企业在采集端部署大量的数据库，通过数据库采集系统直接与企业业务后台服务器结合，将企业业务后台每时每刻都在产生的大量的业务记录写入数据库中，并在这些数据库之间进行负载均衡和分片来完成数据采集工作。

同类型的数据库之间的相互访问是比较方便的：如果两个数据库在同一个服务器上，只要用户名设置没有问题，就可以直接相互访问，只需要在 from 后将数据库名称及表的架构所有者带上即可。例如，select * from DATABASE1.dbo.table1。如果两个系统的数据库不在一个服务器上，建议通过数据库连接服务器的形式处理，或者使用 OpenSet 和 OpenDataSource 的方式。通过数据库链路可以远程直接访问另一台服务器数据库中的数据。当然，虽然读取数据是非常方便且快捷的，但由于拥有远程用户的所有数据操作权限，因而可能会存在数据更新风险。而不同类型的数据库系统之间的链接就比较麻烦，如 Oracle、SQL Server、MySQL 等，一般通过第三方工具软件进行访问，如采用 Toad、PL/SQL，甚至 Access 等，但需要做很多设置才能成功。

（2）系统日志采集。许多公司的业务平台每天都会产生大量的日志数据。通过对这些日志数据进行采集、收集，然后对其进行数据分析，可以挖掘公司业务平台日志数据中的潜在价值，为公司决策和公司后台服务器平台性能评估提供可靠的数据保证。系统日志采集系统主要收集公司业务平台日常产生的大量日志数据，供离线和在线的大数据分析系统使用。高可用性、高可靠性、可扩展性是日志收集系统所具有的基本特征。系统日志采集工具为分布式架构，能满足每秒 100MB 的日志数据采集和传输需求。

目前常用的开源日志收集系统有 Flume、Scribe 及 Kafka 等。Flume 是一个分布式、可靠、可用的服务系统，用于高效地收集、聚合大量的日志数据，它具有传输基于流式数据的简单灵活的架构。其可靠性机制及许多故障转移和恢复机制，使 Flume 具有强大的容错能力。Scribe 是 Facebook 开源的日志采集系统。Scribe 实际上是一个分布式共享队列，它可以从各种数据源上收集日志数据，然后将其放入它上面的共享队列中。Scribe 可以接收 Thrift Client 发送过来的数据，Scribe 将其放入它上面的消息队列中，然后通过消息队列将数据推送到分布式存储系统中，并且由分布式存储系统提供可靠的容错性能。如果最后的分布式存储系统崩溃，Scribe 中的消息队列还可以提供容错能力，它会将日志数据写到本地磁盘中。Scribe 支持持久化的消息队列，以此支撑日志收集系统的容错能力。Kafka 最初是由 LinkedIn 公司开发的，是一个分布式的、支持分区的、多副本的、基于 Zookeeper 协调的分布式消息系统，它最大的特性就是可以实时地处理大数据以满足各种需求场景。

（3）网络数据采集。网络数据采集是通过网络爬虫或网站公开 API（application programming interface，应用程序接口；如 Twitter 和新浪微博 API）等方式从网站上获取数据信息的过程。网络爬虫会从一个或若干个初始网页的 URL（uniform resource locator，统一资源定位器）开始，获得各个网页上的内容，并且在抓取网页的过程中，不断地从当前页面上抽取新的 URL 放入队列，直到满足设置的停止条件。它可以将非结构化数据、半结构化数据从网页中提取出来，并将其提取、清洗、转换成结构化数据，进而存储在本地的存储系统中。

目前常用的网页爬虫系统有 Apache Nutch、Crawler4j、Scrapy 等框架。Apache Nutch 是一个高度可扩展和可伸缩的分布式爬虫框架。Apache 通过分布式抓取网页数据，并且由 Hadoop 支持，通过提交 MapReduce 任务来抓取网页数据，可以将网页数据存储在 Hadoop 分布式文件系统（Hadoop distributed file system，HDFS）中。Nutch 可以进行分布式多任务的数据爬取、存储和索引。由于多个机器并行做爬取任务，Nutch 可以充分利用多个机器的计算资源和存储能力，大大提高系统爬取数据的能力。Crawler4j、Scrapy 是一个爬虫框架，可以给开发人员提供便利的爬虫接口。开发人员只需要关心爬虫接口的实现，不需要关心具体框架怎么爬取数据。Crawler4j、Scrapy 框架大大减少了开发人员的开发时间，开发人员可以很快地完成一个爬虫系统的开发。

（4）感知设备数据采集。感知设备数据采集是指通过传感器、摄像头和其他智能终端自动采集信号、图片或录像来获取数据。随着移动互联网的兴起，移动终端也产生了大量的个性化信息，因此，利用各种感知设备或 APP 成为获取用户移动端数据的有效方法。大数据智能感知系统需要实现对结构化、半结构化、非结构化的海量数据的智能化识别、定位、跟踪、接入、传输、信号转换、监控、初步处理和管理等，其关键技术包括对大数据源的智能识别、感知、适配、传输、接入等。

1.4.2　数据存储与管理

大数据存储与管理是用存储器把采集到的数据存储起来，建立相应的数据库，并进行管理和调用。在大数据时代，主要解决大数据的可存储、可表示、可处理、可靠性及有效传输等几个关键问题，重点解决复杂结构化、半结构化和非结构化大数据管理与技术处理问题。同时，不仅要开发高效低成本的大数据存储技术，研究高效优化的存储、计算融入存储、大数据的去冗余；还要突破分布式非关系型大数据管理与处理技术，研究异构数据的数据融合技术、数据组织技术等，以及突破大数据分布式云存储技术。

高效低成本的大数据存储技术：分布式文件系统（distributed file system，DFS）。DFS是指文件系统管理的物理存储资源不一定直接连接在本地节点上，也可以通过计算机网络与节点相连。使用 DFS 可以轻松定位和管理网络中的共享资源、使用统一的命名路径完成对所需资源的访问。例如，Google 文件系统是一个可扩展的 DFS，用于对大型的、分布式的海量数据进行访问。它运行于廉价的普通硬件上，将服务器故障视为正常现象，通过软件的方式自动容错，在保证系统可靠性和可用性的同时，大大降低了系统成本。

分布式非关系型大数据管理与处理技术：NoSQL。传统的关系型数据库不仅难以满足高并发读写的需求，而且很难实现对海量数据高效率的存储和访问，同时难以满足对数据库高可扩展性和高可用性的需求。然而，NoSQL 数据库打破了传统的关系型数据库的事务一致性及范式的约束，放弃了关系数据库强大的 SQL，采用〈key, value〉格式存储数据，保证系统能提供海量数据存储的同时具备优良的查询性能。NoSQL 数据存储不需要固定的表结构，通常也不存在连接操作，具有模式自由、备份简易、接口简单和支持海量数据等特性，在大数据存取上具备传统的关系型数据库无法比拟的性能优势。

大数据分布式云存储技术：云存储。云存储是在云计算的概念上延伸和发展出来的一个概念，是通过集群应用、网络技术或 DFS 等功能，将网络中大量的不同类型的存储设备通过应用软件集合起来协同工作，共同对外提供数据存储和业务访问功能的一个系统。当云计算系统运算和处理的核心是大量数据的存储和管理时，云计算系统中就需要配置大量的存储设备，那么云计算系统就转变成为一个云存储系统，所以云存储是一个以数据存储和管理为核心的云计算系统。简单来说，云存储就是将存储资源放到云上供人存取的一种新兴方案，使用者可以在任何时间、任何地点、通过任何可联网的装置连接到云上方便地存取数据。

1.4.3　数据预处理

数据预处理是大数据处理中的重要一环，要使数据处理能挖掘出丰富的知识，就必须为它提供干净、准确、简洁的数据。然而实际中应用系统采集的原始数据是"脏"的、不完全的、冗余的和模糊的，很少能直接满足数据分析中数据挖掘算法的要求。在海量数据中无意义的成分也很多，它们严重影响了算法的执行效率，其中的噪声干扰还会造成无效的归纳。因此，数据预处理是大数据处理中的关键问题，预处理后数据的质量在很大程度上决定了后续数据分析结果的准确性。

数据预处理以发现任务作为目标，以领域知识作为指导，用全新的业务模型来组织原始数据，在原始数据集中发现不准确、不完整或不合理的数据，并对这些数据进行修补或移出，从而减少数据处理量、提高处理效率、提高知识发现的起点和知识的准确度。通俗点来说，数据预处理就是一个将"脏数据"替换成"高质量可用数据"的过程。常用的数据预处理技术包括数据清洗、数据集成、数据变换、数据归约等。

数据清洗一般由五个步骤构成，第一就是定义错误类型；第二就是搜索并标识错误实例；第三就是改正错误；第四就是文档记录错误和错误类型；第五就是修改数据录入程序以减少未来的错误。在按照数据清洗的步骤进行工作时还需要重视格式检查、完整性检查、合理性检查和极限检查。

数据集成是指将多个数据源中的数据结合起来，并统一存储，建立数据仓库。在数据集成时，同一属性在不同的数据库中可能有不同的名字，这可能会导致不一致性和冗余。包含大量冗余数据，可能降低知识发现过程的性能或使数据库陷入混乱，因此除了数据清洗之外，必须采取措施避免数据集成时的冗余。

数据变换是通过平滑聚集、数据概化、规范化等方式，将数据转换成适用于数据挖掘的形式。比如，在进行方差分析时，要求随机误差具有独立性、无偏性、方差齐次性。将数据经过适当的变换，如平方根变换、对数变换、平方根反正弦变换，可以令数据满足方差分析的要求。比如，顾客数据包含年龄和年薪属性，年薪属性的取值范围可能比年龄大得多，如果属性未进行规范化处理，则距离度量在年薪上所取的权重一般要超过距离度量在年龄上所取的权重。

数据归约是指在对挖掘任务和数据本身内容理解的基础上，寻找依赖于发现目标数据的应用特征，以缩减数据规模，从而在尽可能保持数据原貌的前提下，最大限度地精简数据量。数据归约包括维归约和数值归约，在维归约中使用数据编码方案，以便得到原始数据的简化或压缩表示，维归约的具体方法包括小波变换、主成分分析等。在数值归约中，使用参数模型或非参数模型，用较小的数据取代原始数据，具体方法包括抽样和数据立方体聚集。

总之，数据预处理对保持数据的一致性、提高数据质量起着重要的作用，因此广泛应用于各种数据分析中。尤其是在电子商务领域，尽管该领域大多数数据通过电子方式收集，但仍存在数据质量问题，影响数据质量的因素包括软件错误、定制错误和系统配置错误等。因此，需要通过检测爬虫与定期执行客户和账户的重复数据，对电子商务数据进行预处理。

1.4.4　数据分析与挖掘

数据分析与挖掘就是从大量的、不完全的、有噪声的、模糊的、随机的实际应用数据中，提取隐含在其中的、人们事先不知道的，但又潜在有用的信息和知识的过程。与传统数据的统计与计量经济学分析方法不同的是，数据分析与挖掘一般没有预先设定好的主题，主要是在现有的数据基础上进行基于各种算法的计算，从而起到预测效果，满足高级别数据分析的需求。

1. 数据分析与挖掘模型的分类

按照响应变量的不同，数据分析与挖掘模型主要可以分为监督模型和非监督模型，如图 1.4.2 所示。

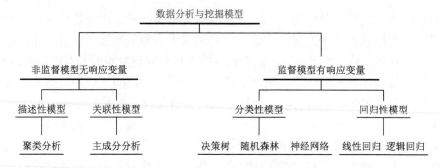

图 1.4.2　数据分析与挖掘模型的分类

监督模型预先知道预测的主体，它是从有标注的数据中，通过模型或学习策略寻找并定义特征（自变量，X）与标鉴（预测目标、因变量，Y）之间的关系，以实现通过 X 预测 Y 的目的。简单地说，就是让机器学会举一反三，它好比让学生在已知题目和答案的情况下去学习如何解题，这样下次遇到类似的题目就会做了。监督模型所用的数据集分为训练集和测试集，通过训练集得到最优模型，通过测试集直接判断模型的效果。根据 Y 的取值是离散的或者是连续的，可将监督模型分为分类性模型或者回归性模型。常见的分类性模型有决策树、随机森林、神经网络等。常见的回归性模型有线性回归、逻辑回归等。

非监督模型没有预测目标，它是在无标注的数据中，通过模型或学习策略了解数据的统计规律或者内在结构。简单地说，就是略去了监督模型中举一反三的过程，输入的仅仅是一堆数据，没有标签，也没有训练集和测试集之分，让算法根据数据本身的特征去学习。按照应用场景，可以分为描述性或关联性模型。常见的描述性模型为聚类分析。常见的关联性模型为主成分分析。

2. 机器学习的定义

随着人工智能时代的到来，机器学习成为数据分析与挖掘的主要方法。什么是机器学习（machine learning，ML）？Mitchell（1997）在信息论中将机器学习定义为"机器学习是对通过经验自动改进的计算机算法的研究"（machine learning is the study of computer algorithms that improve automatically through experience）。Alpaydin（2004）提出，"机器学习是用数据或以往的经验对计算机编程以此优化性能标准"（machine learning is programing computers to optimize a performance criterion using example data or past experience）。简而言之，机器学习是研究如何使用机器来模拟人类学习活动的一门学科。稍为严格的提法是：机器学习是一门研究机器如何获取新知识和新技能，并识别现有知识的学问，在本质上起源于计算机科学的人工智能（artificial intelligence，AI）领域。机器学习就是通过输入海量的训练数据对模型进行训练，使模型掌握数据所蕴含的潜在规律，进而对新输入的数据进行准确的分类或预测，其工作原理如图 1.4.3 所示。

春节期间支付宝发起的集五福活动，需要人们用手机扫"福"字的照片识别福字，该活动就是采用了机器学习的方法。首先，人们为计算机提供福字的照片数据，并通过算法模型进行训练，系统不断地更新学习，然后输入一张新的福字照片，机器就可以自动识别这张照片上是否有福字。不难看出，机器学习的效果依赖于大数据，数据量越大则学习的效果越好。而且机器学习的能力还可以根据最新的数据不断地动态更新。

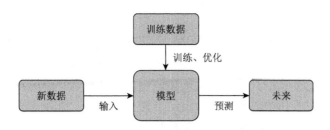

图 1.4.3　机器学习的工作原理

如果将机器学习看作一项任务，则神经网络（neural network）就是实现机器学习任务的一种方法。神经网络是一种由许多简单元组成的网络结构，这种网络结构类似于生物的神经系统，用来模拟生物与自然环境之间的交互。神经网络是一个比较大的概念，针对语音、文本、图像等不同的学习任务，其衍生出了更适用于具体学习任务的神经网络模型，如递归神经网络（recurrent neural network，RNN）、卷积神经网络（convolutional neural network，CNN）等。除了神经网络可以实现机器学习任务外，常见的还有回归、决策树、支持向量机、分类、强化学习、聚类等多种方法。

早在 20 世纪 40 年代，人工神经网络就已经被提出，但当时既无大数据，计算机运行速度也慢，在应用上一般采用很浅层的网络，故停滞不前。现如今，随着数据量越来越大及算法上的改进和优化，神经网络的层数变得越来越多，学习的效果也变得越来越好，人工神经网络逐渐发展成炙手可热的深度学习（deep learning）。深度学习本质上就是深层的神经网络，其动机在于建立、模拟人脑进行分析学习时的神经网络。它模仿人脑的机制来解释数据，如图像、声音和文本。含多隐层的多层感知器就是一种深度学习结构。深度学习通过组合低层特征形成用于表示属性类别的更加抽象的高层特征，以发现数据的分布式特征表示。集成学习是机器学习的一个重要分支，集成学习是使用一系列学习器进行学习，并使用某种规则对各个学习结果进行整合，从而获得比单个学习器更好的学习效果的一种机器学习方法。

个性化营销是机器学习影响最为广泛的领域之一。随着智能手机、社交媒体和其他数字通信形式的爆炸性增长，消费者现在比以往产生更多的数据。实际上，我们每天产生大约 2.5TB 的数据，或大约 50 000GB/秒，这相比 15 年前有了 500%的增长。在所有这些数据中，几乎每个人都拥有丰富的营销信息，远远超出了传统的营销统计数据。营销数据包括喜欢、不喜欢、购买模式、媒体消费模式，以及其他更多的数据点。营销人员正在使用机器学习来识别消费者，进而提供个性化的营销信息、优惠政策等，这样可以确保营销人员在正确的时间向正确的消费者提供正确的信息。

3. 机器学习与计量经济学、统计学的区分

机器学习、计量经济学、统计学都是经济定量研究中的有效手段。互联网及大数据模式下的经济活动促进了更多高维、更复杂的经验数据的产生，传统的计量经济学与统计方法在解决此类问题时，由于理论上的缺陷往往力不从心，而起源于人工智能领域的机器学习则为新范式下的经济研究提供了更加合适的研究方法，进而促使经济学研究由

当前的线性、低维度、有限样本、抽象模型向非线性、高维、大样本、复杂模型转变。具体而言，机器学习与传统的计量经济学、统计学在研究方式与目的、对数据的要求、方法论等方面有着不同程度的区别与联系。

1) 研究方式与目的

机器学习、计量经济学、统计学均以经验观测信息为研究对象，基于特定的数学、统计学和逻辑学理论对观测信息进行推理归纳，从中习得已有的经验信息、内在的规律或模式，并以模型的方式进行概括，使观测信息逼近经验现实，最后对所得结果加以检验和运用，但三者在具体的研究方式与目的上又有所不同。统计学侧重于统计建模与推断，计量经济学侧重于因果推断，而机器学习的主要目的在于预测。

计量经济学重点探讨其他条件不变的前提下，变量 X 的变化对 Y 的影响，即推断 x_i 对 y_i 的因果效应。为了识别并便于解释此因果关系，经济学家通常须对 $f(x_i;\beta)$ 的函数形式做很强的假定。比如，假设线性回归模型（线性模型最容易解释其参数 β 的含义）：

$$f(x_i;\beta) = x_i'\beta$$

计量经济学关注的重点为 $\hat{\beta}$，并针对 $\hat{\beta}$ 进行统计推断（点估计、区间估计、假设检验等）。显然，由于计量经济学对函数 $f(x_i;\beta)$ 的形式做了较强的假定，因而可能与现实不符。同时因为计量经济学关注的是推论和解释，所以其仅关注样本内数据的拟合效果，而不关注样本外数据的预测效果，故其预测效果一般并不理想。统计学也十分注重对于 $\hat{\beta}$ 的统计推断，但统计学所建模型可能只是相关关系，而不像计量经济学那样专注于因果关系。

机器学习旨在对经验数据或经验事实做出精确的预测，重点不是得到未知参数 β 的估计量 $\hat{\beta}$，而是最小化预测结果与真实结果之间的偏差。机器学习理论认为，好的模型要调和样本内拟合并有较好的样本外数据预测的结果。因此机器学习可使用任何函数 $f(x_i;\beta)$，甚至是难以解释的黑箱方法（如神经网络、支持向量机），只要预测结果与真实结果接近就好。这也导致大多数机器学习方法的可解释性较差，对数据生成过程方面的探讨不够充分。

2) 对数据的要求

传统的统计方法、计量方法所需的样本一般较少，且主要处理的是横截面、时间序列和面板的结构型数据。宏观经济领域的观测数量相对有限，通常是 50 个到 100 个观测的样本量，因此通常采用统计方法或计量方法进行观测。在大数据背景下，需要处理很多非结构型数据，包括文档、视频、图像，这些非结构型数据需要量化后才能进行分析，但量化过程又伴随着信息损失。传统的统计与计量模型往往难以应对这种高维、复杂的非结构型数据。

机器学习可以处理高维的非结构化数据，其基于计算机与人工智能的深度挖掘功能和基于高度复杂经验信息的模型选择及预测功能，为其应用提供了更多的可能性。另外，机器学习通常需要大样本，需要对大样本进行适当的训练和测试，才能对数据的分布特征进行正确的表示。不过当数据相对不足时，几种机器学习方法的混合使用，可以在一定程度上降低数据缺乏引发的模型选择风险。

此外，通过机器学习还能发现新数据、创造新变量。机器学习可以通过识别文本信息提供新数据来源，如通过识别网上消费者对产品或服务的在线文本评价来获得相关消费者消费偏好的数据信息。机器学习还可以根据卫星图像来预估未来农产品产出规模，这引发了一系列关于卫星数据的经济增长研究。此外，机器学习还可以基于非监督模型，如聚类、降维等，在没有对样本数据或向量设定任何"标签"的情况下，从数据中识别出其内部蕴含的关系，从而进行变量创建或维度约减。

3）方法论

传统计量模型以线性模型居多，参数估计方法主要有普通最小二乘法、矩估计和最大似然估计法。参数估计结束后无法直接比较 $\hat{\beta}$ 与 β 的接近程度，只能使用概率统计的渐近理论，也称为大样本理论，证明当样本容量趋向无穷大（$n \to \infty$）时，估计量 $\hat{\beta}$ 会（依概率）收敛到真实参数 β，以及 $\hat{\beta}$ 服从渐近正态分布等性质（以便进行统计推断）；并辅以小样本的蒙特卡罗模拟进行验证。统计推断是一种利用样本结果来证实原假设真伪的检验程序，其核心在于构造检验统计量及原假设下的抽样分布。如果一个检验统计量落在接受域中，那么它就是统计意义上不显著的，不能拒绝原假设。计量经济学中，t 检验和 p 值是检验模型是否可信的重要评判标准。

在机器学习中非线性模型居多，所以最大似然估计法成了参数估计的主流方法。由于机器学习的目的是最小化预测值与实际值之间的偏差，而实际值可以直接观测，所以可以直接比较预测值与实际值的接近程度（如均方误差、预测错误率等），无须使用高深的渐近理论（依赖于大数定律与中心极限定理等）来证明预测效果。

此外，从经济学方法的科学性角度来看，机器学习面对的数据更加海量化、复杂化和动态化，模型也更加高维化，而模型选择取决于数据特征。因此，机器学习的模型体系中，模型与数据的一致性要高于计量经济学中的，基本实现了模型与经验数据的一致。但也存在一个较为明显的缺点，科学的经济学模型体系要求模型与经济理论、经验现实的"三位一体"，而机器学习模型体系中缺少了经济理论这一部分。

1.4.5　数据可视化

数据可视化是指将大型数据库或者数据仓库中的数据以一种直观、形象的方法展示出来。其基本思想是将数据库中的每一个数据作为单个图形元素来表示，用大量的图形元素构成数据图像，同时将数据的各个属性值以多维数据的形式表示，从不同的维度观察数据，从而对数据进行更深入的洞察和分析。在数据可视化方面，主要的研究方向是将数据库或者数据仓库中的数据，从不同的抽象层次对属性、维度进行联合表示，以不同的呈现形式展现给用户。数据可视化具有三大功能：首先是解释数据（可以解释数据的可视化）；其次是探索数据（以全新的方式接触、传输、研究数据）；最后是发现知识通道（将信息转化为知识，将数据转化为信息和知识）。

在大数据分析的应用过程中，可视化通过视觉交互的方式帮助人们探索和理解复杂的数据。数据可视化在实现的过程中涉及计算机图形学、图像处理、人机交互、网络通信等领域的许多技术。数据可视化具有以下几个主要特点。

（1）交互性。用户可以方便地以交互的方式管理和开发数据。

（2）多维性。可以看到表示对象或事件的数据的多个属性或变量，数据可以按每一维的值进行分类、排序、组合和显示。

（3）可视性。数据可以用图像、曲线、二维图形、三维立体图形和动画来显示，并且可以对其模式和相互关系进行可视化分析。

可视化能够迅速和有效地简化与提炼数据流，可以帮助用户交互筛选大量的数据，有助于使用者更快更好地从复杂数据中得到新的发现，成为用户了解复杂数据、开展深入分析不可或缺的手段。数据可视化的未来依赖于数据的未来及我们与数据的关系，未来会有各种各样的设备用于收集和整理各种数据，当这些海量的数据源被收集出来后，就需要更多的技能或方法，对数据进行整理、拆解、分析和展示。未来，随着数据量的加大，对数据可视化的要求肯定会越来越高。

1.5 大数据分析工具介绍

从大数据的采集、存储、预处理、数据分析到数据可视化展示可以发现，利用大数据发现知识需要一整套的技术体系，需要熟悉大数据环境，要学会相关软件的选择、安装、调试及具体操作，要至少掌握一门编程语言。下面介绍大数据应用过程中常见的工具：Hadoop、Stata、R、Python。

1.5.1 Hadoop 简介

Hadoop 是一个用于处理（运算分析）海量数据的技术平台，且采用的是分布式集群的方式。Hadoop 最核心的设计就是：HDFS 和 MapReduce，HDFS 为海量数据提供了存储空间，MapReduce 为海量数据提供了计算。

Hadoop 是可靠的，由于它假设计算和存储会失败，因此它能够自动保存数据的多个副本，确保能够针对失败的节点重新进行分布处理。Hadoop 是高效的，因为它以并行的方式工作，通过并行处理可以加快处理速度。Hadoop 还是可伸缩的，能够处理 PB 级数据。Hadoop 是一个能够让用户轻松架构和使用的分布式计算平台，用户可以轻松地在 Hadoop 上开发和运行、处理海量数据。此外，Hadoop 依赖于社区服务器，因此它的成本比较低，任何人都可以使用。Hadoop 的应用场景及优缺点如表 1.5.1 所示。

表 1.5.1 Hadoop 的应用场景及优缺点

应用场景及优缺点	内容
应用场景	海量数据存储：各种云盘
	日志处理：对网站日志做抽取、转换、加载（extract-transform-load，ETL），存入 Hive 或各种关系数据库
	数据分析：Hive/Impala 等可用于离线数据分析，BI/Spark 和 HBase 等可用于实时的分析
	机器学习：用于标签、推荐系统
优点	高可靠性。Hadoop 按位存储和处理数据的能力值得信赖
	高扩展性。Hadoop 是在可用的计算机集簇间分配数据并完成计算任务的，这些集簇可以方便地扩展到数以千计的节点中
	高效性。Hadoop 能够在节点之间动态地移动数据，并保证各个节点的动态平衡，因此处理速度非常快
	高容错性。Hadoop 能够自动保存数据的多个副本，并且能够自动将失败的任务重新分配
缺点	Hadoop 不适用于低延迟数据访问。由于 Hadoop 针对高数据吞吐量做了优化，牺牲了获取数据的延迟，所以低延迟数据访问不适合 Hadoop
	不适合大量的小文件的存储
	Hadoop 不支持多用户写入并任意修改文件。Hadoop2.0 虽然支持文件的追加功能，但是还是不建议对 HDFS 上的文件进行修改，因为效率低

1.5.2　Stata 简介

Stata 是一套具有数据分析、数据管理及绘制专业图表等功能的综合性统计软件。它的功能十分强大，包含线性混合模型、均衡重复反复及多项式普罗比模式。Stata 软件可以通过网络实时更新每天的最新功能，更可以得知世界各地的使用者对于 Stata 公司提出的问题及解决之道，使用者也可以通过 Stata Journal 获得许多的相关讯息及书籍介绍等。Stata 的功能及优点如表 1.5.2 所示。

表 1.5.2　Stata 的功能及优点

功能及优点		内容
功能	统计功能	数值资料的一般分析：参数估计、t 检验、单因素和多因素的方差分析、协方差分析、交互效应模型、平衡和非平衡设计、嵌套设计、随机效应、多个均数的两两比较、缺项数据的处理、方差齐性检验、正态性检验、变量变换等
		分类资料的一般分析：参数估计、列联表分析（列联系数、确切概率）、流行病学表格分析等
		等级资料的一般分析：秩变换、秩和检验、秩相关等
		相关与回归分析：简单相关、偏相关、典型相关，以及多达数十种的回归分析方法，如多元线性回归、逐步回归、加权回归、稳健回归、二阶段回归、百分位数（中位数）回归、残差分析、强影响点分析、曲线拟合、随机效应的线性回归模型等
		其他方法：质量控制、整群抽样的设计效率、诊断试验评价等
	作图功能	Stata 的作图模块主要提供如下八种基本图形的制作：直方图（histogram）、条形图（bar chart）、百分条图（percent bar chart）、百分圆图（pie）、散点图（scatterplot）、散点图矩阵（matrix）、星形图（star）、分位数图（Q-Q plot）。这些图形的巧妙应用，可以满足绝大多数用户的统计作图要求。在有些非绘图命令中，Stata 也提供了专门绘制某种图形的功能，如在生存分析中提供了绘制生存曲线图的功能，在回归分析中提供了残差图的功能，等等
	矩阵运算功能	矩阵代数是多元统计分析的重要工具，Stata 提供了多元统计分析中所需的矩阵的基本运算，如矩阵的加、积、逆、Cholesky 分解、Kronecker 内积等；还提供了一些高级运算，如特征根、特征向量、奇异值分解等；在执行完某些统计分析命令后，还提供了一些系统矩阵，如估计系数向量、估计系数的协方差矩阵等
	程序设计功能	Stata 是一个统计分析软件，但它也具有很强的程序语言功能，这给用户提供了一个广阔的开发应用的天地，用户可以充分发挥自己的聪明才智，熟练应用各种技巧，真正做到随心所欲。事实上，Stata 的 ado 文件（高级统计部分）都是用 Stata 自己的语言编写的
优点		数据管理。Stata 有很多功能较强且简单的数据管理命令，能够让复杂的操作变得容易且高效
		统计分析。Stata 最大的优势可能在于回归分析（它包含易于使用的回归分析特征工具），如 Logistic 回归（附有解释 Logistic 回归结果的程序，易用于有序和多元 Logistic 回归）。Stata 也有一系列很好的稳健方法，包括稳健回归、稳健标准误的回归，以及其他包含稳健标准误估计的命令。此外，在调查数据分析领域，Stata 有着明显优势，能提供回归分析、Logistic 回归、泊松回归、概率回归等的调查数据分析
		绘图功能。Stata 能提供一些命令或鼠标点击的交互界面来绘图，它的绘图命令的句法简单，功能却强大，图形质量也很好

1.5.3　R 简介

R 是一套由数据操作、计算和图形展示功能整合而成的软件。包括：有效的数据存储和处理功能；一套完整的数组（特别是矩阵）计算操作符；拥有完整体系的数据分析工具；为数据分析和显示提供了强大的图形功能；一套（源自 S 语言）完善、简单、有效的编程语言（包括条件、循环、自定义函数、输入输出功能）。

R 的思想是：可以提供一些集成的统计工具，但更多的是提供各种数学计算、统计计算的函数，从而使使用者能灵活机动地进行数据分析，甚至创造出符合需要的新的统计计算方法。与其说 R 是一种统计软件，还不如说 R 是一种数学计算的环境，因为 R 对于使用者来说并不仅仅是提供若干统计程序，使用者只需指定数据库和若干参数便可进行一个统计分析。R 的优缺点如表 1.5.3 所示。

表 1.5.3   R 的优缺点

优缺点	内容
优点	开源。R 是一种开源语言，我们可以通过优化软件包、开发新软件包及解决问题来为 R 的发展做出贡献
	跨平台性。R 是与平台无关的语言或跨平台的编程语言，这意味着其代码可以在所有操作系统上运行。R 使程序员仅编写一次程序就可以为多个竞争平台开发软件。R 可以在 Windows、Linux 和 Mac 上轻松运行
	机器学习操作。R 允许我们执行各种机器学习操作，如分类和回归。为此，R 提供了用于开发人工神经网络的各种程序包和功能
	简便而强大的编程语言。可操纵数据的输入和输出，可实现分支、循环、用户可自定义功能
	包装阵列。R 有丰富的软件包集，R 在 CRAN 存储库中有 10 000 多个软件包，并且这些软件包正在不断增加，R 提供了用于数据科学和机器学习操作的软件包
缺点	占用内存。在 R 中，对象存储在物理内存中，与 Python 相比，R 使用更多的内存，它需要将整个数据放在内存中的某个位置。在我们处理大数据时，这不是理想的选择
	缺乏安全性。R 缺乏基本的安全性。它虽然是大多数编程语言的重要组成部分，但是 R 无法嵌入到 Web 程序当中，它的使用存在很多限制
	语言复杂。R 是一种非常复杂的语言，并且学习曲线很陡，没有先验知识或者编程经验的人可能会发现很难学习 R
	速度较慢。R 相比其他的编程语言要慢得多，在 R 中，算法分布在不同的程序包中，不了解软件包的程序员可能会发现难以实现算法

1.5.4   Python 简介

Python 是一种高层次的结合了解释性、编译性、互动性和面向对象的脚本语言。

Python 语言简洁而清晰，有丰富和强大的类库，设计也具有很强的可读性。Python 支持多种编程范型，包括函数式、指令式、结构化、面向对象和反射式编程。它拥有动态类型系统，具备垃圾回收和自动内存管理功能，并且其本身拥有一个巨大而广泛的标准库。Python 的设计哲学强调代码的可读性和语法的简洁（尤其是使用空格缩进划分代码块，而非使用大括号或者关键词）。相比于 C 或 Java，Python 让开发者能够用更少的代码表达想法。不管是小型还是大型程序，该语言都试图让程序的结构清晰明了。Python 的主要特点及优缺点如表 1.5.4 所示。

表 1.5.4   Python 的主要特点及优缺点

主要特点及优缺点	内容
主要特点	Python 是解释性语言。这意味着开发过程中没有了编译这个环节
	Python 是交互式语言。这意味着，您可以在一个 Python 提示符〉〉后直接执行代码
	Python 是面向对象的语言。这意味着 Python 支持面向对象的编程或将代码封装在对象中的编程技术
	Python 是初学者的语言。Python 对初级程序员而言，是一种友好的语言，它支持广泛的应用程序开发，从简单的文字处理到 www 浏览器再到游戏

续表

主要特点及优缺点	内容
优点	易于学习，学习成本低。Python 有相对较少的关键字、简单的结构，以及一个明确定义的语法，学习起来更加简单
	易于阅读。Python 代码定义得更清晰
	易于维护。Python 的源代码相当容易维护
	一个广泛的标准库。Python 的优势之一是拥有丰富的标准库，具有跨平台性，在 UNIX、Windows 和 Mac 系统具有较好的兼容性
	规范的代码。Python 采用强制缩进的方式使得代码具有极佳的可读性
	可扩展性。如果需要一段代码运行得更快或者希望某些算法不公开，可以把部分应用程序用 C 或 C++ 编写，然后在 Python 中使用它们
	可嵌入性。可以将 Python 嵌入到 C/C++ 程序，让 Python 的用户获得脚本化的能力
缺点	运行速度慢。相较于 Java、C 等语言来说，Python 的运行速度稍微慢一些。Python 速度慢不仅仅是因为一边运行一边翻译源代码，还因为 Python 是高级语言，屏蔽了很多底层细节。这个代价也是很大的，Python 要多做很多工作，有些工作是很消耗资源的，如管理内存
	代码加密困难。不像编译型语言的源代码会被编译成可执行程序，Python 是直接运行源代码，因此其对源代码加密比较困难

"大数据是怎么坑你的？"——以"得克萨斯州神枪手谬误"为例

　　得克萨斯州神枪手谬误，中文固有的说法又称为先射箭再画靶，是一种因果谬误，原用以形容流行病学上的集群错觉，后泛指将统计上随机产生的群集独立出来，宣称有统计显著性的谬误。通俗地讲，就是在大量的数据、证据中刻意地挑选出对自己的观点有利的数据、证据，而将其余对自己不利的数据、证据弃之不用。

　　在美国的得克萨斯州，有个人朝自己家的谷仓开了很多枪，然后在弹孔最密集的中心画了一个板，又在周围画上了很多圈，接着他就对外宣称自己是神枪手。虽然听起来很可笑，但是这种先开枪后画靶的错误在大数据分析当中非常常见，就连科研工作者也难免犯错。1992 年，有一项瑞典的流行病学研究想要确定高压输电线是否会对附近居民的健康产生负面影响，研究人员详尽地收集了输电线 300 米范围内 50 万居民长达 25 年的病史，结果他们发现高压线附近 15 岁以下的少年儿童的白血病发病率是一般人的 4 倍。欧美的不少媒体纷纷跟进报道各自国家输电线附近异常的发病情况。但是对于这项研究，物理学家首先提出了质疑，因为研究提到，高压线周围受辐射最强的那部分居民受到的磁场强度仅为 0.3 微特斯拉，而地球本身的磁场强度就是 50 微特斯拉，相比之下额外的辐射强度仅仅是一个零头。虽然受到了质疑，但是研究中统计数据给出的结论非常显著，所以瑞典政府也宣称要考虑将全国输电线附近的学校搬到较远的地方。直到 3 年之后，研究的原始数据公之于众，这才真相大白。原来，研究人员总共测算了高压线附近居民 800 多种疾病的发病率提高的比例，而研究人员只是拿出了发病率提高的比例最高的儿童白血病发表了文章，也就是说，这些瑞典的研究人员开了 800 多枪，最后在分数最高的弹孔（儿童白血病发病率）附近画了个靶。

　　在统计学上，往往会用统计显著性这个概念来分析两个人群的某个特征有没有明显的差异，一般将显著性水平 0.01 作为衡量是否显著的标准。如果说 A 组人群的某个疾病的发病率和 B 组人群有明显差异，这个差异既有可能来自某个特定原因，如环境污染，也有可能完全是由随机误差导致的。如果两组人是在 0.01 的水平下具有显著性差异，也就是说这两组人的差异只有 0.01 的可能性是由随机误差引起的，这是一个比较小的概率，所以可以比较确定地说这个差异是由某种原因造成的。

该案例中，在 0.01 的显著性水平下，只有 1% 的可能性说明高压电线对人类健康有影响。但是因为研究团队整整比较了 800 多种疾病，因此即使是 1% 的随机误差，平均下来也有 8 个疾病显示在两组间存在显著差异。果不其然，后续的一系列研究果然没有得出一致的结论，瑞典政府也暂停了搬迁学校远离高压线的考虑。

即使是完全随机的事件，只要数据足够大，弹孔足够多，总能找到符合数据的模型，让随机事件看起来隐藏了某种不存在的规律。每当你看到大数据给出的某个结论时，不要只是简单地相信这个结论，而要多想想这个结论背后的本质逻辑是否完全合理，想一想分析数据的人是不是要把这个"靶"卖给你。

人机大战——人工智能时代人类何去何从？

还记得人类历史上两次著名的人机大战吗？1996 年 2 月 10 日，IBM 公司的超级电脑深蓝首次挑战国际象棋世界冠军卡斯帕罗夫，但以 2：4 落败。其后研究小组对深蓝加以改良，1997 年 5 月再度挑战卡斯帕罗夫，最终深蓝电脑以 3.5：2.5 击败卡斯帕罗夫，成为首个在标准比赛时限内击败国际象棋世界冠军的电脑系统。2016 年 3 月，Google DeepMind 开发的人工智能围棋程序 AlphaGo（被戏称为"阿尔法狗"）挑战世界冠军韩国职业棋手李世石九段，最终 AlphaGo 以 4：1 战胜了李世石。2017 年 5 月 23 日，AlphaGo 在中国乌镇开始挑战世界围棋第一高手中国的柯洁九段，最终以 3：0 获胜。

这两次震惊世界的大赛都引发了新一轮的人工智能热潮，尤其是 AlphaGo 战胜李世石的那一次，给人类带来的惊天动地的影响还在继续，而且看不到衰减的趋势。为此，"阿尔法围棋"入选 2016 年度中国媒体十大新词。两次人机大战虽都以机器胜利告终，但是机器获胜的原理却完全不同。深蓝采取的是穷举法。国际象棋的游戏复杂度是 10 的 46 次方，对于现代计算机来说不是一个天文数字。深蓝采取的策略非常简单粗暴：在人类对手下完之后，靠着机器强大的计算能力穷尽棋盘上的每一种可能性，并从其中排除会令自己落败的方法。所以深蓝的胜利主要是硬件和优化算法的胜利，严格意义上，深蓝并不能被看作一种"智能"。但围棋的游戏复杂度达到了 10 的 172 次方——要穷尽它的策略选择是不可能的。因此，AlphaGo 完全摆脱了之前靠预设规则进行暴力搜索的思路，它的"大脑"是机器学习系统，支撑 AlphaGo 的机器学习算法是"深度学习+强化学习"。AlphaGo 采用两个神经网络，一个叫作价值网络（value network），预测比赛胜利方；另一个叫作策略网络（policy network），负责选择下一步的走法，这两个网络共同决定了它的决策。AlphaGo 通过获取人类对局中海量的围棋棋谱得到用于分析的学习样本，通过对着子纪录和胜负关系进行深度学习，AlphaGo 可以逐渐理解在不同的棋局里哪些下法更容易赢、哪些下法更容易输。接着，它用分析得到的策略去和人类对弈，或者和自身对弈进行训练，保留更优的着法，不断重复下去最终获得了技能提升。

2017 年 10 月 18 日，DeepMind 团队公布了最强版阿尔法围棋，代号 AlphaGo Zero，该系统采用新的强化学习方法。它不再需要人类数据，一开始甚至并不知道什么是围棋，只是从单一神经网络开始，通过神经网络强大的搜索算法，进行自我对弈。随着自我对弈的增加，神经网络逐渐调整，提升预测下一步的能力，最终赢得比赛。更为厉害的是，随着训练的深入，阿尔法围棋团队发现，AlphaGo Zero 还独立发现了游戏规则，并走出了新策略，为围棋这项古老的游戏带来了新的见解。从中可以看出，阿尔法围棋取胜包含了非常深刻的机器学习智慧，是一部学习机器学习甚至是人类决策的绝好教材。

■ 本 章 小 结

大数据时代已经到来，数据成为重要的生产要素。本章介绍了大数据的内涵、大数据分析技术及大数据分析工具。

（1）大数据是对大量、动态、能持续的数据，通过新系统、新工具、新模型的挖掘，使用户获得具有洞察力和新价值的东西。大数据是基于云计算的数据处理与应用模式，通过数据的集成共享、交叉复用形成的智力资源和知识能力服务。

（2）大数据技术是从各种类型的大数据中，快速获得有价值的信息的技术及其集成，是令大数据中所蕴含的价值得以挖掘和展现的重要工具。常见的大数据分析技术有数据采集、数据存储与管理、数据预处理、数据分析与挖掘、数据可视化。

（3）机器学习、计量经济学、统计学都是经济定量研究中的有效手段。而起源于人工智能领域的机器学习为新范式下的经济研究提供了更加合适的研究方法，进而促使经济学研究由当前的线性、低维度、有限样本、抽象模型向非线性、高维、大样本、复杂模型转变。

（4）Hadoop、Stata、R、Python 等是大数据应用过程中常见的工具。

第 2 章

大数据的采集

随着互联网技术的快速发展，网络已经深度融入人们的社会生活，人们可以借助网络查找有用的生活信息、下载学习资料、通过特定的数据库或平台寻找科学成果。网络变成了一种线上生活方式，同时网络上也留下了大量的有用数据。因此，人们面临的一个巨大的挑战就是如何从网络中提取有效信息并加以利用。网络自动抓取数据最常见且有效的方法是网络爬虫。

■ 2.1 网络爬虫介绍

大数据时代来临，网络成为当今世界最大的信息载体，且互联网中的数据量庞大。这些数据通常呈现出非结构化特征，不像结构化数据经常规处理之后就可以直接使用。如果手动收集这些非结构数据，将会耗时耗力。于是，一种高效的自动化处理方式出现了，那就是网络爬虫。爬虫技术最早在搜索引擎中使用，是一种按照一定的规则，自动地抓取万维网信息的程序或者脚本，用于在搜索引擎中提供网页的信息，方便用户了解网站中的内容（朱筱筱，2019）。

网络爬虫又称为网页蜘蛛或网络机器人，它是一种可以用来自动收集网页信息的技术，该技术为人们高效利用万维网信息，特别是提取和整合感兴趣或者有价值的信息提供了极为便利的手段。网络爬虫一般分为数据采集、处理、存储三个部分，网络爬虫一般从一个或者多个初始 URL 开始下载网页内容，然后通过搜索或内容匹配手段获取网页中感兴趣的内容，同时不断地从当前页面提取新的 URL，根据网页抓取策略，按一定的顺序将其放入 URL 队列中，整个过程循环执行，直到满足系统相应的停止条件，然后对这些被抓取的数据进行清洗、整理并建立索引，存入数据库或文件中，最后根据查询需要，从数据库或文件中提取相应的数据，并以文本或图表的方式显示出来。利用网络爬虫可以爬取 URL 中的各种信息，如链接、图片、音乐、视频和各种特定数据，并按照自己构建的存储方式对其进行归纳整理或下载保存，网络爬虫将烦琐低效的人工整理过程变成了自动化的过程，且该过程在处理时间上更灵活，能够反复执行，直到获得全部满意的结果。

需要注意的是，爬虫虽然非常实用，可以抓取互联网大量有价值的信息，但是网络爬虫是受法律约束的。2019 年，中国网信网公布了《网络爬虫的法律规制》，爬虫使用者需要认真对待，规范自己的爬虫使用行为。但仍有部分爬虫使用者的爬虫行为不规范，更有甚者因此触犯法律。除不法分子利用网络爬虫达到自己的不法目的外，目前社会上对爬虫应用的法律意识不足也是一个重要的影响因素，尤其是程序员群体，他们大多在应用爬虫时只关注如何达到抓取数据的目的，并没有考虑到触犯法律法规的严重后果（朱筱筱，2019）。

2.2　网络爬虫应用

网络爬虫应用非常广泛，几乎涉及上网的方方面面。下面列举几个常用的应用场景。

应用场景 1：信息检索。爬虫最早起源于搜索引擎，搜索引擎对每个上网的用户来说可能都再熟悉不过了，常见的搜索引擎如图 2.2.1 所示。

![常见的搜索引擎：Baidu百度、Google、必应、搜狗搜索、360搜索]

图 2.2.1　常见的搜索引擎

大多数用户只是输入关键词，在回车之后获取搜索引擎为我们列出的搜索结果，很少有用户会去思考搜索引擎是怎么工作的。实际上搜索引擎的首要工作就是利用网络爬虫爬取各个网站的页面信息，并沿着网页的相关链接在 Web 中采集资源，随后以列表的形式反馈给用户。网络爬虫的处理能力往往决定了整个搜索引擎的性能及扩展能力等。比如，百度搜索引擎的爬虫称为百度蜘蛛。一旦有网站的页面更新了，百度蜘蛛就会出动，然后把爬取的页面信息搬回百度，再进行多次的筛选和整理，最终当用户在百度搜索引擎上检索对应的关键词时，百度将对关键词进行分析处理，然后从收录的网页中找出相关网页，按照一定的排名规则进行排序，并将结果展现给用户。可以说，没有网络爬虫，我们使用搜索引擎查询资料的时候，就不会那么便捷、全面和高效。

应用场景 2：网购比价。网购是我们当今最为常见的一种生活需求。可供我们使用的购物网站非常之多，常见的购物网站如图 2.2.2 所示。

图 2.2.2　常见的购物网站

当你在购物网站中找你想要的商品时，通常会使用购物网站自带的搜索栏进行搜索，但是如果你想跨购物网站进行搜索并对比价格该如何操作呢？这时候就可以利用爬虫将各个网站的商品信息爬取到一起。然后将爬取到的商品信息过滤后保存在数据库中，为对比商品价格提供数据支撑。数据的内容主要包含商品编号、商品名称、商品历史价格、销量、评论量、发货地址、店铺 ID、店铺名称、店铺描述评分、商品系统评分、推荐理由等。

应用场景 3：汇集网页数据。如果你需要通过常见的购物网站研究某类商品在网上的销售情况，需要通过天眼查研究某个地区的企业分布情况，需要汇集某类自己感兴趣的购票交易信息，需要通过哔哩哔哩汇集你自己感兴趣的所有视频的相关信息，等等，这时就可以利用爬虫来完成这些任务，然后还可以进一步将收集的数据放入统计软件中进行统计分析。

应用场景 4：批量下载图片、音乐、电影。如果要批量下载你感兴趣的图片、音乐、电影，就需要批量获取它们的下载链接，然后使用专门的下载软件来下载。批量获取下载链接可以使用网络爬虫来爬取，然后将爬取的下载链接保存在指定的文件中即可。

2.2.1　网络爬虫的基本结构及工作流程

一个通用的网络爬虫的框架如图 2.2.3 所示。

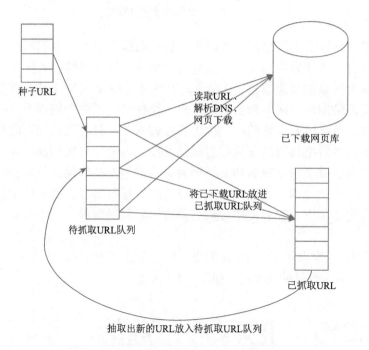

图 2.2.3　通用的网络爬虫的框架

网络爬虫的基本工作流程如下。
（1）首先精心挑选一部分种子 URL。
（2）将这些 URL 放入待抓取 URL 队列。
（3）从待抓取 URL 队列中取出待抓取 URL，解析 DNS，得到主机的 IP，并将 URL 对应的网页下载下来，存储进已下载网页库中。此外，将已下载 URL 放进已抓取 URL 队列。
（4）对于刚下载的网页，抽取出其所包含的所有 URL，并在已抓取 URL 队列中检查，如果发现这个 URL 还没有被抓取过，则将这个 URL 放入待抓取 URL 队列，从而进入下一个循环。

2.2.2　抓取策略

在爬虫系统中，待抓取 URL 队列是很重要的一部分。待抓取 URL 队列中的 URL 以什么样的顺序排列也是一个很重要的问题，因为这涉及先抓取哪个页面，后抓取哪个页面。而决定这些 URL 排列顺序的方法，叫作抓取策略。下面重点介绍几种常见的抓取策略。

1. 深度优先遍历策略

深度优先遍历策略是指网络爬虫会从起始页开始，一个链接一个链接地跟踪下去，处理完这条线路之后再转入下一个起始页，继续跟踪链接。我们以图 2.2.4 为例。

遍历的路径：A-F-G E-H-I B C D。

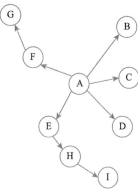

2. 宽度优先遍历策略

宽度优先遍历策略的基本思路是，将在新下载网页中发现的链接直接插入待抓取 URL 队列的末尾。也就是说网络爬虫会先抓取起始网页链接的所有网页，然后再选择其中的一个链接网页，继续抓取此网页链接的所有网页。还是以图 2.2.4 为例。

遍历路径：A-B-C-D-E-F G-H I。

图 2.2.4　遍历策略

3. 反向链接数策略

反向链接数是指一个网页被其他网页链接指向的数量。反向链接数表示一个网页的内容受其他人推荐的程度。因此，很多时候搜索引擎的抓取系统会使用这个指标来评价网页的重要程度，从而决定不同网页抓取的先后顺序。

在真实的网络环境中，由于广告链接、作弊链接的存在，反向链接数不能完全准确地评价网页的重要程度。因此，搜索引擎往往考虑一些可靠的反向链接数。

4. Partial PageRank 策略

Partial PageRank 策略借鉴了 PageRank 算法的思想：已经下载的网页，连同待抓取 URL 队列中的 URL 形成网页集合，然后计算每个页面的 PageRank 值，计算完之后，将待抓取 URL 队列中的 URL 按照 PageRank 值的大小排列，并按照该顺序抓取页面。

如果每抓取一个页面，就重新计算 PageRank 值，显然效率太低，一种折中方案是：每抓取 K 个页面后，重新计算一次 PageRank 值。但是这种情况还有一个问题：从已经下载下来的页面中分析出的链接为未知网页，它暂时是没有 PageRank 值的。为了解决这个问题，会给该未知页面一个临时的 PageRank 值，并与其他待下载网页的 PageRank 值一起排序。

5. 在线页面重要性计算策略

在线页面重要性计算（online page importance calculation，OPIC）策略实际上也是对页面进行一个重要性的打分。在开始前，给所有页面一个相同的分值，当下载了某个页面后，将该页面的分值平均分摊给这个页面内的所有链接，并清空该页面的分值。对待抓取 URL 队列中的所有页面按照分配的分值进行排序。

6. 大站优先策略

对待抓取 URL 队列中的所有网页，根据其所属的网站进行分类。待下载页面数多的网站，优先下载。这个策略也因此叫作大站优先策略。

2.3 网络爬虫程序 Web Scraper

目前，可以用来完成网络爬虫的程序和方式有很多，一种是利用 Python、R、Stata 等软件程序自己编写，这种情况下，除了需要熟悉这些软件本身之外，还需要熟悉 HTML 基础、HTTP 协议、数据库、算法、JavaScript、XML 解析和正则表达式等，相对学习成本更高。另一种是使用一些开发好的爬虫工具或软件，如火车头、后羿采集器和一些浏览器爬虫插件。火车头和后羿采集器虽然已经菜单化了，但是对于一些初学者来说，还是很难快速入门。综合评估各种程序，发现简单易懂、学习成本相对较低、功能较为强大的是爬虫程序是 Web Scraper[①]。其实，爬取数据中最为常见的是文本的爬取，而 Web Scraper 是一款专注于文本爬取的爬虫工具。Web Scraper 的安装非常方便，而且无须注册、永久免费，入门门槛极低，只需要点击几次鼠标就能零代码完成特定任务的爬虫。Web Scraper 以插件的方式安装在谷歌浏览器或 QQ 浏览器上，且几乎可以实现学习工作中 90% 以上的爬取需求。该程序还可以使用 Web Scraper Cloud 自动提取数据，但是这是一种付费需求。下面对该程序的使用进行详细介绍。

2.3.1 Web Scraper 的下载与安装

首先需要在自己的电脑上安装 Chrome 浏览器，然后进入 chrome 网上应用店，在搜索栏中搜索 Web Scraper，出现的界面如图 2.3.1 所示。

图 2.3.1 在 Chrome 浏览器中搜索爬虫插件 Web Scraper

---

① 网络爬虫程序 Web Scraper 的下载网址是：https://www.webscraper.io/cloud-scraper?utm_source=extension&utm_medium=popup&utm_campaign=learn。

点击右面的链接"Web Scraper-Free Web Scraping"，出现如图 2.3.2 所示的窗口，然后点击右上角的按钮"添加至 Chrome"，就可以完成安装。如果已经安装过，则右上角按钮为"从 Chrome 中删除"。

图 2.3.2　爬虫插件 Web Scraper 在 Chrome 浏览器的安装界面

经过以上两个步骤，就可以把 Web Scraper 插件安装在 Chrome 浏览器中，以后它就嵌入到你的 Chrome 浏览器中了，在使用时只需要按下快捷键 F12，然后选择 Web Scraper 就可以了（图 2.3.3）。

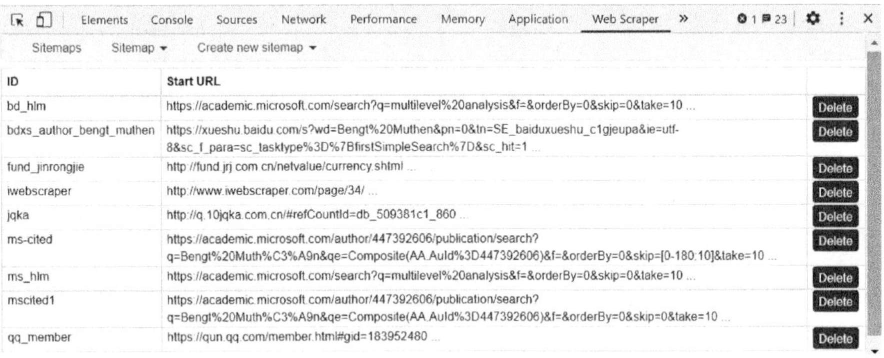

图 2.3.3　Chrome 浏览器中 Web Scraper 的使用界面

2.3.2　Web Scraper 的菜单介绍

点击 Web Scraper 选项卡之后，会出现如图 2.3.4 所示的 Web Scraper 的功能界面。该界面非常简洁，一共由五部分构成：①是站点地图；②是站点地图爬虫操作的主菜单；③是创建新的站点地图；④是已经创建的站点地图；⑤是已经创建的站点地图对应的主页。

图 2.3.4　Web Scraper 的功能界面

图 2.3.5 所示的 Sitemap 选项卡是 Web Scraper 创建爬虫程序最重要的菜单，一共包括七个选项：Selectors（选择器）、Selector graph（选择器绘图）、Edit metadata（编辑元数据）、Scrape（爬取）、Browse（浏览）、Export Sitemap（导出站点地图）、Export data as CSV（导出数据为 csv 格式）。其中 Selector graph 可以展示你创建的爬虫结构。图 2.3.6 是 Create new sitemap 选项卡，包括：Crcatc Sitcmap（创建站点地图）、Import Sitemap（导入站点地图）。图 2.3.7 为 2.4.1 节案例分析一中爬取同花顺金融数据时的一个爬虫结构。

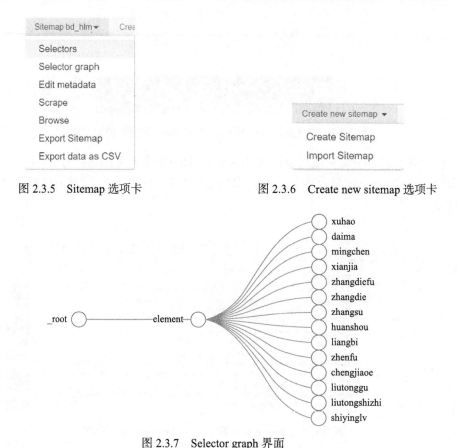

图 2.3.5　Sitemap 选项卡　　　　　　图 2.3.6　Create new sitemap 选项卡

图 2.3.7　Selector graph 界面

■ 2.4　案例分析

下面以三个例子来说明 Web Scraper 在网络爬虫中的实际应用。

2.4.1　案例分析一：爬取同花顺股票交易信息

同花顺是一个常用的金融网站，该网站上有最新的股票交易信息，可以使用网络爬虫帮助我们把想要的数据爬取下来，以同花顺个股行情页面为例，该网站首页的网址为：http://q.10jqka.com.cn/#refCountId=db_509381c1_860。该页面的最下面列出了最新的股票交易信息，下面给出的是 2021 年 8 月 27 日的股票交易信息，包括股票的序号、代码、名称、现价、涨跌幅（%）、涨跌、涨速（%）、换手（%）、量比、振幅（%）、成交额、流通股、流通市值和市盈率。在 Chrome 浏览器中打开以上网站，按下键盘的 F12，点击 Web Scraper 选项卡，在 Web Scraper 的 Create new sitemap 中点击 Create Sitemap，出现如图 2.4.1 所示的界面。

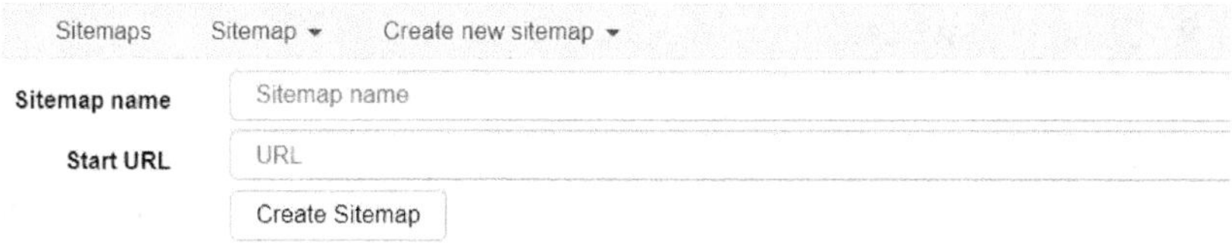

图 2.4.1　Web Scraper 的 Create new sitemap 界面（一）

　　在图 2.4.1 所示界面的 Sitemap name 中填入站点地图的名字，在 Start URL 中填上网址 http://q.10jqka.com.cn/#refCountId=db_509381c1_860。点击 Create Sitemap 之后出现的界面如图 2.4.2 所示，该界面称为 Web Scraper 的 Create new sitemap 根界面。

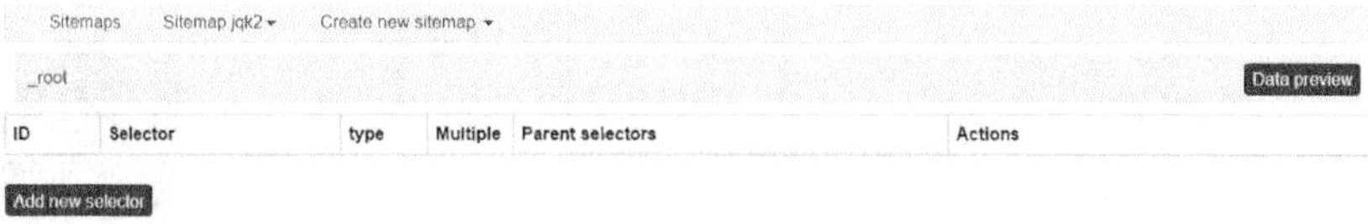

图 2.4.2　Web Scraper 的 Create new sitemap 根界面

　　点击图 2.4.2 所示界面中的 Add new selector 来添加新的选择器，这时出现如图 2.4.3 所示的界面。

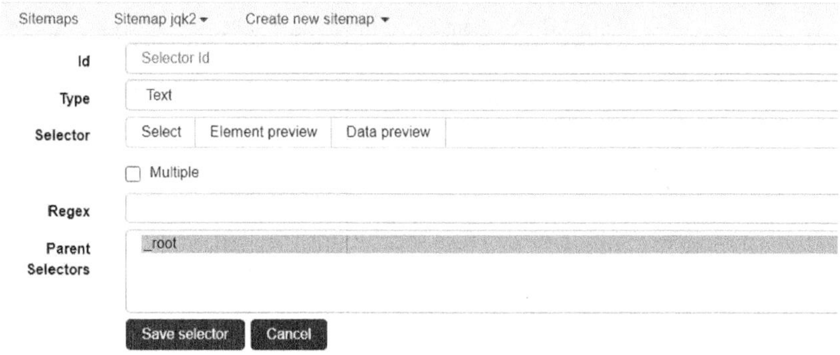

图 2.4.3　Web Scraper 的 Add new selector 界面（一）

　　首先，需要在图 2.4.3 所示的界面点击 Type 的选择器类型选项，选择 Element click，其他设置如图 2.4.4 所示。

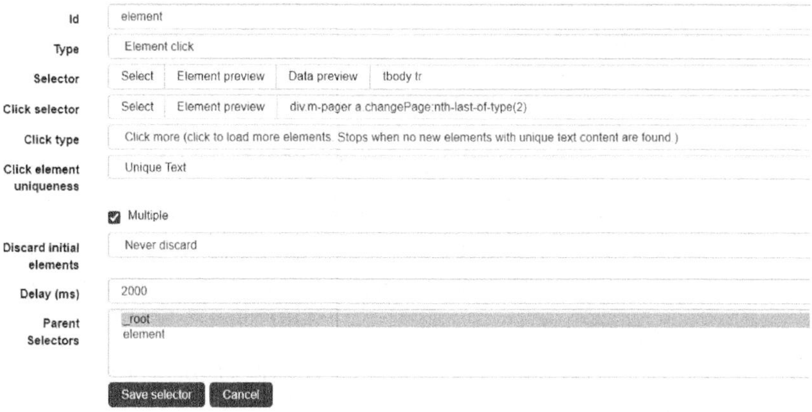

图 2.4.4　element 设置界面

设置完毕之后点击 Save selector，回到如图 2.4.5 所示的界面。

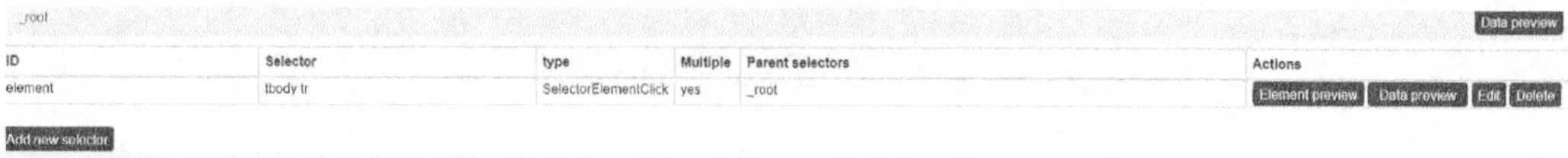

ID	Selector	type	Multiple	Parent selectors	Actions
element	tbody tr	SelectorElementClick	yes	_root	Element preview Data preview Edit Delete

图 2.4.5　设置完毕的 element 界面

在图 2.4.5 中点击 element，进入如图 2.4.6 所示的界面。

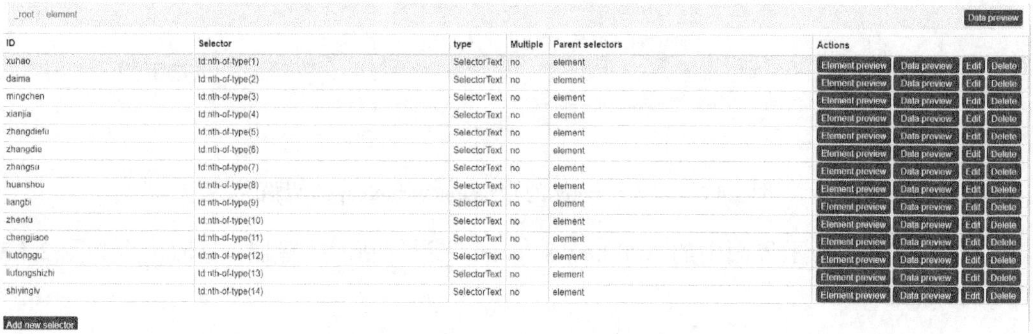

ID	Selector	type	Multiple	Parent selectors	Actions
xuhao	td:nth-of-type(1)	SelectorText	no	element	Element preview Data preview Edit Delete
daima	td:nth-of-type(2)	SelectorText	no	element	Element preview Data preview Edit Delete
mingchen	td:nth-of-type(3)	SelectorText	no	element	Element preview Data preview Edit Delete
xianjia	td:nth-of-type(4)	SelectorText	no	element	Element preview Data preview Edit Delete
zhangdiefu	td:nth-of-type(5)	SelectorText	no	element	Element preview Data preview Edit Delete
zhangdie	td:nth-of-type(6)	SelectorText	no	element	Element preview Data preview Edit Delete
zhangsu	td:nth-of-type(7)	SelectorText	no	element	Element preview Data preview Edit Delete
huanshou	td:nth-of-type(8)	SelectorText	no	element	Element preview Data preview Edit Delete
liangbi	td:nth-of-type(9)	SelectorText	no	element	Element preview Data preview Edit Delete
zhenfu	td:nth-of-type(10)	SelectorText	no	element	Element preview Data preview Edit Delete
chengjiaoe	td:nth-of-type(11)	SelectorText	no	element	Element preview Data preview Edit Delete
liutonggu	td:nth-of-type(12)	SelectorText	no	element	Element preview Data preview Edit Delete
liutongshizhi	td:nth-of-type(13)	SelectorText	no	element	Element preview Data preview Edit Delete
shiyinglv	td:nth-of-type(14)	SelectorText	no	element	Element preview Data preview Edit Delete

图 2.4.6　element 的子元件的设置界面

其中图 2.4.6 的每个对象均为 Text 类型，其中序号（xuhao）的设定界面如图 2.4.7 所示。

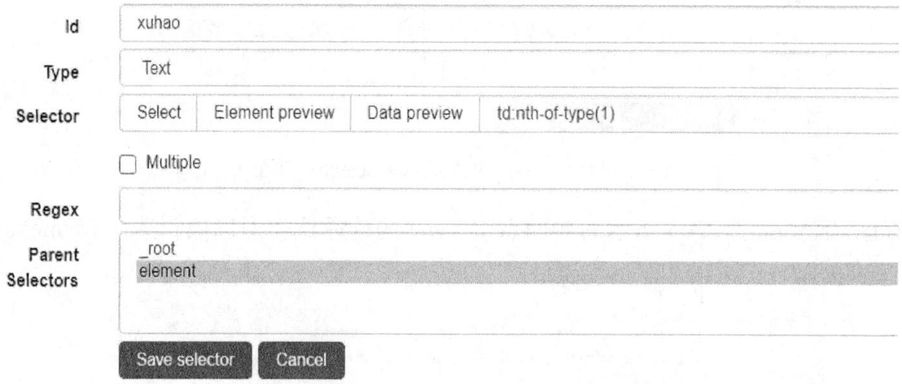

图 2.4.7　element 的 xuhao 设置界面

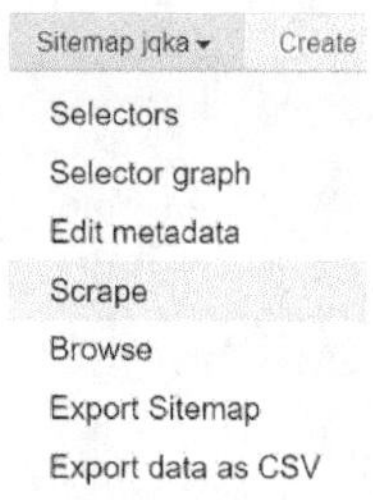

图 2.4.8　Scrape 界面

设置完毕之后点击图 2.4.8 所示界面的 Scrape，Web Scraper 就开始自动爬取数据，爬取完毕之后的界面如图 2.4.9 所示。

这时，点击图 2.4.8 所示界面的 Export data as CSV，会出现如图 2.4.10 所示的界面，点击 Download now 就可以下载抓取的 csv 格式的数据了。

下载完毕之后打开导出的 csv 格式的数据文件的界面如图 2.4.11 所示。

图 2.4.9　Web Scraper 爬取数据完毕的界面（一）

Loading jqka data from storage and generating a CSV file.
Once the file has been generated a download link will appear here > Download now!

图 2.4.10　Web Scraper 爬取数据完毕的界面（二）

web-scraper-order	web-scraper-start-url	xuhao	daima	mingchen	xianjia	zhangdief	zhangdie	zhangsu	huanshou liangbi	zhenfu	chengjiao liutonggu	liutongshi	shiyinglv
1630062161-635	http://q.10jqka.com.cn/#refCountId=db_509381c1_860	385	300610	晨化股份	19.88	3.76	0.72	0	22.79	0.81	10.86 7.10亿	1.59亿	31.67亿	24.3
1630062161-626	http://q.10jqka.com.cn/#refCountId=db_509381c1_860	376	2416	爱施德	10.47	3.87	0.39	0	2.02	1.19	7.24 2.55亿	12.23亿	128.02亿	21.32
1630062161-459	http://q.10jqka.com.cn/#refCountId=db_509381c1_860	209	779	甘咨询	9.42	5.72	0.51	-0.32	2.76	5.28	7.07 4448.96万	1.75亿	16.49亿	13.41
1630062161-348	http://q.10jqka.com.cn/#refCountId=db_509381c1_860	98	688680	海优新材	295.2	9.13	24.7	0.07	10.53	1.01	18.85 6.26亿	2015.96万	59.54亿	156.24
1630062161-377	http://q.10jqka.com.cn/#refCountId=db_509381c1_860	127	603822	嘉澳环保	49	7.6	3.46	0.04	8.37	2.25	7.22 2.97亿	7335.95万	35.95亿	41.16
1630062161-636	http://q.10jqka.com.cn/#refCountId=db_509381c1_860	386	300376	易事特	12.99	3.75	0.47	0	5.73	1.07	8.79 16.60亿	23.11亿	300.26亿	70.16
1630062161-464	http://q.10jqka.com.cn/#refCountId=db_509381c1_860	214	949	新乡化纤	7.18	5.59	0.38	0	4.99	1.78	8.23 4.37亿	12.57亿	90.27亿	7.14
1630062161-291	http://q.10jqka.com.cn/#refCountId=db_509381c1_860	41	603897	长城科技	42.85	10.01	3.9	0	1.48	0.45	4.96 1.14亿	1.82亿	77.98亿	18.55
1630062161-328	http://q.10jqka.com.cn/#refCountId=db_509381c1_860	78	600367	红星发展	17.09	9.97	1.55	0	5.55	0.66	10.75 2.70亿	2.91亿	49.77亿	36.93
1630062161-511	http://q.10jqka.com.cn/#refCountId=db_509381c1_860	261	300606	金太阳	24.2	5.04	1.16	-0.08	28.08	1.82	21.14 3.72亿	5546.22万	13.42亿	147.06
1630062161-754	http://q.10jqka.com.cn/#refCountId=db_509381c1_860	504	600618	氯碱化工	10.94	2.82	0.3	0.18	3.72	1.59	4.51 3.00亿	7.50亿	82.03亿	9.5
1630062161-798	http://q.10jqka.com.cn/#refCountId=db_509381c1_860	548	601908	京运通	9.29	5.02	0.25	0.13	7.33	1.32	5.37 21.72亿	24.15亿	295.31亿	32.46
1630062161-616	http://q.10jqka.com.cn/#refCountId=db_509381c1_860	366	688185	康希诺-U	412.5	3.96	15.73	-0.12	2.66	0.78	5.42 7.26亿	6681.67万	275.62亿	亏损
1630062161-531	http://q.10jqka.com.cn/#refCountId=db_509381c1_860	281	688678	福立旺	24.02	4.84	1.11	0.08	11.37	2.86	6.16 9958.83万	3684.75万	8.85亿	38.71
1630062161-402	http://q.10jqka.com.cn/#refCountId=db_509381c1_860	152	688058	宝兰德	97.47	6.84	6.24	0.03	5.93	2.23	11.3 8338.15万	1452.50万	14.16亿	138.68
1630062161-764	http://q.10jqka.com.cn/#refCountId=db_509381c1_860	514	300369	绿盟科技	20.18	2.8	0.55	0	2.25	1.14	5.81 3.34亿	7.34亿	148.19亿	亏损
1630062161-397	http://q.10jqka.com.cn/#refCountId=db_509381c1_860	147	300666	江丰电子	53.24	6.99	3.48	-0.06	9	2.56	8.94 7.17亿	1.53亿	81.27亿	99.17

图 2.4.11　Web Scraper 爬取到的 csv 格式数据

2.4.2　案例分析二：爬取豆瓣电影 Top250 的数据

打开豆瓣电影 Top250 网页：https://movie.douban.com/top250?start=0，如图 2.4.12 所示，我们可以在页面的最下面看到 Top250 榜单共有 10 页数据。

图 2.4.12　豆瓣电影 Top250 网页

点击前 3 页和第 10 页，可以看到其对应的网址分别如下所示。

第 1 页：https://movie.douban.com/top250?start=0&filter=。

第 2 页：https://movie.douban.com/top250?start=25&filter=。

第 3 页：https://movie.douban.com/top250?start=50&filter=。

第 10 页：https://movie.douban.com/top250?start=250&filter=。

很容易发现，每页的网址只有 start 的值在发生变化，且变化规律是从 0 开始，每增加一页值增加 25。其实 25 恰好等于每页的电影数目。这为在 Web Scraper 抓取网页时，设置 Start URL 提供了规律。

在 Chorme 浏览器打开的豆瓣电影 Top250 的网页，按下 F12，点击 Web Scraper，在 Create new sitemap 中点击 Create Sitemap，出现的界面如图 2.4.13 所示。

图 2.4.13　Web Scraper 的 Create new sitemap 界面（二）

在图 2.4.13 的 Sitemap name 中填入站点地图的名字"top250"，在 Start URL 中填入网址 https://movie.douban.com/top250?start=[0-250:25]&filter=。该网址中的 start=[0-250:25] 表示 start 从 0 开始到 250，每个网址增加 25。点击 Save Sitemap 之后出现如图 2.4.2 所示的根界面。点击图 2.4.2 中的 Add new selector 来添加新的选择器，这时出现如图 2.4.14 所示的界面。

图 2.4.14　Web Scraper 的 Add new selector 设置界面（二）

在图 2.4.14 所示的界面中点击 Type 的选择器类型选项，选择 Element 类型，输入自己容易记住的 Id 名称，如 container，在豆瓣电影 Top250 界面选择需要抓取的内容分块，这时界面会高亮显示，然后继续选择下一个分块，当 25 个分块全部高亮之后，勾选 Web Scraper 界面的 Mutiple 选项，其他设置如图 2.4.14 所示。在图 2.4.14 中点击 Save selector，进入如图 2.4.15 所示的界面。

图 2.4.15　Web Scraper 的 container 设置界面

在图 2.4.15 中点击 Add new selector，选择 Text 类型。创建电影名抓取对象，名字设置为 name，不能勾选 Multiple，点击 Top250 界面选择需要抓取的第一个内容分块中的电影名，Web Scraper 的界面会自动填入"span.title:nth-of-type(1)"，之后点击 Save selector，如图 2.4.16 所示。按照同样的方法依次创建评价人数 number、评分 score 和最下面的评论 review，全部设置好之后的界面如图 2.4.17 所示。

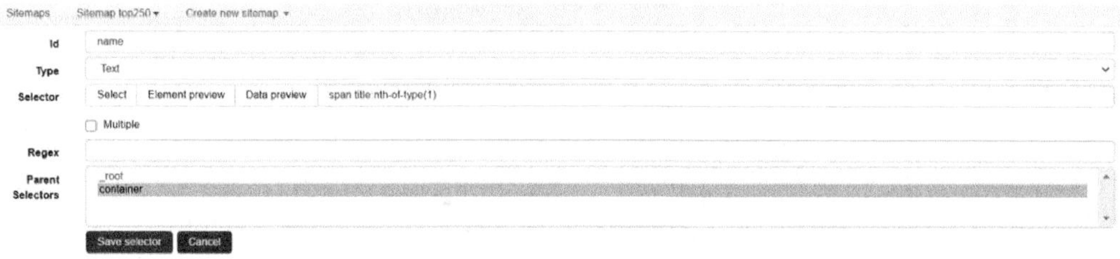

图 2.4.16　name 的设置界面

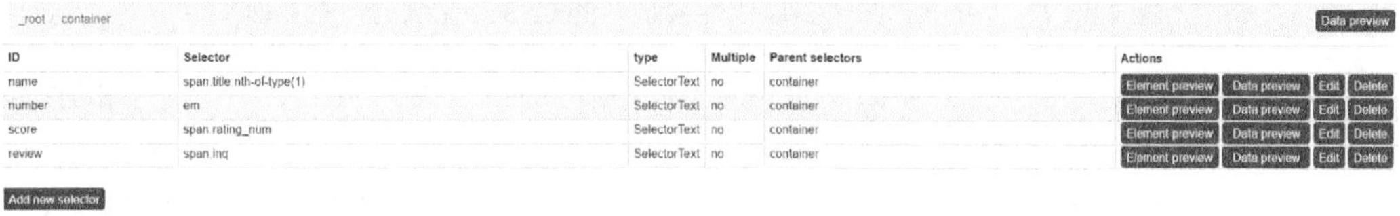

图 2.4.17　4 个选择器 name、number、score、review 设置完成后的界面

全部设置完之后点击图 2.3.5 所示界面中的 Scrape，开始爬取数据，爬取完毕之后和案例一相同的操作，打开抓取的名为 Top250 的数据，打开后的界面如图 2.4.18 所示。

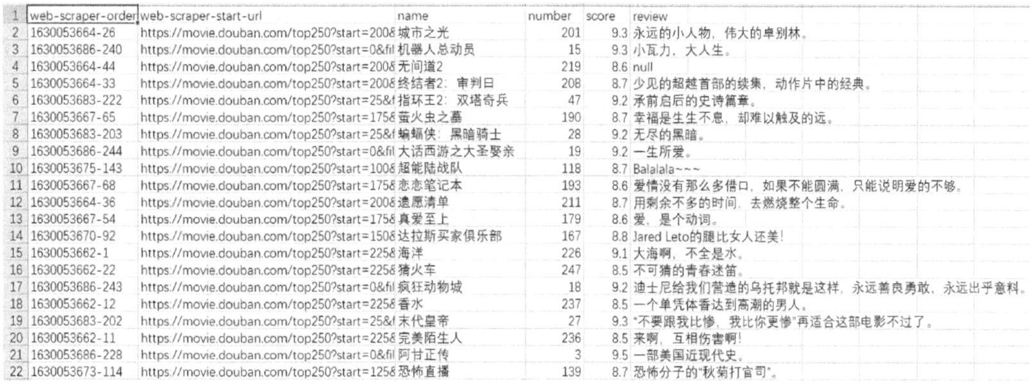

图 2.4.18　最终抓取的豆瓣电影 Top250 的数据

2.4.3　案例分析三：爬取百度学术的文献信息

撰写论文时，经常需要引用文献，除了常见的文献数据库之外，还可以利用各种学术搜索引擎来搜索学术信息，下面以百度学术搜索为例，抓取需要的学术信息。如图 2.4.19 所示，在百度学术中使用高级搜索，以搜索"多层线性模型"的 CSSCI（Chinese social sciences citation index，中文社会科学引文索引）文献为例，要特别注意多层线性模型关键词需要带上引号，以实现精确搜索，一共搜索到 423 条相关记录。

图 2.4.19　百度学术的"多层线性模型"的 CSSCI 文献的搜索界面

　　和案例二类似，为了找出页面网址的规律，点击前三个搜索页面，并将它们的网址列出，如下所示。

　　第一页：https://xueshu.baidu.com/s?wd=%22%E5%A4%9A%E5%B1%82%E7%BA%BF%E6%80%A7%E6%A8%A1%E5%9E%8B%22&tn=SE_baiduxueshu_c1gjeupa&sc_f_para=sc_tasktype%3D%7BfirstSimpleSearch%7D&bcp=2&sc_hit=1&filter=sc_type%3D%7B1%7D%28sc_level%3A%3D%7B7%7D%29&ie=utf-8&sort=sc_cited。

　　第二页：https://xueshu.baidu.com/s?wd=%22%E5%A4%9A%E5%B1%82%E7%BA%BF%E6%80%A7%E6%A8%A1%E5%9E%8B%22&pn=10&tn=SE_baiduxueshu_c1gjeupa&ie=utf-8&sort=sc_cited&filter=sc_type%3D%7B1%7D%28sc_level%3A%3D%7B7%7D%29&sc_f_para=sc_tasktype%3D%7BfirstSimpleSearch%7D&bcp=2&sc_hit=1。

　　第三页：https://xueshu.baidu.com/s?wd=%22%E5%A4%9A%E5%B1%82%E7%BA%BF%E6%80%A7%E6%A8%A1%E5%9E%8B%22&pn=20&tn=SE_baiduxueshu_c1gjeupa&ie=utf-8&sort=sc_cited&filter=sc_type%3D%7B1%7D%28sc_level%3A%3D%7B7%7D%29&sc_f_para=sc_tasktype%3D%7BfirstSimpleSearch%7D&bcp=2&sc_hit=1。

　　很容易发现，第二页和第三页的网址中多出了 pn=10 和 pn=20，由此可以推出第一页 pn=0，最后一页 pn=420，即最后一页的真实网址为 https://xueshu.baidu.com/s?wd=%22%E5%A4%9A%E5%B1%82%E7%BA%BF%E6%80%A7%E6%A8%A1%E5%9E%8B%22&pn=420&tn=SE_baiduxueshu_c1gjeupa&ie=utf-8&sort=sc_cited&filter=sc_type%3D%7B1%7D%28sc_level%3A%3D%7B7%7D%29&sc_f_para=sc_tasktype%3D%7BfirstSimpleSearch%7D&bcp=2&sc_hit=1。

　　于是在 Start URL 中增加 pn=[0-420:10]，完整网址如下：https://xueshu.baidu.com/s?wd=%22%E5%A4%9A%E5%B1%82%E7%BA%BF%E6%80%A7%E6%A8%A1%E5%9E%8B%22&pn=[0-420:10]&tn=SE_baiduxueshu_c1gjeupa&ie=utf-8&sort=sc_cited&filter=sc_type%3D%7B1%7D%28sc_level%3A%3D%7B7%7D%29&sc_f_para=sc_tasktype%3D%7BfirstSimpleSearch%7D&bcp=2&sc_hit=1。

　　最终的 Create new sitemap 的界面如图 2.4.20 所示。

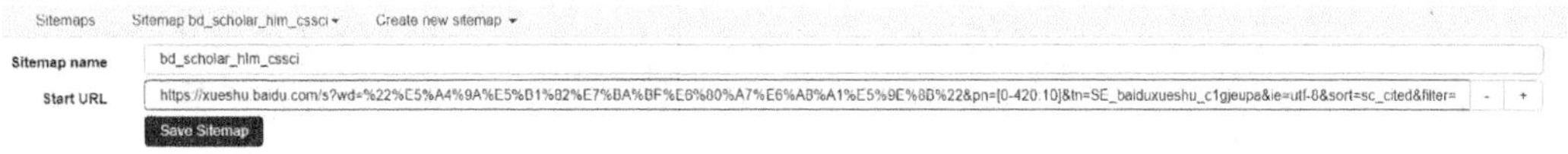

Sitemaps	Sitemap bd_scholar_hlm_cssci	Create new sitemap ▾

Sitemap name	bd_scholar_hlm_cssci
Start URL	https://xueshu.baidu.com/s?wd=%22%E5%A4%9A%E5%B1%82%E7%BA%BF%E6%80%A7%E6%A8%A1%E5%9E%8B%22&pn=[0-420:10]&tn=SE_baiduxueshu_c1gjeupa&ie=utf-0&sort=sc_cited&filter=

Save Sitemap

图 2.4.20　Create new sitemap 的界面

点击 Save Sitemap 之后，与案例二完全类似的操作，创建 Element 类型，container 的设置界面如图 2.4.21 所示。

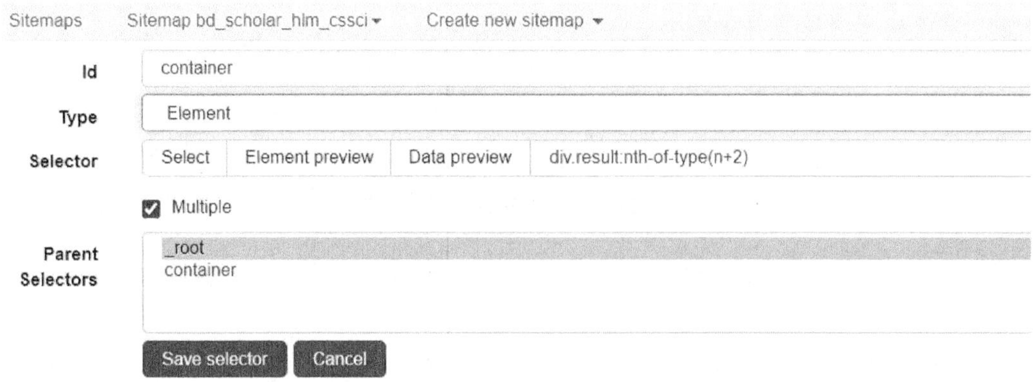

Sitemaps	Sitemap bd_scholar_hlm_cssci ▾	Create new sitemap ▾

Id	container
Type	Element
Selector	Select　Element preview　Data preview　div.result:nth-of-type(n+2)
	☑ Multiple
Parent Selectors	_root container

Save selector　Cancel

图 2.4.21　Element 类型 container 的创建界面

在图 2.4.21 所示界面的设置中，每篇文章对应一个分块，创建完成之后点击 Save selector，出现如图 2.4.22 所示的界面。

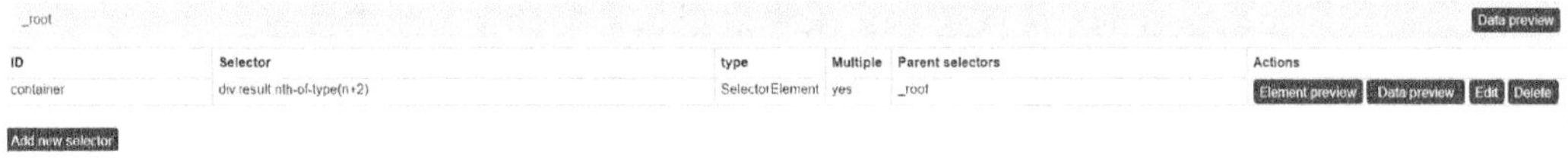

_root

ID	Selector	type	Multiple	Parent selectors	Actions
container	div.result.nth-of-type(n+2)	SelectorElement	yes	_root	Element preview　Data preview　Edit　Delete

Add new selector

图 2.4.22　设置好的 container 界面

点击图 2.4.22 中的 container，进入 container 的子元件的设置界面，然后完全类似于案例二的操作，分别添加 Text 类型的抓取对象，它们用来保存文章的 title、abstract、author、source、被引量和发表时间，界面如图 2.4.23 所示。

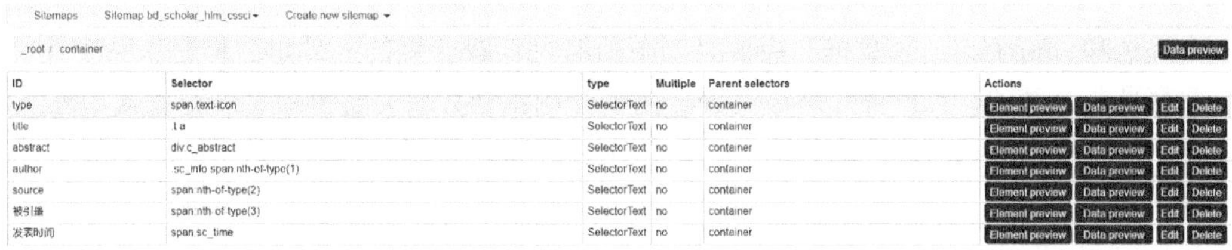

Sitemaps	Sitemap bd_scholar_hlm_cssci ▾	Create new sitemap ▾

_root / container

ID	Selector	type	Multiple	Parent selectors	Actions
type	span.text-icon	SelectorText	no	container	Element preview　Data preview　Edit　Delete
title	1 a	SelectorText	no	container	Element preview　Data preview　Edit　Delete
abstract	div.c_abstract	SelectorText	no	container	Element preview　Data preview　Edit　Delete
author	sc_info span:nth-of-type(1)	SelectorText	no	container	Element preview　Data preview　Edit　Delete
source	span:nth-of-type(2)	SelectorText	no	container	Element preview　Data preview　Edit　Delete
被引量	span.nth-of-type(3)	SelectorText	no	container	Element preview　Data preview　Edit　Delete
发表时间	span.sc_time	SelectorText	no	container	Element preview　Data preview　Edit　Delete

图 2.4.23　设置 Text 类型的抓取对象界面

按图 2.4.23 设置好之后，只需要点击图 2.3.5 所示界面中的 Scrape，就可以开始爬取数据，爬取完毕之后和案例一相同的操作，打开抓取的 bd_scholar_hlm_cssci.csv 数据文件，打开之后的界面如图 2.4.24 所示。

	web-scraper-order	web-scraper-start-url	type	title	abstract	author	source	被引量	发表时间
1									
2	1630203035-425	https://xueshu.baidu.con	null	组织学习及其作用机制的多层线性模型(HLM.hi		于海波	《管理科学学报》	被引量：	2007年
3	1630202897-114	https://xueshu.baidu.con	null	中国组织情境下公仆型领运用结构方程模型,多		王碧英	《心理科学进展》	被引量：	null
4	1630202893-103	https://xueshu.baidu.con	null	人际关系状况与学龄前流以北京市40所幼儿园		李燕方	《心理学报》	被引量：	null
5	1630202987-322	https://xueshu.baidu.con	null	什么因素阻碍了农村学生本文通过多层线性模		杨钋	《北京大学教育评论》	被引量：	2014年
6	1630202996-339	https://xueshu.baidu.con	null	情绪调节策略对日常生活运用经验抽样法对154		罗峥	《心理科学》	被引量：	2012年
7	1630202902-123	https://xueshu.baidu.con	null	初中生同伴圈子的发展及运用多层线性模型技		周钛	《心理发展与教育》	被引量：	2020年
8	1630202961-259	https://xueshu.baidu.con	null	公共服务满意度及其影响公共服务满意度的影		吴佳顺	《行政论坛》	被引量：	2017年
9	1630202911-152	https://xueshu.baidu.con	null	累并快乐着:服务型领导的采用经验抽样法,对广		康勇军	《心理学报》	被引量：	2019年
10	1630202863-34	https://xueshu.baidu.con	null	城市产业结构高度化对流基于2014年中国流动		同华师	《城市问题》	被引量：	2019年
11	1630202863-40	https://xueshu.baidu.con	null	资质过剩感与员工工作绩采用问卷调查法,以 26		张业年	《管理评论》	被引量：	2019年
12	1630202996-335	https://xueshu.baidu.con	null	大学生学习投入度对学习基于对48所本科院校		汪雅霜	《国家教育行政学院》	被引量：	2015年
13	1630202876-69	https://xueshu.baidu.con	null	资本结构对我国货币政策笔者对分行业的上市		李海海	《中央财经大学学报》	被引量：	2017年
14	1630202983-311	https://xueshu.baidu.con	null	小学生家庭经济背景对语本研究以五省市20所		赵宁宁	《教育科学》	被引量：	2014年
15	1630202867-45	https://xueshu.baidu.con	null	双向视角下高绩效工作系研究探讨了高绩效工		尚仁涛	《科研管理》	被引量：	2018年
16	1630202979-299	https://xueshu.baidu.con	null	Analysis of Contextual Effe The advantage of mul		FANG Jie	《心理科学进展》	被引量：	2011年
17	1630202854-18	https://xueshu.baidu.con	null	好管家的收益和代价:解密文章采用经验抽样法,		康勇军,彭	《南方管理评论》	被引量：	2020年
18	1630202893-108	https://xueshu.baidu.con	null	工作投入的短期波动	介绍了状态性工作投,	陆欣欣	《心理科学进展》	被引量：	null
19	1630203009-364	https://xueshu.baidu.con	null	基于多层结构方程模型的多层(嵌套)数据的变量		方杰	《心理科学进展》	被引量：	2011年
20	1630202859-23	https://xueshu.baidu.con	null	中国高龄老年人的生活自文章基于中国老年人		徐义蝐	《人口研究》	被引量：	2019年

图 2.4.24 最终抓取的百度学术文献

2.5 网络爬虫的边界

网络爬虫作为一种计算机技术，具有技术中立性，爬虫技术在法律上从来没有被禁止。爬虫的发展历史可以追溯到 20 年前，搜索引擎、聚合导航、数据分析、人工智能等业务，都需要爬虫技术。

但是爬虫作为获取数据的技术手段之一，由于部分数据存在敏感性，如果不能甄别哪些数据是可以爬取的、哪些会触及红线，可能下一个上新闻的主角就是你。如何界定爬虫的合法性，目前并没有明文规定，但通过翻阅大量文章、事件、分享、司法案例，可以发现界定爬虫合法性的三个关键点：采集途径、采集行为、使用目的。

2.5.1 数据的采集途径

通过什么途径爬取数据，这是最需要重视的一点。总体来说，未公开、未经许可且带有敏感信息的数据，不管通过什么渠道获得，都是一种不合法的行为。所以在采集比较敏感的数据，特别是用户的个人信息、其他商业平台的信息等时，最好先查询下相关的法律法规，寻找一条合适的途径来获取敏感数据。

1. 个人数据

采集和分析个人信息数据，应该是当下所有网商都会做的一件事，但是大部分个人数据都是非公开的，想获得必须通过合法途径，也就是必须提前告知收集的方式、范围、目的，经过用户授权或同意后，才能采集使用，这就是我们常见的各种网站与 APP 的用户协议中关于信息收集的部分。

【相关反面案例】

8 月 20 日，澎湃新闻（www.thepaper.cn）从绍兴市越城区公安分局获悉，该局日前侦破一起特大流量劫持案，涉案的新三板挂牌公司北京瑞智华胜科技股份有限公司，涉嫌非法窃取用户个人信息 30 亿条，涉及百度、腾讯、阿里、京东等全国 96 家互联网公司产品，目前警方已从该公司及其关联公司抓获 6 名犯罪嫌疑人。

"他们先和运营商签订正规合同、拿到登录凭证，然后将非法程序置入用于自动采集用户 cookie、手机号等信息。他们劫持数据后会进行爬取、还原等，为了不被发现，他们专门购买了 3 万多个 IP 地址用于频繁爬取。"办案民警单钟颖告诉澎湃新闻，警方梳理北京瑞智华胜公司签订过的合同发现，其不但给自己运营账号加粉，还承接外来加粉、加关注和提升百度搜词排名等业务。

▲节选自澎湃新闻：《新三板挂牌公司涉窃取 30 亿条个人信息，非法牟利超千万元》，https://www.thepaper.cn/newsDetail_forward_2362227，2020-11-30

2. 公开数据

从合法公开渠道，并且不明显违背信息主体意愿获取的数据，都没有什么问题。但如果通过破解、侵入等黑客手段来获取数据，就会受到相关法律的制裁。

2.5.2　数据的采集行为

使用技术手段应该懂得克制，对于一些容易对服务器和公司业务造成干扰甚至破坏的行为，应当充分衡量服务器和公司的承受能力。

1. 高并发压力

爬虫开发往往专注于优化，想尽各种办法增加并发数、请求效率，但高并发请求带来的近乎分布式拒绝服务（distributed denial of service，DDoS）攻击，如果给对方服务器造成压力，影响了对方正常业务，那就应该警惕了。

2. 影响正常业务

除了高并发请求，还有一些影响业务的情况，常见的如抢单，这些情况会影响用户的正常体验。

2.5.3　数据的使用目的

数据的使用目的同样是一大关键，就算你通过合法途径采集数据，如果对数据没有正确的使用，同样会存在不合法的行为。

1. 超出约定的使用

一种情况是公开收集的数据没有遵循之前告知的使用目的，如用户协议上说只是分析用户行为、帮助提高产品体验，结果变成了出售用户画像数据。

还有一种情况是，有知识产权、著作权的作品，可能允许你下载或引用，但明显标注了使用范围，如不能转载、不能用于商业行为等，更不能盗用，这些有知识产权、著作权的作品都是受法律明文保护的，所以使用时要注意是否侵权。

2. 出售个人信息

出售个人信息的事情千万不要做，这是法律明令禁止的。

3. 不正当商业行为

如果将竞争对手的数据用于自己公司的商业用途，这就可能构成不正当商业竞争或者违反知识产权保护。这种情况目前在涉及爬虫的商业诉讼案中比较常见，2017 年比较知名的案件，即被告元光公司开发的"车来了"APP 利用爬虫技术爬取了原告谷米公司开发的"酷米客"APP 内的实时数据用于自有软件的运营。原告谷米公司认为，被告通过技术手段非法获取原告的海量数据，势必削减原告的竞争优势及交易机会、攫取其相应市场份额，并给其造成了巨大的经济损失，遂起诉至法院。

法院认为：谷米公司和元光公司在提供实时公交信息查询服务软件的服务领域存在竞争关系。安装有谷米公司自行研发的 GPS 设备的公交车在行驶过程中，定时上传公交车实时运行时间、地点等信息至谷米公司服务器，当"酷米客"APP 使用者向该公司服务器发送查询需求时，"酷米客"APP 从后台服务器调取相应数据并反馈给用户。公交车作为公共交通工具，其实时运行路线、运行时间等信息仅系客观事实，但当此类信息经过人工收集、分析、编辑、整合并配合 GPS 精确定位，作为公交信息查询软件的后台数据后，其凭借预报的准确度和精确性就可以使"酷米客"APP 软件相较于其他提供实时公交信息查询服务同类软件取得竞争上的优势。而且，随着查询数据越准确及时，使用该款查询软件的用户也就越多，软件的市场占有份额也就越大，这也正是元光公司获取谷米公司数据的动机所在。鉴于"酷米客"APP 后台服务器存储的公交实时类信息数据具有实用性并能够为权利人带来现实或将来的经济利益，已经具备无形财产的属性。谷米公司系"酷米客"软件著作权人，对该软件所包含的信息数据的占有、使用、收益及处分享有合法权益。未经谷米公司许可，任何人不得非法获取该软件的后台数据并用于经营行为。元光公司利用网络爬虫技术大量获取并且无偿使用谷米公司"酷米客"软件的实时公交信息数据的行为，具有非法占用他人无形财产权益，破坏他人市场竞争优势，并为自己谋取竞争优势的主观故意，违反了诚实信用原则，扰乱了竞争秩序，构成不正当竞争行为，应当承担相应的侵权责任。[①]

网络爬虫技术的初衷是提高收集信息的效率、扩大信息数据的抓取范围，其本身并不违反法律法规、商业道德。但是在现代社会，数据已经从简单的信息转变为一种经济资源，能够管理并运用好数据的企业将会获得巨大的竞争优势。但如果利用该项技术"不劳而获"他人的信息、数据，将会受到法律的制裁。情节严重时，可能构成刑事犯罪。

法律并不禁止技术创新，但应以充分尊重他人合法权益为前提与边界。任何假以"技术中立"之名掩责，违背商业伦理、强行掠夺他人既有商业利益而自肥的行为都无法获得法律的认同及肯定。同时，当技术创新或某一技术创造后，对该技术的利用行为应更加注重遵守法律和道德规范。网络爬虫技术是最新的例子，但绝不会是最后一个。

新技术不应跨越伦理界限，更不能触碰国家和人民的利益

运用大数据技术，能够发现新知识、创造新价值、提升新能力。大数据具有的强大张力，给我们的生产、生活和思维方式带来革命性的改变。但在大数据热中也需要冷思考，特别是要正确认识和应对大数据技术带来的伦理和法律问题，以更好地趋利避害。

习惯了用 APP 预订酒店、演出票的你，有没有想过会被某些"比你更懂你"的网络平台"杀熟"而无知无觉？近期，网络平台"大数据杀熟"的问题日益引起消费者的关注。不少网友发现，自己经常购物的网站、APP 中，消费越多，

---

① 来源于《广东省深圳市中级人民法院（2017）粤 03 民初 822 号民事判决书》。

得到的优惠越少，甚至价格越贵。这就是算法的"功劳"。通过深挖消费者过往的消费甚至浏览记录，让算法洞悉消费者的偏好，不少互联网平台清晰地知道消费者的"底牌"，于是就出现了看人下菜碟的现象。"大数据杀熟"的本质是价格歧视，数据的非消耗性特征也决定了互联网平台可以反复利用、聚合个人信息并和第三方共享。自身信息被收集、筛选和"吃干榨尽"，普通消费者毫无还手之力，甚至毫不知情。

所有的重要数据都应该遵守国家相关法律或规定，这是高压线，无论何时，都是必须遵守的底线。更直接的案例就是"滴滴事件"。2021 年 6 月底，滴滴正式在美国低调上市，本来这对于滴滴而言是一个重大的日子，但是仪式全无，甚至很多人都不知道滴滴在美国上市。然而，滴滴在美国上市是存在一定风险的，毕竟滴滴作为国内网约车的龙头，掌握了大量的用户信息，普通消费者不知道厂商是如何管理数据的，更不知道这些数据是否会涉及用户隐私甚至是国家安全。因此，滴滴选择在美国上市必然引起监管方面的警惕。2021 年 8 月 16 日，国家互联网信息办公室、国家发展和改革委员会、工业和信息化部、公安部、交通运输部联合发布《汽车数据安全管理若干规定（试行）》，自 2021 年 10 月 1 日起施行。该规定的出台可以说是将数据关进了笼子里，车企不能随便采集、存储和处理相关数据，这有利于保护用户隐私和国家安全。

■ 本 章 小 结

（1）大数据时代，网络爬虫是自动抓取数据最常见且高效的一种方法。利用网络爬虫可以爬取 URL 中的各种信息，如链接、图片、音乐、视频和各种特定数据，然后对这些被抓取的数据进行清洗、整理并建立索引，最后按照自己构建的存储方式对其进行归纳整理或下载保存。

（2）网络爬虫在信息检索，网购比价，汇集网页数据，批量下载图片、音乐、电影等场景有着广泛的应用。

（3）本章介绍了网络爬虫的基本结构及工作流程，并详细介绍了专注于文本爬取的爬虫工具 Web Scraper。

（4）本章介绍了网络爬虫的三个应用案例：爬取同花顺股票交易信息、爬取豆瓣电影 Top250 的数据、爬取百度学术的文献信息。

## 第 3 章

文献检索与可视化分析

你是不是常常为找不到信息而苦恼，为写毕业论文时找不到最合适的资料而焦虑？你是不是经常用百度找科研论文？那么你有没有想过一篇出色的论文背后的故事？比如，除了百度之外还可以使用哪些工具？如何快速锁定研究热点、把握研究趋势？大数据时代是一个信息爆炸的时代，想要高效地找到所需的信息或文献就需要了解相关领域常用的检索工具及其操作方法，并精通各种检索技巧。

■ 3.1 文 献 检 索

3.1.1 文献计量学的建立

古今中外，凡学术研究之集大成者，都非常重视搜寻和利用文献资料。《论语·八佾篇》中记载着我国古代思想家、教育家孔子的一段话："夏礼吾能言之，杞不足征也；殷礼吾能言之，宋不足征也。文献不足故也，足则吾能征之矣。"［这段话的意思是："夏朝的礼，我能说出来，（但是它的后代）杞国不足以证明我的话；殷朝的礼，我能说出来，（但它的后代）宋国不足以证明我的话。这都是由文字资料及熟悉夏礼和殷礼的人不足造成的。如果足够的话，我就可以得到证明了。"］孔子论事有据、注重文献的治学精神由此可见一斑。

英国伟大的科学家牛顿说过："如果说我比别人看得略为远些，那是因为我站在巨人的肩膀上。"［这句名言最初出现在牛顿给发明显微镜、提出胡克定律的英国力学家罗伯特·胡克（Robert Hooke，1635～1703 年）的一封回信中。］牛顿所谓的"站在巨人的肩膀上"，意思就是他充分地占有和利用文献资料，从前人研究的"终点"中找出自己研究的"起点"，从而在学术研究工作中取得了突破性的成就。英国大文豪塞缪尔·约翰逊说："知识分成两类，一类是我们要掌握的学科知识，另一类是要知道在哪儿可以找到有关知识的知识。"美国文献学家西蒙也说过："知识的一半，是知道到哪里去寻找它。明日的文盲，不是不能阅读的人，而是缺乏检索能力的人。"

上述言论都充分说明了文献资料在学术研究中的重要作用。所以为了更好地进行学术研究，人们开始对文献的分布结构、数量关系、变化规律进行分析和定量管理，从而慢慢发展出一门新的学科：文献计量学（bibliometrics）。文献计量学是文献信息学与数学、统计学相互交叉和结合产生的边缘学科，它是情报信息科学体系中一个新的重要分支学科（邱均平，1995）。科学计量学（scientometrics）是运用数学方法对科学的各个方面和整体进行定量化研究，以揭示其发展规律的一门新兴学科。它是科学学的一个重要分支，也是当前科学学研究中一个十分活跃的领域（袁军鹏，2010）。过去，人们使用"文献计量学"和"科学计量学"术语时，大多是把二者当成同义语使用，对于二者的界限很少有人去深究，许多解释相当模糊（刘廷元，1994）。文献计量学的前身是统计书目学（statistical bibliography），但它的正式形成是以 1969 年美国情报学家阿伦·普里查德（Alan Pritchard）提出"文献计量学"术语为标志的（刘廷元，1994）。

文献计量学和科学计量学在很多方面是相似和重合的，只是文献计量学的研究对象是图书、期刊及电子出版物这三种正式科学或信息交流的文献，而科学计量学的研究对象则是文献中的科学文献，所以可以认为科学计量学的研究对象比文献计量学的研究对象要大（刘廷元，1994）。文献计量学已经有几十年的发展历史了，但是我国在这方面的研究人员并不算多。大数据时代下文献数量呈现爆发式增长，这给文献分析与应用带来了新的机遇与挑战。在这种情形下，文献计量学逐渐受到了越来越高的重视。

文献计量学的研究主要涉及文献的收集整理，文献的增长、老化和量变规律，词频的分布规律和文献的引证规律，以及科学图谱、文献计量指标和文本挖掘等。文献检索则是文献研究的基础准备工作，是文献计量学研究者需要熟练掌握的首要技能。

3.1.2 文献检索方法

如今做科学研究，没有人闭门造车了，都需要在了解已有的前期研究成果的基础之上创造新的研究成果，文献检索已经成为利用文献获取知识、信息的基本手段，文献检索本身也是科学研究的一个组成部分。科学研究者的研究过程：首先是研究课题的研究资料的调研；其次是在文献检索的基础之上了解相关文献的研究进展和最新动态；最后是借助已有的研究方法或思路进行开拓创新，从而避免重复劳动和少走弯路。

美国国家科学基金会统计出了科研人员的科研时间的分配规律：一个科研人员花费在查找和消化研究资料上的时间需占全部科研时间的 51%，计划思考占 8%，实验占 32%，书面总结占 9%。显然，从这个时间分配上也可以看出，查找和消化研究资料最花时间，也是创造研究成果最重要的基础阶段，所以做好科学研究，首先要重视文献检索。

文献检索的方法主要包括以下几种。①常规法。利用常见的检索工具来检索，如利用各种搜索引擎，特别是学术搜索引擎和特定的中英文数据库（如知网、Web of Science 等）来查找文献。在具体查找时又可以以主题、作者、单位、文献来源等分类方式来查找。②浏览法。直接浏览相关学科的学术期刊，如寻找经济学文献时浏览《经济研究》《世界经济》《管理世界》等学术期刊，逐期阅读期刊上已刊发的文献。③追溯法。查到有参考价值的重要文献之后，追踪该文献的参考文献，以此为线索进一步查找相关文献。显然常规法是最直接、最常用，也是效率最高的文献检索方法。

3.1.3 常用的文献检索工具

常用的文献检索工具可以从普通搜索引擎、学术搜索引擎、中文文献检索数据库和英文文献检索数据库四个方面开展进行说明。

常用的普通搜索引擎主要包括：谷歌搜索、必应搜索、百度搜索、搜狗搜索、360搜索。在能打开谷歌搜索的情况下，谷歌搜索引擎能够帮助我们搜索较为全面的信息。不能访问谷歌搜索的情况下可以使用必应搜索作为替代，必应搜索是微软提供的、国际领先的搜索引擎，分国内版和国际版两个搜索版本，可以为中国用户提供网页、图片、视频、词典、翻译、资讯、图谱等全球信息搜索服务。百度搜索、搜狗搜索、360搜索则是国内比较常见的搜索引擎。所有这些搜索引擎都有配套的学术搜索引擎。国外的学术搜索引擎主要包括谷歌学术、微软学术、必应学术；国内的学术搜索引擎主要包括百度学术、搜狗学术。这些学术搜索引擎都提供了检索到的文献的参考引用格式，给文献引用提供了极大的便利。如果只是为了搜索文献，显然学术搜索引擎比普通的搜索引擎方便很多。

如表 3.1.1 所示，除了搜索引擎之外，比较常用的检索文献的方式是使用文献数据库，需要注意的是，国内的中文文献数据库提供的都是全文资料的检索，而很多英文数据库并不提供全文，只是提供英文文献检索的相关数据。最常见的中文文献检索数据库是中国知网，另外还有万方数据库、维普期刊全文数据库、中国科技论文在线。最常见的英文文献检索数据库是 Web of Science，除此之外还包括 Scopus、ResearchGate、ScienceDirect、PubMed 等。

表 3.1.1　常见的文献检索工具

搜索工具	名字	网址
普通搜索引擎	谷歌搜索	https://www.google.com/
	必应搜索	http://cn.bing.com/
	百度搜索	https://www.baidu.com/
	搜狗搜索	http://www.sogou.com/
	360 搜索	https://www.so.com/
学术搜索引擎	谷歌学术	https://scholar.google.com.hk/?hl=zh-CN
	微软学术	https://academic.microsoft.com/home
	必应学术	http://cn.bing.com/academic
	百度学术	http://xueshu.baidu.com/
	搜狗学术	https://scholar.sogou.com/xueshu
中文文献检索数据库	中国知网	https://www.cnki.net/
	万方数据库	https://www.wanfangdata.com.cn/
	维普期刊全文数据库	http://qikan.cqvip.com/
	中国科技论文在线	http://www.paper.edu.cn/
英文文献检索数据库	Web of Science	http://www.isiknowledge.com/
	Scopus	https://www.scopus.com.uri
	ResearchGate	https://www.researchgate.net/
	ScienceDirect	https://www.sciencedirect.com/
	PubMed	https://pubmed.ncbi.nlm.nih.gov/

中国知网的全称是中国知识基础设施工程（China National Knowledge Infrastructure，CNKI），由清华大学、清华同方发起，它是目前国内最大、最全面的有源中文数据库，

收录了 1915 年至今中国学术期刊所有源数据库产品的参考文献，并揭示了各种类型的文献之间的相互引证关系。数据库包括：中国期刊全文数据库、中国博士学位论文数据库、中国优秀硕士学位论文全文数据库、中国重要会议论文全文数据库、中国重要报纸全文数据库。另外由万方数据公司开发的万方数据库也是和中国知网齐名的中国专业的学术数据库，也是涵盖了期刊、会议纪要、论文、学术成果、学术会议论文的大型网络数据库。教育部科技发展中心利用现代信息技术手段，以新成果得到及时推广、科研创新思想得到及时交流为目的，给科研人员提供一个方便、快捷的学术交流平台——中国科技论文在线。

3.1.4　常用的文献检索技巧

由于大多数文献在网络上是以 PDF 的形式存在的，所以在谷歌搜索中检索文献有一个很有用的技巧，就是利用文献类型进行检索，操作命令为"filetype:PDF 检索词"。以检索多水平分析的 PDF 文献为例，在谷歌搜索中输入"filetype:PDF multilevel analysis"，搜索结果如图 3.1.1 所示。可以看到搜索到的条目的最后面附有 PDF 的标记，即检索到的已经是 PDF 文件，只需要点击链接就能打开对应的 PDF 文献。

图 3.1.1　在谷歌搜索中检索 PDF 文献

类似的方法也可以用于百度搜索，如在百度搜索中输入"filetype:PDF multilevel analysis"，搜索结果如图 3.1.2 所示，可以看到搜索到的条目大多数是 PDF 文件的链接。

图 3.1.2　在百度搜索中检索 PDF 文献

需要注意的是，使用相同的搜索，百度搜索和谷歌搜索的结果会大不相同，如果是搜索英文文献，建议使用谷歌搜索。

一般情况下，我们检索文献还是利用数据库进行检索，下面介绍最为常用的中国知网和 Web of Science 的检索技巧。在中国知网中检索文献，要善于利用高级检索。在中国知网的主页点击高级检索之后，先选择最下面的文献检索类型再进行下一步操作，可以选择的文献检索类型包括学术期刊、学位论文、会议、报纸、年鉴、图书、专利、标准、成果等。如果要检索期刊论文，先选择学术期刊类型，然后再选择来源类别，来源类别包括全部期刊、SCI[1]来源期刊、EI[2]来源期刊、北大核心、CSSCI 和 CSCD[3]。接下来还可以选择时间范围和其他的特定类型。以检索全部年份的 CSSCI 中的"空间计量分析"的期刊为例，对应的高级检索界面如图 3.1.3 所示，检索结果如图 3.1.4 所示。

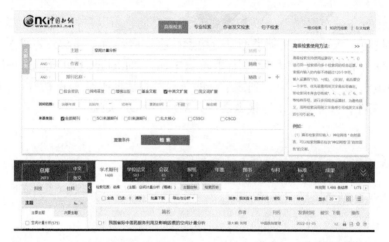

图 3.1.3　中国知网 CSSCI 数据库中的"空间计量分析"期刊的高级检索

图 3.1.4　中国知网 CSSCI 数据库中的"空间计量分析"期刊高级检索的结果

下面介绍 Web of Science 的高级检索技巧，Web of Science 的高级检索常常会用到数据库自身的一些命令，这些命令中包括一些特定的字段和布尔运算符。布尔运算符包括 AND、OR、NOT、SAME、NEAR，这五个运算符在使用时不区分大小写，它们可用于

① SCI 即 science citation index，科学引文索引。
② EI 即 the engineering index，工程索引。
③ CSCD 即 Chinese science citation database，中国科学引文数据库。

在检索时组配检索词，从而扩大或缩小检索范围。其中，AND 用于查找被该运算符分开的所有检索词的记录；OR 用于查找被该运算符分开的任何检索词的记录；NOT 用于查找特定检索词记录中排除 NOT 之后的检索词的检索结果；NEAR 为位置限定运算符，用于查找由该运算符连接且彼此相隔不多于 15 个单词的记录，如果要修改间隔词的个数，可以使用 NEAR/n，其中 n 表示自定义的间隔词的个数。检索命令中还可以使用字段标识符号来限定检索的对象，其中字段标识及其对应的含义如表 3.1.2 所示。

表 3.1.2　Web of Science 的字段标识

字段标识	字段标识	字段标识	字段标识
TS=主题	PY=出版年	KP=Keyword Plus®	FT=基金资助信息
TI=标题	CF=会议	SA=街道地址	SU=研究方向
AU=作者[索引]	AD=地址	CI=城市	WC=Web of Science 分类
AI=作者识别号	OG=机构扩展[索引]	PS=省/州	IS=ISSN/ISBN
GP=团体作者[索引]	OO=机构	CU=国家/地区	UT=入藏号
ED=编者	SG=下属机构	ZP=邮政编码	PMID=PubMed ID
SO=出版物名称[索引]	AB=摘要	FO=基金资助机构	ALL=所有字段
DO=DOI	AK=作者关键词	FG=授权号	

例如，在 Web of Science 的核心合集数据库中检索作者 Muthen 的 multilevel analysis 的文章，并限定摘要中包括 SEM（structural equation model，结构方程模型），则可以使用高级命令"AU=muthen AND TS=multilevel analysis AND AB=SEM"，操作界面如图 3.1.5 所示，可以检索到唯一的 1 条记录。

图 3.1.5　在 Web of Science 的核心合集数据库中进行高级检索

3.1.5　检索文献导出操作

如果要对检索的结果进行文献计量分析，则需要导出检索到的文献信息。下面首先介绍知网的数据导出操作。在图 3.1.4 中已经检索到了 759 条相关记录，由于知网限制了每次最多导出 500 条记录，所以要将它们全部导出，需要分两次进行。图 3.1.6 中使用①②③标出了知网中数据导出操作的 3 个重要步骤：①将检索结果的显示改为 50 条；

②勾选全选；③点击下一页。重复步骤①②③，直到选择完第 10 页，即 500 条记录，点击导出与分析选项卡下的 Refworks 格式即可保存（图 3.1.7）。

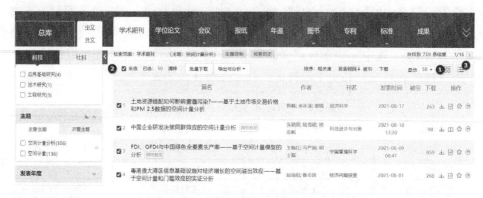

图 3.1.6　知网中数据导出操作的三个步骤

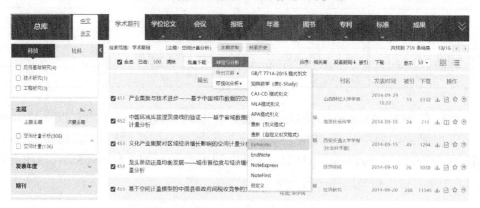

图 3.1.7　知网中数据的导出格式选择

导出 500 条记录之后，继续导出其余 259 条记录，只需要在图 3.1.6 所示的界面重复刚才的步骤即可完成全部记录的保存。

下面讲解 Web of Science 中结果的导出，Web of Science 的最新版将会允许每次导出 1000 条记录，但是目前仍然每次最多导出 500 条记录。以检索 2019～2021 年核心合集中空间计量经济学主题的文献为例。如图 3.1.8 所示，在核心合集的高级检索中输入"TS=Spatial econometric AND（PY=2019 OR PY=2020 OR PY=2021）"，则得到 1036 条记录。

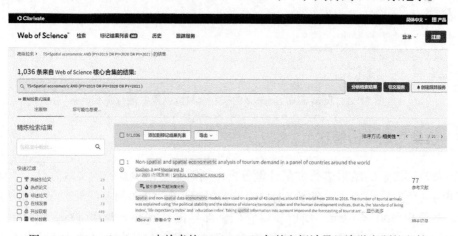

图 3.1.8　Web of Science 中检索的 2019～2021 年的空间计量经济学主题的文献

　　注意，在 Web of Science 中要导出全部的检索结果，并不需要提前选择好，只需要点击"选择页面"旁边的"导出至 EndNote Desktop"，在弹出的导出菜单（图 3.1.9）中直接设置即可。

图 3.1.9　Web of Science 中检索记录的导出设置

　　勾选图 3.1.9 中的记录来源，为了便于后续的文献计量分析，需要在导出的"记录内容"中选择"全记录与引用的参考文献"，导出的"文件格式"选择"纯文本"，点击导出之后保存对应的文本文件即可。

3.2　文献计量学的分析原理

　　文献计量学是一门结合了数学、统计学和文献学的交叉科学，也是情报学和文献学的一个重要学科分支。在大数据时代下，文献计量学在挖掘大量文献呈现的规律时，具有重要的方法论价值。数学和统计学为文献计量学提供了分析的工具，而文献是文献计量学分析的核心对象。以文献为核心，可以将分析的对象扩展到关键词与关键词量、文献量、文献对应的期刊、文献对应的引文、文献的作者及作者的机构与国家等。

　　Kessler（1963）最早提出了文献耦合（bibliographic coupling）分析，目的是通过相同被引文献的数量来度量施引文献的相似性。一篇文献中的全部参考文献都是被文献作者引用的文献，所以又称被引文献，而引用别人的文献作为参考文献的这一过程称为施引（citing），施引的文献就叫作施引文献，又称引证文献或来源文献（source item）。如图 3.2.1（a）所示，文献 A 和文献 B 都施引 C、D、E、F 作为其共同的参考文献，这时称文献 A 和文献 B 构成了耦合关系，且耦合强度为 4。同时，文献对应的作者、期刊、机构、国家/地区也构成了耦合关系。

　　Small（1973）最早提出了共被引（bibliographic co-citation）分析，目的是通过两篇文献共同被引用的次数来度量它们之间的相似性。如图 3.2.1（b）所示，施引文献 C、D、E、F 共同引用了文献 A 和文献 B，那么被引文献 A 和文献 B 就构成了共被引关系。图 3.2.1（b）中的文献 A 和文献 B 共同被 4 篇文献引用，共被引强度为 4。被共同引用的次数越高，则共被引强度越大，共被引强度越大的文献被认为相似性越高。同样，作者和期刊也存在共被引的情况，所以共被引分析常常分作者共被引分析与期刊的共被引分析。

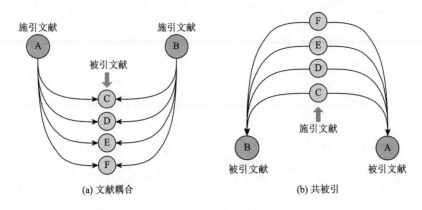

图 3.2.1　文献耦合和共被引

从图 3.2.1 来看，貌似文献耦合和文献共被引很相似，实际上它们度量文献相似性的原理是不同的：①当一篇文献发表之后，其参考文献就被确定下来了，从而文献耦合强度就不再发生改变；②但是，随着时间的变化，两篇文献的被引用次数是越来越多的，即共被引强度是动态变化的，且随着时间的增加共被引强度是越来越大的。两者最大的差异就在于，前者具有时间不变性，而后者具有时间可变性。如果要研究科学文献的动态内在联系和动态引用的变化规律，如挖掘研究的转折点、研究的前沿和研究的趋势，需要使用共被引分析。

Beaver 和 Rosen（1978）提出了作者合作分析，目的是对具有共同署名文献的作者的合作关系进行分析。当一篇文献由多个作者共同署名时，则认为他们之间有合作关系。同样作者合作关系的分析，也可以拓展到作者对应国家/地区和机构的合作关系，从而作者合作分析就包括了以上三种分析单元。

除了上面介绍的三种重要的文献分析之外，还存在其他的文献分析方法，这些内容放在下面的 VOSviewer 的文献可视化分析方法中一起进行介绍。

3.3　文献可视化分析

下面以 VOSviewer 程序为基础，对 VOSviewer 的文献可视化分析进行介绍。

3.3.1　VOSviewer 的下载与使用

VOSviewer 是一款可以免费使用的、功能强大的构建和查看文献计量可视化分析的程序，VOSviewer 的功能多，且易于操作，所以下面选择 VOSviewer 进行文献可视化分析。首先，打开网址 https://www.vosviewer.com/download，界面如图 3.3.1 所示，在该界面选择适合自己电脑系统的软件进行下载。如果你的电脑是 Windows 版本，则直接点击链接 "Download VOSviewer 1.6.17 for Microsoft Windows systems"，就可以下载最新版的 VOSviewer 1.6.17，Mac 版的可以点击第二个链接进行下载，其他系统点击第三个链接进行下载。

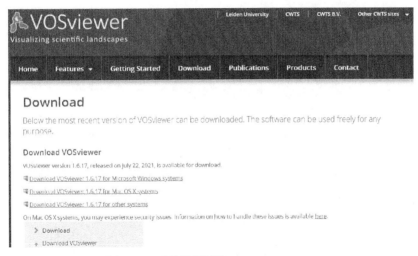

图 3.3.1　下载最新版的 VOSviewer 1.6.17

下载完成之后先解压，然后直接双击解压目录下面的"VOSviewer.exe"，即可打开如图 3.3.2 所示的 VOSviewer 1.6.17 的图形用户界面。

图 3.3.2　VOSviewer 1.6.17 的图形用户界面

3.3.2　VOSviewer 的文献可视化分析方法

进行文献可视化分析需要理解文献计量学的概念、理论和方法。文献可视化分析中包括五种较为常见的分析方法：文献耦合分析、共被引分析、作者合作分析、引证分析及共现分析。在图 3.3.3 中呈现了 VOSviewer 的这些常见分析，从 Type of analysis（分析类型）中可看到 VOSviewer 已经包含了 Co-authorship（作者合作）分析、Co-occurrence（共现）分析、Citation（引证）分析、Bibliographic coupling（文献耦合）分析、Co-citation（共被引）分析。作者合作分析的分析单元（Unit of analysis）中又包括 Authors（作者）、Organizations（组织/机构）和 Countries（国家/地区）（图 3.3.3）。在图 3.3.3 界面的最下面还有 Counting method（计数方法）：Full counting（完全计数）和 Fractional counting（分数计数）。完全计数意味着每个共同作者、共同出现、书目耦合或共同引用链接具有相同的权重 1。分数计数意味着权重被分数化，如有 3 位作者共同撰写了一篇文章，则各个作者占论文合作权重的 1/3。这两种计算形式可以应用于作者合作分析、共现分析、文献耦合分析和共被引分析。

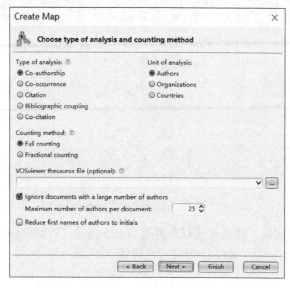

图 3.3.3　数据导入之后的作者合作分析界面

　　另外，可选项 VOSviewer thesaurus file（optional）[VOSviewer 同义词库文件（可选）]可以用来合并和替代文件中的同义词。当文件中含义相同的术语或人名需要合并或替换时，可以借助此选项来完成。作者合作分析界面的选项 Ignore documents with a large number of authors Maximum number of authors per document：25 表明该软件将忽略具有大量作者的文件，同时默认每个文件的最大作者数为 25；选项 Reduce first names of authors to initials 表明该软件将作者的名字简写为首字母。

　　共现分析和引证分析的分析类型见图 3.3.4，图 3.3.4（a）呈现了共现分析包含的三种关键词类型：All keywords（全部关键词）、Author keywords（作者关键词）和 KeyWords Plus（扩展关键词）。作者关键词指由作者提供的关键词；扩展关键词是指从文章的参考

(a) 共现分析

(b) 引证分析

图 3.3.4　共现分析和引证分析的界面

文献的标题中提取的关键词；全部关键词指包括了全部类型的关键词。共现分析主要是对这三种类型的关键词进行分析。图 3.3.4（b）呈现了引证分析的分析单元的五种类型：Documents（文献，指的是施引文献）、Sources（出版物）、Authors（作者）、Organizations（组织/机构）和 Countries（国家/地区）。

前面介绍的文献耦合分析见图 3.3.5（a），文献耦合分析包含五种类型：Documents（施引文献）、Sources（出版物）、Authors（作者）、Organizations（组织/机构）及 Countries（国家/地区）。共被引分析见图 3.3.5（b），共被引分析包含三种类型：Cited references（参考文献）的共被引分析、Cited sources（引证出版物）的共被引分析及 Cited authors（作者，指的是第一作者）的共被引分析。

(a) 文献耦合分析　　　　　　　　　　　　　(b) 共被引分析

图 3.3.5　文献耦合分析和共被引分析的界面

上面的 5 种类型中，每种类型又有 3～5 种分析单元，一共包含了多达 19 种可视化图谱分析。每种可视化分析都包括了布局方法和聚类方法。可视化分析的布局方法用来确定分析单元在平面中的位置，分析原理与多维尺度分析方法类似；聚类方法用来确定分析单元的聚类类别，最终在图中使用不同的颜色来进行区分，其分析原理与社会网络分析的模块化聚类方法类似。

3.4　案例分析

3.4.1　数据库文献的导出

下载好程序之后，就可以用其分析从数据库中导出的文献了，下面以 2011～2020 年 Web of Science 中空间计量分析的文献为例，导出文献进行可视化分析。由于 2021 年的文献资料不全，我们在 Web of Science 中检索 2011～2020 年的空间计量文献，一共检索到 1018 条记录[①]（图 3.4.1），由于每次只能导出 500 条记录，所以需要分三次导出。

---

① 需要注意的是，此案例主要是为了讲解整个可视化分析的过程，并未对研究主题涉及的关键词进行分析和筛选，在实际学术研究中需要进一步对研究主题做精细化分析。

图 3.4.1　Web of Science 中检索到的 2011～2020 年的空间计量分析的文献

直接单击图 3.4.1 所示界面的"导出至 EndNote Desktop"，在弹出的导出菜单中选择记录来源 1 至 500，"记录内容"选择"全记录与引用的参考文献"，点击导出保存为"sp1-500.txt"文件（图 3.4.2）。

将记录导出至 EndNote Desktop

○ 页面上的所有记录

◉ 记录来源：1　至　500

　一次不超过 500 条记录。

记录内容：

全记录与引用的参考文献　▼

取消　**导出**

图 3.4.2　Web of Science 中 2011～2020 年空间计量分析文献的导出

保存完数据之后，继续在图 3.4.2 所示界面将记录来源修改为 501 至 1000，保存为"sp501-1000.txt"文件，最后再将记录来源修改为 1001 至 1018，保存为"sp1001-1018.txt"文件，这样 1018 条检索记录就全部被保存到三个 txt 文件中了。

3.4.2　VOSviewer 的数据导入

下面将 Web of Science 中导出的 2011～2020 年的空间计量分析的文献导入到 VOSviewer 中去。在 VOSviewer 的图形用户界面中点击"Create…"（创建）按钮，弹出 Create Map（创建图谱）的对话框（图 3.4.3）。一共有三种制作图谱的方法供我们选择。①Create a map based on network data（基于网络数据创建图谱）。其中包含基于 VOSviewer 网络文件、Pajek 和 GML（geography markup language，地理标识语言）格式的网络可视化分析的方法。②Create a map based on bibliographic data（基于文献数据创建图谱），其中包含对来自 Web of Science、Scopus 和 PubMed 文献数据库的数据的 Co-authorship、Co-occurrence、Citation、Bibliographic coupling 及 Co-citation 分析。③Create a map based on text data（基于文本数

据创建图谱），主要是对文本主题进行挖掘，提供 VOSviewer 文本、WOS、Scopus 及 PubMed 文献数据库中的文本。由于本案例下载的数据是文献数据，所以需要选择基于文献数据的方法创建图谱。

图 3.4.3　创建基于文献数据的图谱

在图 3.4.3 中，选择基于文献数据创建图谱之后点击 Next，弹出的 Choose data source（选择数据来源）的窗口有三种选择（图 3.4.4）。①Read data from bibliographic database files（从文献数据库文件读取数据）。支持的文件类型包括：Web of Science、Scopus、Dimensions、Lens 和 PubMed。②Read data from reference manager files（从参考文献管理文件读取数据）。支持的文件类型包括：RIS、EndNote 和 RefWorks。③Download data through API（从 API 下载数据），支持的 API 包括：Microsoft Academic、Crossref、Europe PMC、Semantic Scholar、OCC、COCI 和 Wikidata。由于我们的数据是从 Web of Science 导出的，所以在图 3.4.4 所示界面中选择从文献数据库文件读取数据。

图 3.4.4　从文献数据库文件读取数据

继续在图 3.4.4 所示界面点击 Next，在弹出的窗口（图 3.4.5）中选择 Web of Science 选项卡，然后导入前面从 Web of Science 中下载的 2011～2020 年的空间计量分析的文献"sp1-500.txt""sp501-1000.txt""sp1001-1018.txt"的数据。导入方法有如下两种。①点击 Web of Science files 输入框最右边三个小点对应的按钮，然后一次性选择这三个文件进行导入。②拖放法。直接将这三个 txt 文件全部选中，然后拖放到图 3.4.5 所示界面的输入框中即可。

图 3.4.5　导入 Web of Science 检索的数据

在图 3.4.5 所示界面中点击 Next 按钮，数据比较多时需要等待一下，然后就可以完成数据的导入工作了，导入完毕之后程序弹出的界面如图 3.3.3 所示。到此就完成了数据库中数据的导出与 VOSviewer 中数据的导入操作。

下面以文献计量分析中比较常用的作者合作分析、文献耦合分析和共被引分析为例，进行文献可视化分析。

3.4.3　VOSviewer 中的作者合作分析

在导入数据出现图 3.3.3 所示的界面时，在分析类型中选择作者合作分析，右侧的分析单元选择作者，如图 3.4.6 所示。

在图 3.4.6 所示界面，点击 Next，出现如图 3.4.7 所示的界面。

将 Minimum number of documents of an author（作者最小文献数）设置为 2，将 Minimum number of citations of an author（作者最小引用数）设置为 1，从图 3.4.7 中可以看到一共有 2672 位作者，但是满足条件的只有 314 位。继续点击 Next 出现如图 3.4.8 所示的界面。

图 3.4.6　作者合作分析

图 3.4.7　作者合作的作者文献数和最小引用数的设置

图 3.4.8　选择的作者数界面

根据图 3.4.8 中的提示，下面将计算 314 位作者中的每一位与其他作者的合作链接的总强度。点击 Next 出现如图 3.4.9 所示的界面。

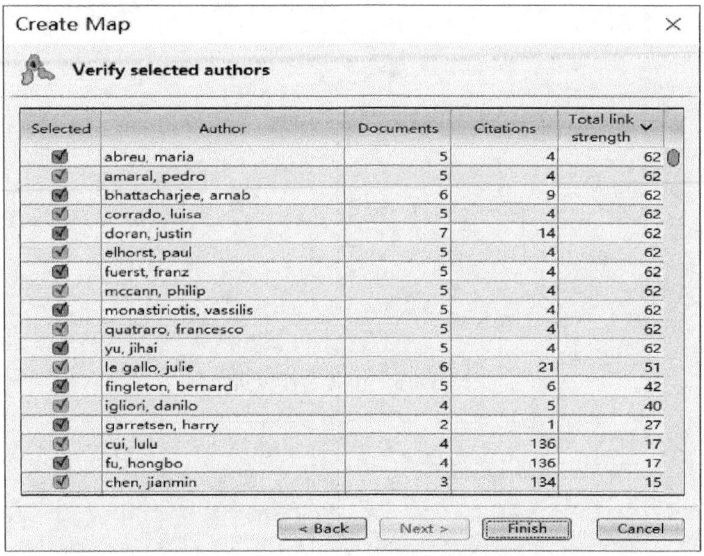

图 3.4.9　选择的作者的文献数、引用数和总链接强度的界面

图 3.4.9 给出了作者、作者的文献数、引用数和总链接强度，点击前面的 Selected 选择框，可以过滤掉在后面的作者合作网络图中不出现的作者。如果需要导出该表格中的结果，可以在该表格上单击右键，在弹出的菜单中选择 Export selected authors（导出选择的作者），如图 3.4.10 所示。

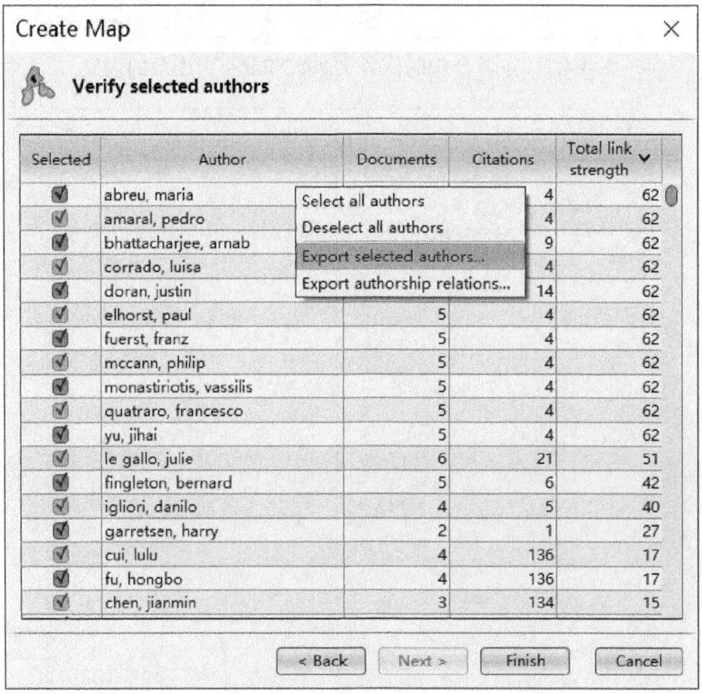

图 3.4.10　导出选择的作者

　　在点击 Export selected authors 后出现的界面输入导出的文件名，导出格式最好选择
"*.csv"（图 3.4.11），这样导出的 csv 文件可以直接在 Excel 中打开，以便做进一步的
整理和编辑。

图 3.4.11　导出选择的作者的设置

　　导出完后回到了如图 3.4.9 所示的界面，在此界面下点击 Finish，会弹出如图 3.4.12
所示的界面。

图 3.4.12　作者网络中要显示项目数提示

　　图 3.4.12 提示"接下来要显示的网络中的 314 条项目中的一些项目没有相互连接。最
大的连接项目集由 38 条项目组成。您要显示这组项目而不是所有项目吗？"在图 3.4.12
所示界面中点击 Yes，出现如图 3.4.13 所示的界面。

　　图 3.4.13 呈现出了作者合作网络图，单击图 3.4.13 左侧的 Items（项目）选项卡，发
现 VOSviewer 已经将这 38 条项目聚成了 5 类，且在图的正中央用了 5 种颜色进行区别，
其中，最大的类别聚类 1 和聚类 2 都包含了 13 条项目，分别用红色和绿色进行标注；最
小的类别聚类 5 只包含 3 条项目，使用紫色进行标注。

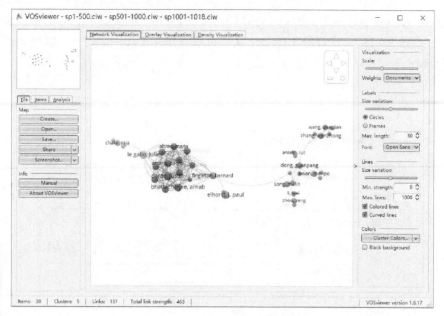

图 3.4.13 作者合作网络图

在图 3.4.14 所示界面中用右键单击某个感兴趣的作者，如在聚类 2 的作者 anselin[①]上面单击右键，就可以在中间显示出显示感兴趣的作者 anselin 的网络链接情况。

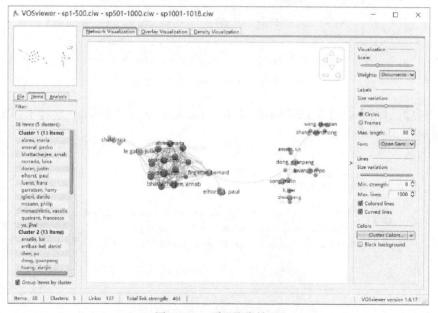

图 3.4.14 项目聚类情况

可以看到 2011～2020 年的空间计量网络中，anselin 与 arribas-bel 之间具有很高的网络链接强度，这表明两者之间具有很强的合作关系。图 3.4.15 实际上是整个作者合作网络图的局部放大效果，要回到显示全部作者的网络链接的界面只需要点击可视化图中右上角的减号"▭"，即可缩小界面，直到呈现全部作者。点击右侧的一些可视化控制选项可以修改可视化的效果。如拖动 Scale（尺寸）下面的滑块，可以将整个界面在正常大小

---

① 沿用软件字母形态，著录时应遵循字母大小写规律，下同。

的 0.5 到 2 倍之间随意调整。而 Size variation（尺寸变化）下面的滑块可以使原图中的形状标注在 0 到 1 之间变化，该设置是在上面尺寸设置的基础之上对形状标注大小的进一步调整。Weights（权重）选项可以调整链接强度中的权重，如将链接强度的权重修改为引用次数，则作者合作网络如图 3.4.16 所示。

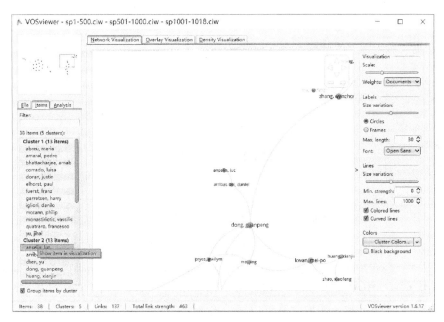

图 3.4.15　显示感兴趣的作者网络链接情况

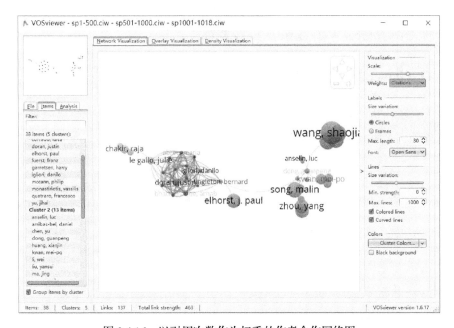

图 3.4.16　以引用次数作为权重的作者合作网络图

从图 3.4.16 可以看出，2011～2020 年 Web of Science 中空间计量分析的文献构成的网络中，引用最多的作者分别为 wang shaojian、zhou yang、elhorst、song 等。如果点击可视化图最上面的"Overlay Visualization"（叠加可视化）选项，则可视化图将如图 3.4.17 所示。

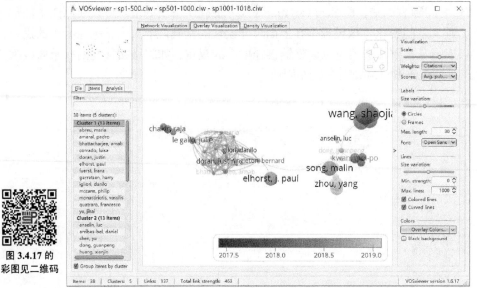

图 3.4.17　以引用次数作为权重的作者合作网络图

图 3.4.17 中叠加了文献的平均时间和影响这两个维度。平均时间从 2017 年 5 月到 2019 年,与图 3.4.17 中右下方的渐变颜色(从深蓝色到亮黄色)相呼应。从图 3.4.17 中可以看出最近的引用次数较多的文献是 zhou yang 和 liu yansui 的文献(注意名字会出现重叠覆盖)。从以上可视化图形中既可以看出作者之间的合作关系,以及由这种合作关系构成的局部网络和全部网络,还可以分析作者合作关系在时间维度的叠加,这些为进一步做文献深入挖掘提供了辅助性信息。下面仍然以 2011~2020 年 Web of Science 中空间计量分析的文献为例介绍 VOSviewer 中的文献耦合分析。

3.4.4　VOSviewer 中的文献耦合分析

在导入数据出现图 3.3.3 所示的界面时,在分析类型中选择文献耦合分析,右侧的分析单元选择施引文献,如图 3.4.18 所示。

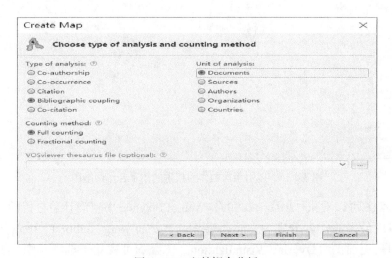

图 3.4.18　文献耦合分析

图 3.4.17 的彩图见二维码

在图 3.4.18 所示界面中点击 Next，并将施引文献最小被引用数设置为 1，这样只有822 篇施引文献满足条件，见图 3.4.19。

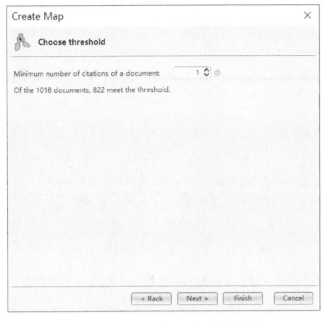

图 3.4.19　施引文献最小被引用数设置

在图 3.4.19 所示界面中点击 Next，出现如图 3.4.20 所示的界面，该界面将计算 822 个文档中的每一个文档与其他文档的书目耦合链接的总强度，并选择具有最大链接总强度的文档。

图 3.4.20　施引文献最小被引用数设置

在图 3.4.20 所示界面中点击 Next，出现文献、引用数和链接总强度的统计表格（图 3.4.21），这个表格的操作类似于图 3.4.9，在此不做赘述。

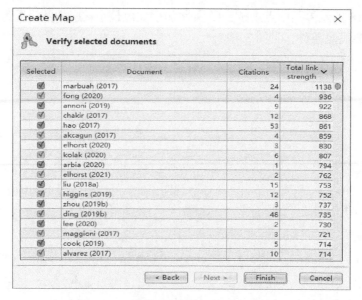

图 3.4.21 施引文献耦合分析的统计表格

在图 3.4.21 所示界面中点击 Finish，弹出如图 3.4.22 所示的界面。

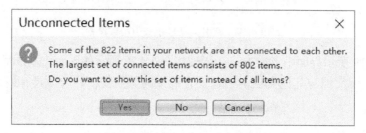

图 3.4.22 文献耦合网络中要显示项目数提示

图 3.4.22 提示"接下来要显示的网络中的 822 条项目中的一些项目没有相互连接。最大的连接项目集由 802 条项目组成。您要显示这组项目而不是所有项目吗？"在图 3.4.22 所示界面中点击 Yes，保留最大的子网络，出现的界面如图 3.4.23 所示。

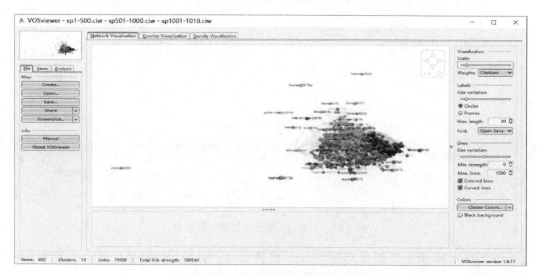

图 3.4.23 文献耦合网络图

从图 3.4.23 可以看到，如果将施引文献最小被引用数设置为 1，满足条件的施引文献太多，文献耦合关系变得很密集，很难对可视化结果进行文献耦合关系分析，于是重新将施引文献最小被引用数设置为 30，这样满足最终条件的文献数变成了 63，并且这些文献被聚类为 8 类。聚类类别略多，可以尝试修改分析界面左侧的 Resolution 参数，它表示聚类的分辨率，默认值为 1，Resolution 参数值越大，聚类的类别数也越多。现在将Resolution 修改为 0.60，将聚类类别数调整为 3 类。调整 Resolution 参数之后的文献耦合网络图，如图 3.4.24 所示。

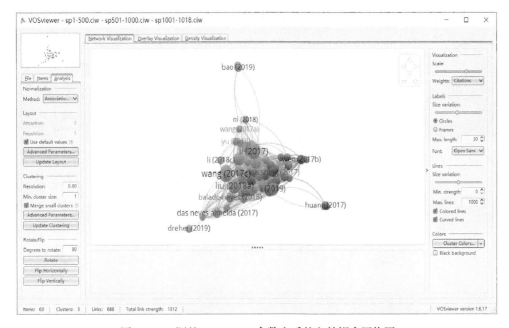

图 3.4.24　调整 Resolution 参数之后的文献耦合网络图

在图 3.4.24 所示界面中想要了解某篇文献与其他文献的耦合关系时，只需要将鼠标移动到该文献上面，可视化界面就会高亮显示与这篇文献存在耦合关系的所有文献，其中连线的粗细表示耦合强度的大小。例如，将鼠标移动到 wen（2017b）上面，可视化界面将会显示出与该文献存在耦合关系的全部文献，其中 song（2018）、zhang（2018a）、jiang（2018b）与该文献存在较高的耦合关系，这表明这些文献的研究存在较高的相似性。同时，在下面的状态栏还显示出了 wen（2017b）的文献信息，包括作者、文献标题、来源期刊和发表年份（图 3.4.25）。如果点击这篇文献，还会显示该文献在 ScienceDirect数据库中的更为详细的相关信息。

同样，可以分析其他感兴趣的文献耦合关系，另外还可以修改耦合关系的算法，呈现出不同的耦合关系布局，修改方法是点击图 3.4.25 所示界面中的 Normalization（规范化）选项卡的 Method 选项，在此不做展开。类似地，读者可以尝试做作者耦合关系分析、机构及国家/地区的耦合关系分析。

3.4.5　VOSviewer 中的共被引分析

在导入数据出现图 3.3.3 所示的界面时，在分析类型中选择作者合作分析，在右侧的分析单元选择被引参考文献，如图 3.4.26 所示。

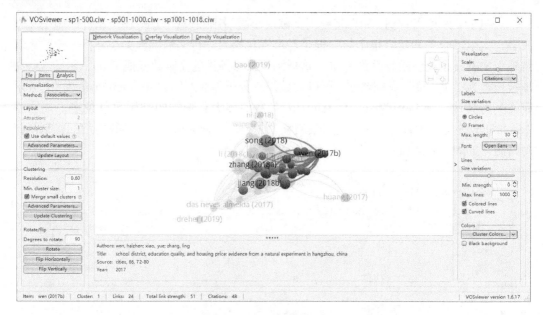

图 3.4.25　高亮显示与 wen（2017b）存在耦合关系的文献

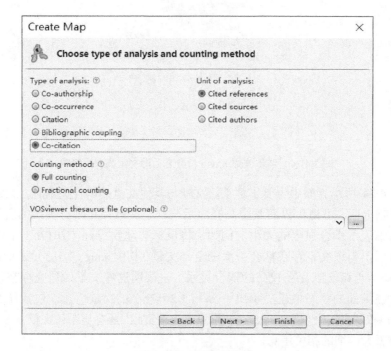

图 3.4.26　共被引分析

在图 3.4.26 所示界面中点击 Next，出现图 3.4.27 所示的界面。

在图 3.4.27 所示界面中，保留默认的最小被引用数 20 的设置，点击 Next 出现图 3.4.28 所示的界面。

图 3.4.28 所示界面提示，软件将计算 60 篇引用参考文献中的每一篇与其他参考文献的共被引链接的总强度，并将选择具有最大链接总强度的参考文献，点击 Next 出现图 3.4.29 所示的界面。

图 3.4.27 最小被引用数设置

图 3.4.28 共被引分析

在图 3.4.29 中进行与前面类似分析，可以导出共被引分析的统计表格。在此，点击 Finish，弹出图 3.4.30 所示的界面。图 3.4.30 界面的 Resolution 参数使用了默认值 1，聚类的类别数为 4。图 3.4.30 中最大的聚类类别（红色标注的类别）包含 19 篇文献。

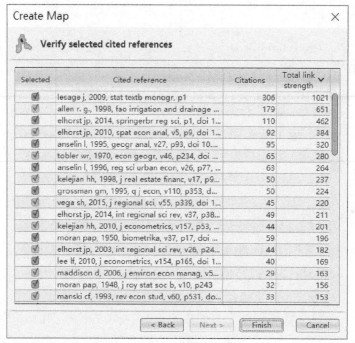

图 3.4.29　共被引分析的统计表格

图 3.4.30 的彩图见二维码

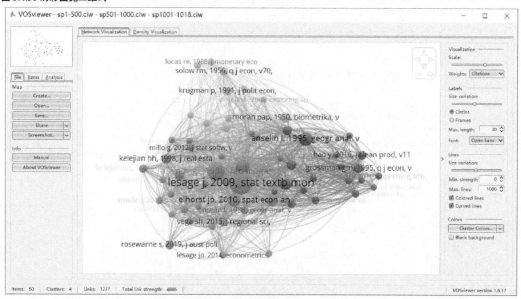

图 3.4.30　共被引分析网络

在图 3.4.30 中可以看出，共被引强度最大的文献是 lesage（2019），从导出的文献被引表格中可以知道该文献的共被引强度达到了 1021，接下来共被引强度较大的文献是 anselin（1998）、elhorst（2014）、elhorst（2010）和 anselin（1995），这些作者都是在空间计量分析中做出了突出贡献的，他们的文献为其他学者研究空间计量问题奠定了坚实的基础。如果要将最大聚类的 19 篇文献之间共被引关系展示出来，可以在图 3.4.30 的 Cluster1（19 items）上单击右键，之后点击 Show cluster in visualization（在可视化中显示聚类），然后就会出现最大聚类的共被引分析网络，如图 3.4.31 所示。

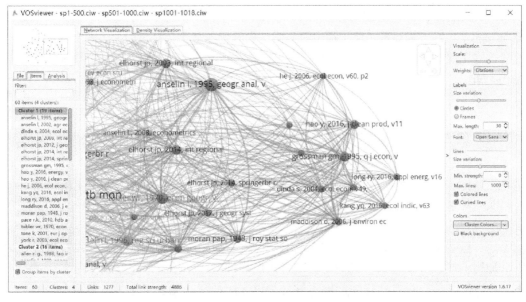

图 3.4.31 的
彩图见二维码

图 3.4.31　最大聚类的共被引分析网络

　　图 3.4.31 中显示出了共被引次数在 30 以上的 19 篇文献，采用不同的红色圆点标注，圆点的大小表示被引次数的多少，它们之间连线的粗细表示共被引强度的高低。从图 3.4.31 中可以看出，第 1 聚类中被引次数最多的文献是 anselin（1995），另外比较突出的是 elhorst（2003）、tobler（1970）、grossman（1995）、elhorst（2003）和 elhorst（2014）。如果将光标移动到文献 anselin（1995）上面，可以清晰地看到与该文献共被引强度比较高的文献，如图 3.4.32 所示。

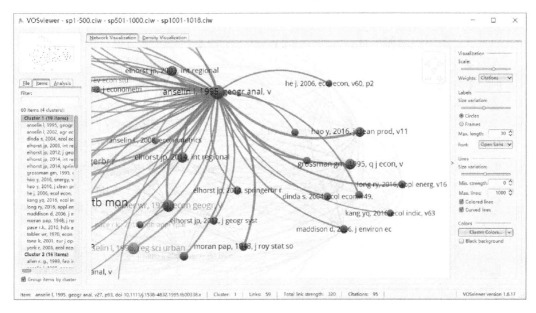

图 3.4.32　与 anselin（1995）存在共被引关系的文献

　　从图 3.4.32 可以看出与 anselin（1995）存在共被引关系的文献非常之多。在聚类类别 1 中，与 anselin（1995）存在较高共被引关系的文献主要有 tobler（1970）、grossman

（1995）、elhorst（2003）、elhorst（2014）和hao（2016）。研究空间计量的学者，如果对文献anselin（1995）特别感兴趣，那也应当尝试去阅读与之存在高被引关系的文献，进一步挖掘这些文献共同的理论基础。当然，也可以尝试从共现分析的角度（如关键词共现）挖掘相关知识。

信息焦虑才是大数据时代该有的样子吗？

你平均多少分钟就要从包里掏一次手机？

你平均多少分钟就要刷一次朋友圈或微博？

你从什么时候开始晚上刷着手机不知不觉就到了凌晨一两点而早上醒来的头一件事就是摸出手机刷刷刷？

…………

这些事情有没有发生在你的身上，有没有戳中你的痛点，大家有没有想过原因？或许有人会说：我们处在信息大爆炸的时代，搜寻信息是工作所需、是在不断学习，只有这样才能够不被这个世界所抛弃。抛去工作，更多的人是不是总在好奇：今天世界上又发生了什么新鲜事？国内又出了什么新闻？关注的大V或公众号又发布了什么新消息？娱乐圈又爆出了什么猛料？朋友圈那帮人又发了什么照片或消息……你总想最快地知道最新的信息，即使这些信息其实跟你一分钱关系都没有，但你仍然害怕跟别人社交的时候人家嘴里突然冒出一个"新新词汇"或者"最新事件"你竟然一无所知，你尤其害怕成为别人眼里的"奥特曼"。

在这种情况下，人们不断地主动搜索着各种各样的信息，再加上手机推送、网络轰炸、街头广告、地铁宣传等各种形式的"推波助澜"，各种目所能及的地方都被各种各样的导语所引导，信息源无处不在。越来越多的人陷于无穷无尽的信息当中，无法摆脱，也无法拒绝。随之而来的便是一种时尚病——信息焦虑症。所谓信息焦虑症，是由于人们吸收过多信息，给大脑造成负担形成的。人如果在短时间内接收过多的繁杂信息，而大脑中枢来不及分解消化，便会造成一系列的自我强迫和紧张。信息焦虑症患者大多学历高，工作压力大。流行病学研究表明，城市人口中大约有4.1%至6.6%的人会得信息焦虑症。

与此同时，信息又呈现碎片化的特征。我们每天浮光掠影地阅读非常多的信息，可是除了增加一些谈资之外，回想起来，似乎并没有记住多少东西。回想一下，你下班后有一个小时的空闲时间，你是选择看30页书，还是玩一局游戏，或者看一些看似很有用的推送信息？互联网让我们的生活更加碎片化，注意力更加分散，这导致很多人一想到要从海量、繁杂的信息中过滤有用的信息，就会感觉头晕、胸闷、急躁。

大数据时代，在信息碎片化、总量指数级上涨的双刃剑影响下，人们越来越难获取真正需要的信息，信息焦虑才是大数据时代该有的样子吗？如何摆脱信息焦虑才是人们应该思考的问题。

■ 本 章 小 结

（1）当今社会的人已经离不开信息了。文献检索是以科学的方法，利用检索工具从有序的文献集合中提取所需信息的一种方法，是文献研究的基础准备工作，已经成为人们读书立业必须掌握的一项重要技术。

（2）本章从普通搜索引擎、学术搜索引擎、中文文献检索数据库和英文文献检索数据库四个方面介绍了常用的文献检索工具，并介绍了常用的文献检索技巧和检索文献导出操作。

（3）为了更直观地观察文献检索的结果，需要对文献进行可视化分析，本章介绍了一款可以免费使用的、功能强大的构建和查看文献计量可视化分析的程序 VOSviewer。并以 2011～2020 年 Web of Science 中空间计量分析的文献为例，利用 VOSviewer 工具进行了文献检索与可视化分析，并构建了相应的图谱。

## 第4章

线性回归分析

线性回归模型是线性模型的一种，它的数学基础是回归分析，即用回归分析方法建立的线性模型，用以揭示经济现象中的因果关系。

■ 4.1 回归分析概述

4.1.1 回归分析的基本概念

1. 变量间的关系

无论是自然现象之间还是社会经济现象之间，大都存在着不同程度的联系。各种经济变量间的关系可分为两类：一类是确定的函数关系；另一类是不确定的统计相关关系。

确定性现象间的关系常常表现为函数关系。例如，圆面积 S 和圆半径 r 之间的关系，只要给定半径值 r，圆面积 S 也随之确定：$S = \pi r^2$。

非确定性现象间的关系常常表现为统计相关关系。例如，农作物产量 Y 与施肥量 X 间的关系。其特点是：农作物产量 Y 随着施肥量 X 的变化呈现某种规律性的变化，在适当的范围内，随着 X 的增加，Y 也增加。但与前述函数关系不同的是，给定施肥量 X，与之对应的农作物产量 Y 并不能确定。主要原因在于，除了施肥量，阳光、气温、降雨等许多其他因素也在影响着农作物的产量。这时，我们无法确定农作物产量 Y 与施肥量 X 间的函数关系，但能通过统计计量等方法研究它们之间的统计相关关系。农作物产量 Y 作为非确定性变量，也称为随机变量。

当然，变量间的函数关系与相关关系并不是绝对的，在一定的条件下，两者可以相互转化。例如，在确定性现象的观测中，往往存在测量误差，这时函数关系常会通过相关关系表现出来；反之，如果非确定性现象的影响因素能够——辨认出来，并全部纳入到变量间的依存关系式中，则变量间的相关关系就会向函数关系转化。非确定性现象间的统计相关关系主要通过相关分析与回归分析进行研究。

2. 相关分析与回归分析

变量间的统计相关关系可以通过相关分析与回归分析来研究。相关分析主要研究随机变量间的相关形式及相关程度。

从变量间相关关系的表现形式看，有线性相关和非线性相关之分，前者往往表现为变量的散点图接近一条直线，变量间线性相关程度的高低可以通过相关系数来测量，两个变量 X 和 Y 的总体相关系数为

$$\rho_{XY} = \frac{\mathrm{Cov}(X,Y)}{\sqrt{\mathrm{Var}(X)\mathrm{Var}(Y)}} \qquad (4.1.1)$$

其中，$\mathrm{Cov}(X,Y)$ 为变量 X 和 Y 的协方差；$\mathrm{Var}(X)$ 和 $\mathrm{Var}(Y)$ 分别为变量 X 和变量 Y 的方差。

如果给出 X 和 Y 的一组样本 (X_i, Y_i)，$i = 1, 2, \cdots, n$，则样本的相关系数为

$$r_{XY} = \frac{\sum_{i=1}^{n}(X_i - \bar{X})(Y_i - \bar{Y})}{\sqrt{\sum_{i=1}^{n}(X_i - \bar{X})^2}\sqrt{\sum_{i=1}^{n}(Y_i - \bar{Y})^2}} \qquad (4.1.2)$$

其中，$\bar{X}$ 和 $\bar{Y}$ 分别为变量 X 和变量 Y 的样本均值。

多个变量间的线性相关程度，可用复相关系数与偏相关系数来度量。

具有相关关系的变量间有时也存在因果关系，这时，我们可以通过回归分析来研究它们之间的具体依赖关系。例如，根据经济学理论，消费支出与可支配收入之间不但密切相关，而且有因果关系，即可支配收入的变化往往是消费支出变化的原因。这时，不仅可以通过相关分析研究两者间的相关程度，而且可以通过回归分析来研究两者之间的具体依赖关系，即考察可支配收入每一元的变化所引起的消费支出的平均变化。

回归分析是研究一个变量关于另一个（些）变量的具体依赖关系的计算方法和理论。其用意在于通过后者在重复抽样中的已知值或设定值，去估计和（或）预测前者（总体）的均值。前一个变量被称为被解释变量（explained variable）或因变量（dependent variable）；后一个（些）变量被称为解释变量（explanatory variable）或自变量（independent variable）。

回归分析的主要内容包括以下几点。

（1）根据样本观察值对模型参数进行估计，求得回归方程。

（2）对回归方程、参数估计值进行显著性检验。

（3）利用回归方程进行分析、评价和预测。

相关分析与回归分析既有区别又有联系。首先，两者都研究非确定性变量间的统计相关关系，并能度量线性依赖程度的高低。其次，两者之间又有明显的区别，相关分析仅仅是从统计数据上测度变量间的相关程度，而无须考察变量间是否有因果关系。因此，变量的地位在相关分析中是对称的，而且都是随机变量；回归分析则更关注对于具有统计相关关系的变量间的因果关系的分析，变量的地位是不对称的，有解释变量与被解释变量之分，而且解释变量也可以被假设为非随机变量。最后，相关分析只关注变量间的联系程度，不关注具体的依赖关系；而回归分析则更加关注变量间具体的依赖关系，因此可以进一步通过解释变量的变化来估计或预测被解释变量的变化，达到深入分析变量间依赖关系、掌握其运动规律的目的。

4.1.2 总体回归函数

由于变量间关系的随机性，回归分析关心的是根据解释变量的已知值或给定值，考察被解释变量的总体均值，即当解释变量取某个确定值时，与之相关的被解释变量的所有可能出现的对应值的平均值。

例 4.1　一个假想的社区由 99 户家庭组成，研究该社区每月家庭消费支出 Y 与每月家庭可支配收入 X 的关系，即根据家庭的每月可支配收入，考察该社区家庭每月消费支出的平均水平。为方便研究，将该 99 户家庭组成的总体按可支配收入水平划分为 10 组，并分别分析每一组的家庭消费支出（表 4.1.1）。

表 4.1.1　某社区家庭每月可支配收入与消费支出统计表（单位：元）

项目	每月家庭可支配收入 X									
	800 元	1 100 元	1 400 元	1 700 元	2 000 元	2 300 元	2 600 元	2 900 元	3 200 元	3 500 元
每月家庭消费支出 Y	561	638	869	1 023	1 254	1 408	1 650	1 969	2 089	2 299
	594	748	913	1 100	1 309	1 452	1 738	1 991	2 134	2 321
	627	814	924	1 144	1 364	1 551	1 749	2 046	2 178	2 530
	638	847	979	1 155	1 397	1 595	1 804	2 068	2 267	2 629
		935	1 012	1 210	1 408	1 650	1 848	2 101	2 354	2 860
		968	1 045	1 243	1 474	1 672	1 881	2 189	2 486	2 871
			1 078	1 254	1 496	1 683	1 925	2 233	2 552	
			1 022	1 298	1 496	1 716	1 969	2 244	2 585	
			1 155	1 331	1 562	1 749	2 013	2 299	2 640	
			1 188	1 364	1 573	1 771	2 035	2 310		
			1 210	1 408	1 606	1 804	2 101			
				1 430	1 650	1 870	2 112			
				1 485	1 716	1 947	2 200			
						2 002				
共计	2 420	4 950	11 395	16 445	19 305	23 870	25 025	21 450	21 285	15 510

由于不确定因素的影响，同一可支配收入水平 X 下，不同家庭的消费支出不完全相同，但由于调查的完备性，给定可支配收入水平 X 的消费支出 Y 的分布是确定的，即以 X 的给定值为条件的 Y 的条件分布（conditional distribution）是已知的，如 $P(Y=561|X=800)=1/4$。因此，给定可支配收入 X 的值，可得消费支出 Y 的条件均值（conditional mean）或条件期望（conditional expectation），如 $E(Y|X=800)=605$。表 4.1.2 给出了 10 组可支配收入水平下相应家庭消费支出的条件概率，以及各可支配收入水平组家庭消费支出的条件均值。

表 4.1.2　各组条件概率与条件均值表

项目	收入水平									
	800 元	1100 元	1400 元	1700 元	2000 元	2300 元	2600 元	2900 元	3200 元	3500 元
条件概率	1/4	1/6	1/11	1/13	1/13	1/14	1/13	1/10	1/9	1/6
条件均值	605	825	1036	1265	1485	1705	1925	2145	2365	2585

以表 4.1.1 中的数据绘制每月家庭可支配收入 X 与每月家庭消费支出 Y 的散点图（图 4.1.1）。从散点图可以发现，随着收入的增加，消费"均匀地"也在增加，且 Y 的条件均值均落在一条正斜率的直线上，这条直线称为总体回归线。

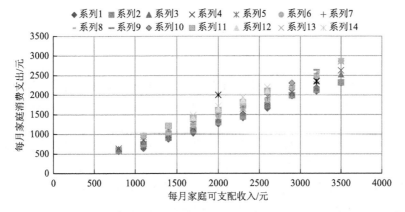

图 4.1.1　不同收入水平下消费支出的条件分布及其总体回归线

在给定解释变量 X_i 的条件下被解释变量 Y_i 的期望轨迹称为总体回归线（population regression line），或更一般地称为总体回归曲线（population regression curve）。相应的函数：

$$E(Y|X) = f(X) \tag{4.1.3}$$

称为（双变量）总体回归函数（population regression function，PRF）。

总体回归函数表明被解释变量 Y 的平均状态（总体条件期望）随解释变量 X 变化的规律。函数的具体形式，是由所考察总体固有的特征来决定的。由于实践中的总体往往无法全部考察到，因此总体回归函数形式的选择就是一个经验方面的问题，这时经济学等相关学科的理论就显得很重要。例如，生产函数常以 Cobb-Douglas 幂函数的形式出现，"U" 形边际成本函数常以二次多项式的形式出现，等等。

条件期望函数 $E(Y|X)$ 为 X 的线性函数最为简单，参数的估计与统计检验也相对容易，而且多数非线性函数可转化为线性形式。因此，将居民消费支出看作可支配收入的线性函数时，式（4.1.3）可进一步写成：

$$E(Y|X) = \beta_0 + \beta_1 X \tag{4.1.4}$$

其中，β_0、β_1 为未知参数，称为回归系数（regression coefficients）。式（4.1.4）可称为线性总回归函数。X 也可以是 p 维的特征向量，表示除了居民可支配收入之外的其他影响居民消费支出的因素。

4.1.3　随机干扰项

在上述家庭可支配收入-消费支出的例子中，总体回归函数描述了所考察总体的家庭消费支出平均地随可支配收入变化的规律，但对于个别家庭，其消费支出 Y 不一定恰好就是给定的可支配收入水平 X 下的消费支出的平均值 $E(Y|X)$。图 4.1.1 显示个别家庭的消费支出 Y 聚集在给定的可支配收入水平 X 下所有家庭的平均消费支出 $E(Y|X)$ 的周围。

对个别家庭，记

$$\mu = Y - E(Y|X) \tag{4.1.5}$$

称 μ 为观测值 Y 围绕它的期望值 $E(Y|X)$ 的离差（deviation），它是一个不可观测的随机变量，称为随机误差项（stochastic error），通常又不加区分地称为随机干扰项（stochastic disturbance）。

由式（4.1.5），个别家庭的消费支出为

$$Y = E(Y|X) + \mu \qquad (4.1.6)$$

或者在线性假设下

$$Y = \beta_0 + \beta_1 X + \mu \qquad (4.1.7)$$

即给定可支配收入水平 X ，个别家庭的消费支出 Y 可表示为两部分之和：①该收入水平下所有家庭的平均消费支出 $E(Y|X)$ ，称为系统性（systematic）部分或确定性（deterministic）部分；②其他随机部分或非系统性（nonsystematic）部分 μ 。

式（4.1.6）或式（4.1.7）称为总体回归函数的随机设定形式，它表明被解释变量 Y 除了受解释变量 X 的系统性影响外，还受其他未包括在模型中的诸多因素的随机性影响，μ 即这些影响因素的综合代表。由于式（4.1.6）中引入了随机干扰项，成为计量经济学模型，因此也称为总体回归模型（population regression model）。

在总体回归函数中引入随机干扰项，主要有以下六方面原因。

（1）代表未知的影响因素。由于对所考察总体认识上的非完备性，许多未知的影响因素还无法引入模型，因此，只能用随机干扰项代表这些未知的影响因素。

（2）代表残缺数据。即使所有的影响变量都能被包括在模型中，也会有某些变量的数据无法获得。例如，经济理论指出，居民消费支出除受可支配收入的影响外，还受财富拥有量的影响，但后者在实践中往往是无法收集到的，这时模型中不得不省略这一变量，将其归入随机干扰项。

（3）代表众多细小的影响因素。有一些影响因素已经被认识，而且其数据也可以收集到，但它们对解释变量的影响却是细小的。考虑到模型的简洁性，以及获得诸多变量的数据可能带来较大的成本，建模时往往省掉这些细小变量，将它们的影响综合到随机干扰项中。

（4）代表数据观测误差。由于某些主客观原因，在取得观测数据时，往往存在测量误差，这些测量误差也被归入随机干扰项。

（5）代表模型设定误差。由于经济现象的复杂性，模型的真实函数形式往往是未知的，因此，实际设定的模型可能与真实的模型有误差，随机干扰项包含了这种模型设定误差。

（6）变量的内在随机性。即使模型没有设定误差，也不存在数据观测误差，但某些变量固有的内在随机性，也会对被解释变量产生随机性影响，这种影响只能被归入随机干扰项。

4.1.4　样本回归函数

尽管总体回归函数揭示了所考察总体的被解释变量与解释变量间的平均变化规律，但总体的信息往往无法全部获得，因此，总体回归函数实际上是未知的。现实的情况往往是，通过抽样得到总体的样本，再通过样本的信息来估计总体回归函数。

仍以例 4.1 中社区家庭的可支配收入与消费支出的关系为例，假设从该总体中的每组可支配收入水平下各取一个家庭进行观测，得到如表 4.1.3 所示的一个样本，问题归结为，能否根据该样本预测整个总体对应于给定的 X 的平均每月消费支出，即能否根据该样本估计总体回归函数？

表 4.1.3　每月家庭消费支出与每月家庭可支配收入的一个随机样本（单位：元）

项目	X									
	800 元	1100 元	1400 元	1700 元	2000 元	2300 元	2600 元	2900 元	3200 元	3500 元
Y	638	935	1155	1254	1408	1650	1925	2068	2267	2530

　　该样本的散点图如图 4.1.2 所示，可以看出，该样本的散点图近似于一条直线。画一条直线尽可能地拟合该散点图。由于样本取自总体，可用该直线近似代表总体回归线，该直线称为样本回归线，其函数形式记为

$$\hat{Y} = f(X) = \hat{\beta}_0 + \hat{\beta}_1 X \tag{4.1.8}$$

称为样本回归函数（sample regression function，SRF）。

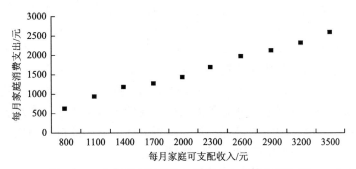

图 4.1.2　家庭可支配收入与消费支出的样本散点图

　　将式（4.1.8）看成式（4.1.7）的近似替代，则 $\hat{Y}$ 就为 $E(Y|X)$ 的估计量，$\hat{\beta}_0$ 就为 β_0 的估计量，$\hat{\beta}_1$ 就为 β_1 的估计量。

　　同样地，样本回归函数也有如下的随机形式：

$$Y = \hat{Y} + \hat{\mu} = \hat{\beta}_0 + \hat{\beta}_1 X + e \tag{4.1.9}$$

其中，e 为（样本）残差（或剩余）项（residual），代表其他影响 Y 的随机因素的集合，可以看成 μ 的估计量 $\hat{\mu}$。由于式（4.1.9）中引入了随机项，成为计量经济学模型，因此也称为样本回归模型（sample regression model）。

　　回归分析的主要目的就是根据样本回归函数估计总体回归函数，也就是根据

$$Y = \hat{Y} + \hat{\mu} = \hat{\beta}_0 + \hat{\beta}_1 X + e$$

估计

$$Y = E(Y|X) + \mu = \beta_0 + \beta_1 X + \mu$$

即设计一种"方法"构造样本回归函数，以使样本回归函数尽可能"接近"总体回归函数，或者说使 $\hat{\beta}_j(j = 0,1)$ 尽可能接近 $\beta_j(j = 0,1)$。图 4.1.3 绘出了总体回归线与样本回归线的基本关系。

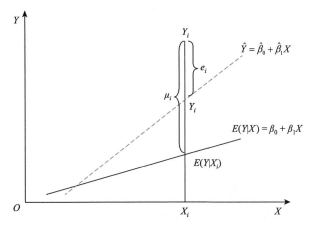

图 4.1.3　总体回归线与样本回归线的关系

4.1.5 大数据时代对传统回归分析的冲击

在大数据时代，我们可以分析更多的数据，有时候甚至可以处理和某个特别现象相关的所有数据，而不再依赖于随机抽样。抽样分析是信息缺乏时代和信息流通受限制的模拟数据时代的产物，以前我们认为这种限制是理所当然的，但高性能数字技术的流行让我们意识到，这其实是一种人为的限制。与局限在小数据范围相比，使用一切数据为我们带来了更高的准确性，也让我们看到了一些通过传统的回归分析无法发现的细节——大数据让我们更清楚地看到了样本无法揭示的细节信息。

研究数据如此之多，以至于我们不再热衷于追求准确度。大数据纷繁多样、优劣掺杂，分布在全球多个服务器上。拥有了大数据，我们不再需要对一个现象刨根究底，绝对的精准不再是我们追求的主要目标，只要掌握大体的方向即可，适当地忽略微观层面上的精确度会让我们在宏观层面拥有更好的洞察力。

我们不再热衷于寻找因果关系，而是注重数据间的相关关系，这有助于更加清晰地分析事物发展的趋势及状态。在大数据时代的背景下，我们不必知道"为什么"，只需要知道"是什么"，明白事物的发展趋势，让数据自己"说话"。对于以因果关系为基础的回归分析而言，这无疑是大数据时代给其带来的冲击。

■ 4.2 线性回归模型

4.2.1 线性回归模型的概述

根据线性回归模型中解释变量的个数，可将线性回归模型分为一元线性回归模型和多元线性回归模型。

线性回归模型的一般形式为

$$Y_i = \beta_0 + \beta_1 X_{1i} + \beta_2 X_{2i} + \cdots + \beta_k X_{ki} + \mu_i, \ i=1,2,\cdots,n \qquad （4.2.1）$$

其中，k 为解释变量的数目。由于习惯把常数项看成一个虚拟变量的系数，因此在参数估计的过程中该虚拟变量的样本观测值始终取 1。模型中解释变量的数目为 $k+1$。k 为 1 时，模型（4.2.1）表示一元线性回归模型。模型（4.2.1）所表达的是，当解释变量 $X_1,X_2,\cdots,X_k$ 发生变化时，被解释变量 Y 的平均变化程度。β_k 称为回归系数，μ_i 为随机干扰项。本质上，线性回归模型就是通过解释变量 $X_1,X_2,\cdots,X_k$ 的线性组合来预测 Y_i。

模型（4.2.1）的经济意义是 X_{ki} 是 DEBT$_t$ 的重要解释变量，模型中每个回归系数 $\beta_k = \partial Y_i / \partial X_j$ 可以解释为在其他因素（变量）不变的条件下，解释变量 X_k（对任意 i 的 X_{ki}）每变动一个单位，被解释变量平均变动 β_k 个单位。

当给定一个样本 $(Y_i, X_{1i}, X_{2i}, \cdots, X_{ki})$，$i=1,2,\cdots,n$ 时，模型（4.2.1）表示为

$$\begin{cases} Y_1 = \beta_0 + \beta_1 X_{11} + \beta_2 X_{21} + \cdots + \beta_k X_{k1} + \mu_1 \\ Y_2 = \beta_0 + \beta_1 X_{12} + \beta_2 X_{22} + \cdots + \beta_k X_{k2} + \mu_2 \\ \qquad\qquad\qquad\qquad \vdots \\ Y_n = \beta_0 + \beta_1 X_{1n} + \beta_2 X_{2n} + \cdots + \beta_k X_{kn} + \mu_n \end{cases} \qquad （4.2.2）$$

将线性总体回归模型（4.2.2）化为矩阵表达式：

$$Y = X\beta + \mu \qquad （4.2.3）$$

其中，$Y = \begin{bmatrix} Y_1 \\ Y_2 \\ \vdots \\ Y_n \end{bmatrix}_{n \times 1}$，$X = \begin{bmatrix} 1 & X_{11} & X_{21} & \cdots & X_{k1} \\ 1 & X_{12} & X_{22} & \cdots & X_{k2} \\ \vdots & \vdots & \vdots & & \vdots \\ 1 & X_{1n} & X_{2n} & \cdots & X_{kn} \end{bmatrix}_{n \times (k+1)}$，$\beta = \begin{bmatrix} \beta_0 \\ \beta_1 \\ \vdots \\ \beta_k \end{bmatrix}_{(k+1) \times 1}$，$\mu = \begin{bmatrix} \mu_1 \\ \mu_2 \\ \vdots \\ \mu_n \end{bmatrix}_{n \times 1}$。

相应地，线性总体回归函数可用矩阵形式表示为

$$E(Y \mid X) = X\beta \tag{4.2.4}$$

类似地，线性样本回归模型、线性样本回归函数的矩阵表达式分别为

$$Y = X\hat{\beta} + e \tag{4.2.5}$$

$$\hat{Y} = X\hat{\beta} \tag{4.2.6}$$

其中，$\hat{\beta} = \begin{bmatrix} \hat{\beta}_0 \\ \hat{\beta}_1 \\ \vdots \\ \hat{\beta}_k \end{bmatrix}_{(k+1) \times 1}$ 为回归系数估计值向量；$e = \begin{bmatrix} e_1 \\ e_2 \\ \vdots \\ e_n \end{bmatrix}_{n \times 1}$ 为模型的残差向量。

4.2.2　线性回归模型的基本假设

为保证参数估计量具有良好的性质，通常对模型提出若干个基本假设，包括对模型设定的假设、对解释变量 X 的假设及对随机干扰项 μ 的假设。

1. 对模型设定的假设

假设 1：回归模型设定正确。

该假设主要包括两方面内容：①模型选择了正确的变量；②模型选择了正确的函数形式。

模型选择了正确的变量指在设定总体回归函数时，既没有遗漏重要的相关变量，也没有多选无关的变量；模型选择了正确的函数形式是指当被解释变量与解释变量间呈现某种函数形式时，我们所设定的总体回归方程恰为该函数形式。例如，在生产函数的设定中，如果产出量与资本投入、劳动投入的关系呈现幂函数的形式，我们在设定总体回归模型时就应设定幂函数的形式。

当假设 1 成立时，称模型没有设定偏差，否则有设定偏差。

2. 对解释变量的假设

假设 2：解释变量 X 在所抽取的样本中具有变异性，而且随着样本容量的无限增加，解释变量 X 的样本方差趋于一个非零的有限常数，即

$$\sum_{i=1}^{n} \frac{(X_i - \bar{X})^2}{n} \to Q, \ n \to \infty \tag{4.2.7}$$

在以因果关系为基础的回归分析中，往往就是通过解释变量 X 的变化来解释被解释变量 Y 的变化的，因此，解释变量 X 要有足够的变异性。而对其样本方差的极限为非零的有限常数的假设，则旨在排除解释变量的取值出现无界的情况，因为这类数据会使大样本估计推断变得无效。

值得注意的是，多元线性回归模型还需要假定 X_i 之间不存在严格线性相关性，这是一元线性回归模型不需要的。

3. 对随机干扰项的假设

假设 3：给定解释变量 X 的任何值，随机干扰项 μ_i 的均值为零，即

$$E(\mu_i \mid X) = 0 \qquad (4.2.8)$$

随机干扰项 μ 的条件零均值假设意味着 μ 的期望不依赖于 X 的观测点取值的变化而变化，且总为常数 0。该假设表明 μ 与 X 不存在任何形式的相关性，因此该假设成立时往往称 X 为外生解释变量，或称 X 是严格外生的，否则称 X 为内生解释变量。

需要注意的是，当随机干扰项 μ 的条件零均值假设成立时，根据迭代期望法则一定有如下非条件零均值的性质：

$$E(\mu_i) = E(E(\mu_i \mid X)) = E(0) = 0 \qquad (4.2.9)$$

同时，当随机干扰项 μ 的条件零均值假设成立时，一定可得到随机干扰项与解释变量间的不相关性，即

$$\mathrm{Cov}(X, \mu_i) = E(X\mu_i) - E(X)E(\mu_i) = E(X\mu_i) = 0$$

最后一个等式可通过期望迭代法则推出。这一性质意味着任何观测点处的 X 都与 μ_i 不相关，即有

$$\mathrm{Cov}(X, \mu_i) = E(X\mu_i) = 0 \qquad (4.2.10)$$

这时，也称 X 是同期外生的或称 X 与 μ 同期不相关。这一特征在回归分析中十分重要，在模型参数的估计中扮演着尤其重要的角色。式（4.2.10）中的解释变量和随机干扰项对被解释变量的影响是完全独立的。

假设 4：随机干扰项 μ 具有给定 X 任何值条件下的同方差性和序列不相关性，即

$$\mathrm{Var}(\mu_i \mid X) = \sigma^2, \ i = 1, 2, \cdots, n \qquad (4.2.11)$$

$$\mathrm{Cov}(\mu_i, \mu_j \mid X) = 0, \ i \neq j \qquad (4.2.12)$$

随机干扰项 μ 的条件同方差假设意味着 μ 的方差不依赖于 X 的变化而变化，且总为常数 σ^2。在 μ 的条件零均值与条件同方差假设下，总体回归函数可显示为图 4.2.1。

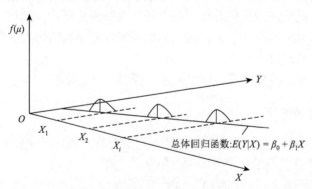

图 4.2.1　在 μ 的条件零均值与条件同方差假设下的总体回归函数

同样地，随机干扰项 μ 的条件同方差假设成立时，根据期望迭代法则一定有如下非条件同方差的性质：

$$\mathrm{Var}(\mu_i) = \sigma^2 \qquad (4.2.13)$$

另外，在随机干扰项零均值的假设下，同方差还可写成如下的表达式：

$$\mathrm{Var}(\mu_i \mid X) = E(\mu_i^2 \mid X) - [E(\mu_i \mid X)]^2$$
$$= E(\mu_i^2 \mid X) = \sigma^2 \qquad (4.2.14)$$

$$\mathrm{Var}(\mu_i) = E(\mu_i^2) - [E(\mu_i)]^2 = E(\mu_i^2) = \sigma^2 \tag{4.2.15}$$

随机干扰项 μ 的条件序列不相关性表明在给定解释变量任何值时，任意两个不同的观测点的随机干扰项不相关。同样地，式（4.2.12）可以等价地表示为

$$\mathrm{Cov}(\mu_i, \mu_j \mid X) = E[(\mu_i \mid X)(\mu_j \mid Y)] = 0 \tag{4.2.16}$$

在随机干扰项零均值的假设下，随机干扰项 μ 的条件同方差和条件序列不相关性可用矩阵表示：

$$
\begin{aligned}
E(\mu\mu') &= E\left[\begin{pmatrix} \mu_1 \\ \mu_2 \\ \vdots \\ \mu_n \end{pmatrix} (\mu_1 \quad \mu_2 \quad \cdots \quad \mu_n)\right] \\
&= E\begin{bmatrix} \mu_1^2 & \mu_1\mu_2 & \cdots & \mu_1\mu_n \\ \mu_2\mu_1 & \mu_2^2 & \cdots & \mu_2\mu_n \\ \vdots & \vdots & & \vdots \\ \mu_n\mu_1 & \mu_n\mu_2 & \cdots & \mu_n^2 \end{bmatrix} \\
&= \begin{bmatrix} E(\mu_1^2) & E(\mu_1\mu_2) & \cdots & E(\mu_1\mu_n) \\ E(\mu_2\mu_1) & E(\mu_2^2) & \cdots & E(\mu_2\mu_n) \\ \vdots & \vdots & & \vdots \\ E(\mu_n\mu_1) & E(\mu_n\mu_2) & \cdots & E(\mu_n^2) \end{bmatrix} \\
&= \begin{bmatrix} \mathrm{Var}(\mu_1) & \mathrm{Cov}(\mu_1,\mu_2) & \cdots & \mathrm{Cov}(\mu_1,\mu_n) \\ \mathrm{Cov}(\mu_2,\mu_1) & \mathrm{Var}(\mu_2) & \cdots & \mathrm{Cov}(\mu_2,\mu_n) \\ \vdots & \vdots & & \vdots \\ \mathrm{Cov}(\mu_n,\mu_1) & \mathrm{Cov}(\mu_n,\mu_2) & \cdots & \mathrm{Var}(\mu_n) \end{bmatrix} \\
&= \begin{bmatrix} \sigma^2 & 0 & \cdots & 0 \\ 0 & \sigma^2 & \cdots & 0 \\ \vdots & \vdots & & \vdots \\ 0 & 0 & \cdots & \sigma^2 \end{bmatrix} = \sigma^2 I_n
\end{aligned} \tag{4.2.17}
$$

假设 5：随机干扰项服从零均值、同方差的正态分布，即

$$\mu_i \mid X \sim N(0, \sigma^2) \tag{4.2.18}$$

假设 5 是基于样本回归函数推断总体回归函数的需要而提出的，尤其是在小样本下，该假设显得十分重要。在大样本情况下，正态性假设可以放松，因为根据中心极限定理，当样本容量趋于无限大时，在大多数情况下，随机干扰项的分布会趋于正态分布。

以上假设也称为线性回归模型的基本假设，满足以上假设的线性回归模型，也称为经典线性回归模型（classical linear regression model，CLRM）。其中前四个假设也称为高斯-马尔可夫假设（Gauss-Markov assumption）。这些假设是为了保证运用普通最小二乘法的参数估计量具有良好的性质。

需要指出的是，在上述基本假设下，线性回归模型中被解释变量 Y 具有如下的条件分布特征：

$$Y \mid X \sim N(\beta_0 + \beta_1 X, \sigma^2) \tag{4.2.19}$$

图 4.2.2 描绘出了总体回归函数与 Y 的条件分布状况。

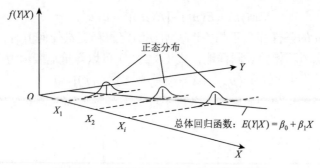

图 4.2.2　总体回归函数与 Y 的条件分布图

4.2.3　线性回归模型的参数估计

1. 普通最小二乘法

普通最小二乘法（ordinary least squares，OLS）是估计线性回归模型的基本方法。已知一组样本观测值 $\{(X_i, Y_i): i=1,2,3,\cdots,n\}$，OLS 要求样本回归函数尽可能好地拟合这组值，即样本回归线上的点 $\hat{Y}_i$ 与真实观测点 Y_i 的总体误差（即残差）尽可能地小。因为残差可正可负，简单求和可能出现正负残差相互抵消的情况，解决方法之一是使用绝对值，但绝对值不宜运算（如无法微分），因此考虑残差平方和（residual sum of squares，RSS）。OLS 的原理就是选择合适的回归系数，使得残差平方和最小。

以一元线性回归模型为例，采用 OLS 进行参数估计，令

$$Q = \sum_{i=1}^{n} e_i^2 = \sum_{i=1}^{n}(Y_i - \hat{Y}_i)^2 = \sum_{i=1}^{n}(Y_i - (\hat{\beta}_0 + \hat{\beta}_1 X_i))^2 \tag{4.2.20}$$

最小，即在给定样本观测值的条件下，选择 $\hat{\beta}_0$、$\hat{\beta}_1$ 使 Y_i 与 $\hat{Y}_i$ 之差的平方和最小。

对于多元线性回归模型，利用 OLS 估计模型的参数，同样应该使残差平方和达到最小，即

$$\text{RSS}: Q = \sum e_i^2 = \sum(Y_i - \hat{Y}_i)^2 = \sum(Y_i - \hat{\beta}_0 - \hat{\beta}_1 X_{1i} - \hat{\beta}_2 X_{2i} - \cdots - \hat{\beta}_k X_{ki})^2$$

取最小值。根据多元函数的极值原理，Q 分别对 $\hat{\beta}_0, \hat{\beta}_1, \hat{\beta}_2, \cdots, \hat{\beta}_k$ 求一阶偏导数，并令其为零，即

$$\frac{\partial Q}{\partial \hat{\beta}_j} = 0, \quad j = 0,1,2,\cdots,k$$

得到的方程组为

$$\begin{cases} \sum 2(Y_i - \hat{\beta}_0 - \hat{\beta}_1 X_{1i} - \hat{\beta}_2 X_{2i} - \cdots - \hat{\beta}_k X_{ki})(-1) = -2\sum e_i = 0 \\ \sum 2(Y_i - \hat{\beta}_0 - \hat{\beta}_1 X_{1i} - \hat{\beta} X_{2i} - \cdots - \hat{\beta}_k X_{ki})(-X_{1i}) = -2\sum e_i X_{1i} = 0 \\ \vdots \\ \sum 2(Y_i - \hat{\beta}_0 - \hat{\beta}_1 X_{1i} - \hat{\beta}_2 X_{2i} - \cdots - \hat{\beta}_k X_{ki})(-X_{ki}) = -2\sum e_i X_{ki} = 0 \end{cases} \tag{4.2.21}$$

式（4.2.21）中的 $k+1$ 个方程称为正规方程。用矩阵表示就是

$$\begin{bmatrix} \sum e_i \\ \sum e_i X_{1i} \\ \vdots \\ \sum e_i X_{ki} \end{bmatrix} = \begin{bmatrix} 1 & X_{11} & X_{21} & \cdots & X_{k1} \\ 1 & X_{12} & X_{22} & \cdots & X_{k2} \\ \vdots & \vdots & \vdots & & \vdots \\ 1 & X_{1n} & X_{2n} & \cdots & X_{kn} \end{bmatrix}' \begin{bmatrix} e_1 \\ e_2 \\ \vdots \\ e_n \end{bmatrix} = X'e = 0 \tag{4.2.22}$$

样本回归模型 $Y = X\hat{\beta} + e$ 两边同乘样本观测值矩阵 X 的转置 X'，有

$$X'Y = X'X\hat{\beta} + X'e$$

将式（4.2.22）代入上式，得正规方程组

$$X'Y = X'X\hat{\beta} \tag{4.2.23}$$

由基本假设 1 知 $(X'X)^{-1}$ 存在，将式（4.2.23）的两端同时左乘 $(X'X)^{-1}$，得到参数向量 $\hat{\beta}$ 的 OLS 估计 $\hat{\beta} = (X'X)^{-1}X'Y$，这就是多元线性回归模型中向量 β 的 OLS 估计值。

特别地，对于一元线性回归模型 $Y_i = \beta_0 + \beta_1 X_{1i} + u_i$，若给定解释变量 X_i 和被解释变量 Y_i 的 n 对样本观测值 $(X_1, Y_1), (X_2, Y_2), \cdots, (X_n, Y_n)$，我们有

$$X'X = \begin{bmatrix} 1 & 1 & \cdots & 1 \\ X_1 & X_2 & \cdots & X_n \end{bmatrix} \begin{bmatrix} 1 & X_1 \\ 1 & X_2 \\ \vdots & \vdots \\ 1 & X_n \end{bmatrix} = \begin{bmatrix} n & \sum X_i \\ \sum X_i & \sum X_i^2 \end{bmatrix}, \quad X'Y = \begin{bmatrix} 1 & 1 & \cdots & 1 \\ X_1 & X_2 & \cdots & X_n \end{bmatrix} \begin{bmatrix} Y_1 \\ Y_2 \\ \vdots \\ Y_n \end{bmatrix} = \begin{bmatrix} \sum Y_i \\ \sum X_i Y_i \end{bmatrix}$$

由正规方程组（4.2.23）得一元线性回归参数的正规方程组

$$\begin{bmatrix} n & \sum X_i \\ \sum X_i & \sum X_i^2 \end{bmatrix} \begin{bmatrix} \hat{\beta}_0 \\ \hat{\beta}_1 \end{bmatrix} = \begin{bmatrix} \sum Y_i \\ \sum X_i Y_i \end{bmatrix}$$

即

$$\begin{cases} n\hat{\beta}_0 + \hat{\beta}_1 \sum X_i = \sum Y_i \\ \hat{\beta}_0 \sum X_i + \hat{\beta}_1 \sum X_i^2 = \sum X_i Y_i \end{cases}$$

求解上述方程组可得

$$\begin{cases} \hat{\beta}_0 = \dfrac{\sum X_i^2 \sum Y_i - \sum X_i \sum Y_i X_i}{n \sum X_i^2 - (\sum X_i)^2} \\ \hat{\beta}_1 = \dfrac{n \sum Y_i X_i - \sum Y_i \sum X_i}{n \sum X_i^2 - (\sum X_i)^2} \end{cases}$$

记

$$\sum x_i^2 = \sum (X_i - \bar{X})^2 = \sum X_i^2 - \frac{1}{n}(\sum X_i)^2$$

$$\sum x_i y_i = \sum (X_i - \bar{X})(Y_i - \bar{Y}) = \sum X_i Y_i - \frac{1}{n} \sum X_i \sum Y_i$$

则一元线性回归模型的参数估计量可以写成

$$\begin{cases} \hat{\beta}_1 = \dfrac{\sum x_i y_i}{\sum x_i^2} \\ \hat{\beta}_0 = \bar{Y} - \hat{\beta}_1 \bar{X} \end{cases}$$

称上式为 OLS 估计量的离差形式。在本书中，往往以小写字母表示对均值的离差。

顺便指出，记 $\hat{y}_i = \hat{Y}_i - \bar{Y}$，则有

$$\hat{y}_i = \hat{\beta}_0 + \hat{\beta}_1 X_i - (\hat{\beta}_0 + \hat{\beta}_1 \bar{X} + \bar{e})$$

$$= \hat{\beta}_1 (X_i - \bar{X}) - \frac{\sum e_i}{n}$$

可得

$$\hat{y}_i = \hat{\beta}_1 x_i \tag{4.2.24}$$

其中，用到了正规方程组的第一个方程

$$\sum e_i = \sum(Y_i - \hat{\beta}_0 - \hat{\beta}_1 X_i) = 0$$

式（4.2.24）也称为样本回归函数的离差形式。

可以证明：随机干扰项的方差的无偏估计为

$$\hat{\sigma}^2 = \frac{\sum e_i^2}{n-k-1} = \frac{e'e}{n-k-1} \qquad (4.2.25)$$

其中，$n-k-1$ 为自由度，这是因为在估计 $\mathrm{RSS} = \sum e_i^2$ 时，必须先求出 $\hat{\beta}_0, \hat{\beta}_1, \hat{\beta}_2, \cdots, \hat{\beta}_k$，即消耗了 $k+1$ 个自由度。

2. 极大似然法

在满足基本假设条件下，对于线性回归模型

$$Y_i = \beta_0 + \beta_1 X_{1i} + \beta_2 X_{2i} + \cdots + \beta_k X_{ki} + u_i \qquad i = 1, 2, \cdots, n$$

随机抽取容量为 n 的样本观测值，由于 Y_i 服从如下的正态分布：

$$Y_i \sim N(X_i \beta, \sigma^2)$$

其中，$X_i = (1, X_{1i}, X_{2i}, \cdots, X_{ki})$，$\beta = \begin{bmatrix} \beta_0 \\ \beta_1 \\ \beta_2 \\ \vdots \\ \beta_k \end{bmatrix}$。

于是，Y_i 的概率函数为

$$P(Y_i) = \frac{1}{\sigma\sqrt{2\pi}} e^{-\frac{1}{2\sigma^2}[Y_i - (\beta_0 + \beta_1 X_{1i} + \beta_2 X_{2i} + \cdots + \beta_k X_{ki})]^2}, \quad i = 1, 2, \cdots, n \qquad (4.2.26)$$

因为 Y_i 是相互独立的，所以 $P(Y_i)$ 是随机抽取的 n 组样本观测值的联合概率，即似然函数为

$$\begin{aligned} L(\beta, \sigma^2) &= P(Y_1, Y_2, \cdots, Y_n) = P(Y_1) P(Y_2) \cdots P(Y_n) \\ &= \frac{1}{(2\pi)^{\frac{n}{2}} \sigma^n} e^{-\frac{1}{2\sigma^2}[Y_i - (\beta_0 + \beta_1 X_{1i} + \beta_2 X_{2i} + \cdots + \beta_k X_{ki})]^2} \\ &= \frac{1}{(2\pi)^{\frac{n}{2}} \sigma^n} e^{-\frac{1}{2\sigma^2}(Y - X\beta)'(Y - X\beta)} \end{aligned} \qquad (4.2.27)$$

将该似然函数最大化，即可求得模型参数的最大似然估计量。

由于 $\ln L$ 是单调函数，因此使 $\ln L$ 极大的参数值也将使 L 极大，即 $\partial(\ln L) / \partial\beta = (1/L) \times (\partial L / \partial\beta) = 0$，所以取对数似然函数如下：

$$\ln L = -\frac{n}{2}\ln(2\pi) - \frac{n}{2}\ln(\sigma^2) - \frac{1}{2\sigma^2}(Y - X\beta)'(Y - X\beta) \qquad (4.2.28)$$

式（4.2.28）对 β 和 σ^2 求偏导，并令其等于零

$$\frac{\partial(\ln L)}{\partial\beta} = -2X'Y + 2(X'X)\beta = 0$$

$$\frac{\partial(\ln L)}{\partial\sigma^2} = -\frac{n}{2\sigma^2} + \frac{1}{2\sigma^4}(Y - X\beta)'(Y - X\beta) = 0 \qquad (4.2.29)$$

可以求出 β 和 σ^2 的估计参数

$$\hat{\beta} = (X'X)^{-1}X'Y, \quad \hat{\sigma}^2 = \frac{(Y - X\hat{\beta})'(Y - X\hat{\beta})}{n} = \frac{\sum e_i^2}{n} \tag{4.2.30}$$

4.2.4　参数估计量的统计性质

如果线性回归模型满足基本假设，则其参数的估计量具有线性性、无偏性和有效性，即 $\hat{\beta}$ 是 β 的最佳线性无偏估计（best linear unbiased estimate，BLUE），并且可以证明 $\hat{\beta} \sim N(0, \sigma^2(X'X)^{-1})$。

1. 线性性

参数估计量是线性估计量，即是随机变量 Y 的线性函数。由

$$\hat{\beta} = (X'X)^{-1}X'Y = CY \begin{bmatrix} \hat{\beta}_0 \\ \hat{\beta}_1 \\ \hat{\beta}_2 \\ \vdots \\ \hat{\beta}_k \end{bmatrix} = \begin{bmatrix} C_{11} & C_{12} & \cdots & C_{1n} \\ C_{21} & C_{22} & \cdots & C_{2n} \\ \vdots & \vdots & & \vdots \\ C_{(k+1)1} & C_{(k+1)2} & \cdots & C_{(k+1)n} \end{bmatrix}_{(k+1) \times n} \begin{bmatrix} Y_1 \\ Y_2 \\ \vdots \\ Y_n \end{bmatrix}$$

可见，参数估计量是被解释变量 Y 的线性组合。其中，X 是非随机的（即为固定值）；$C = (X'X)^{-1}X'$ 仅与 X 有关，为 $(k+1) \times n$ 阶矩阵。

2. 无偏性

将 $Y = X\beta + u$，$E(u) = 0$ 代入 $E(\hat{\beta})$，得

$$\begin{aligned} E(\hat{\beta}) &= E(X'X)^{-1}X'Y = E[(X'X)^{-1}X'(X\beta + u)] \\ &= \beta + (X'X)^{-1}X'E(u) = \beta \end{aligned} \tag{4.2.31}$$

3. 有效性

由于有效性的证明较为烦琐，这里只给出参数估计量的方差。因为 $\hat{\beta} = \beta + (X'X)^{-1}X'u$，$E(uu') = \sigma^2 I$，$I$ 为单位矩阵，故 $\hat{\beta}$ 的方差-协方差矩阵为

$$\begin{aligned} \mathrm{Cov}(\hat{\beta}) &= E\{[\hat{\beta} - E(\hat{\beta})][\hat{\beta} - E(\hat{\beta})]'\} = E\{[\hat{\beta} - \beta][\hat{\beta} - \beta]'\} \\ &= E[(X'X)^{-1}X'uu'X(X'X)^{-1}] = (X'X)^{-1}X'E(uu')X(X'X)^{-1} \\ &= (X'X)^{-1}X'\sigma^2 IX(X'X)^{-1} = \sigma^2(X'X)^{-1} \end{aligned}$$

方差-协方差矩阵的对角线元素为 $\hat{\beta}$ 的方差，非对角线元素对应不同参数之间的协方差。

4. 随机干扰项方差估计量的性质

被解释变量的估计值与真实值之间的残差

$$\begin{aligned} e &= Y - X\hat{\beta} = X\beta + u - X(X'X)^{-1}X'Y = X\beta + u - X(X'X)^{-1}X'(X\beta + u) \\ &= u - X(X'X)^{-1}X'u = (I - X(X'X)^{-1}X')u = Mu \end{aligned} \tag{4.2.32}$$

因为 $M = I - X(X'X)^{-1}X' = M'$，所以

$$\begin{aligned} M^2 &= M'M = [I - X(X'X)^{-1}X'][I - X(X'X)^{-1}X'] \\ &= I - 2X(X'X)^{-1}X' + X(X'X)^{-1}X'X(X'X)^{-1}X' \\ &= I - X(X'X)^{-1}X' = M \end{aligned} \tag{4.2.33}$$

故 M 为对称幂等矩阵。

残差平方和为 $e'e = u'Mu$ ，故

$$E(e'e) = E(u'(I - X(X'X)^{-1}X')u) = \sigma^2 \mathrm{tr}(I - X(X'X)^{-1}X')$$

$$= \sigma^2(\mathrm{tr}I - \mathrm{tr}(X(X'X)^{-1}X')) \tag{4.2.34}$$

$$= \sigma^2(n - (k+1))$$

其中，tr 为矩阵的迹，其定义为矩阵主对角线元素的和。于是

$$\sigma^2 = \frac{E(e'e)}{n-k-1} \tag{4.2.35}$$

以上过程导出了随机干扰项方差的估计量

$$\hat{\sigma}^2 = \frac{e'e}{n-k-1} \tag{4.2.36}$$

也证明了该估计量是线性无偏估计量。

例 4.2 居民的收入水平决定了其消费支出水平，但不同收入水平的波动对消费水平的影响是有差异的。从中国的统计资料看，中国城镇居民的收入来源主要包括工资性收入、营业净收入、财产性收入与转移性收入四大项，而从当前的情况看，广大居民的收入主要来源于工资性收入，其他 3 项来源的收入相对来说要小得多。表 4.2.1 给出了 2013 年中国 31 个省区市城镇居民的人均工资性收入、其他收入及人均现金消费支出的数据，从 31 个省区市的简单算术平均数据看，人均工资性收入为 17 872.4 元，而人均其他收入只有 9798.7 元，前者是后者的近两倍。为了考察人均工资性收入与其他收入的变动如何影响城镇居民的人均消费支出，我们考虑建立二元线性模型。

表 4.2.1　2013 年中国 31 个省区市城镇居民人均收入与人均消费性支出（单位：元）

地区	现金消费支出 Y	工资性收入 X_1	其他收入 X_2	地区	现金消费支出 Y	工资性收入 X_1	其他收入 X_2
北京	26 274.9	30 273.0	15 000.8	湖北	15 749.5	15 571.8	9 608.7
天津	21 711.9	23 231.9	12 423.7	湖南	15 887.1	13 951.4	10 691.6
河北	13 640.6	14 588.4	9 554.4	广东	24 133.3	25 286.5	11 217.5
山西	13 166.2	16 216.4	7 797.2	广西	15 417.6	15 647.8	9 381.0
内蒙古	19 249.1	18 377.9	8 600.1	海南	15 593.0	15 773.0	9 146.8
辽宁	18 029.7	15 882.0	12 022.9	重庆	17 813.9	16 654.7	10 195.7
吉林	15 932.3	14 388.3	9 155.9	四川	16 343.5	14 976.0	8 917.9
黑龙江	14 161.7	12 525.8	8 623.4	贵州	13 702.9	13 627.6	7 785.5
上海	28 155.0	33 235.4	15 643.9	云南	15 156.1	15 140.7	9 557.6
江苏	20 371.5	21 890.0	13 241.0	西藏	12 231.9	19 604.0	2 956.7
浙江	23 257.5	24 453.0	16 788.0	陕西	16 679.7	16 441.0	7 667.8
安徽	16 285.2	15 535.3	9 470.8	甘肃	14 020.7	13 329.7	6 819.3
福建	20 092.7	21 443.4	11 939.3	青海	13 539.5	14 015.6	8 115.4
江西	13 850.5	14 767.5	8 181.9	宁夏	15 321.1	15 363.9	8 402.8
山东	17 112.2	21 562.1	9 066.0	新疆	15 206.2	15 585.3	6 802.6
河南	14 822.0	14 704.2	8 982.3				

将该数据导入 Stata 后，在命令界面输入：

```
reg Y X1 X2
```

得到的输出结果如图 4.2.3 所示。

Source	SS	df	MS			
				Number of obs	=	31
				F(2, 28)	=	166.55
Model	434812518	2	217406259	Prob > F	=	0.0000
Residual	36549482.5	28	1305338.66	R-squared	=	0.9225
				Adj R-squared	=	0.9169
Total	471362000	30	15712066.7	Root MSE	=	1142.5

Y	Coef.	Std. Err.	t	P>|t|	[95% Conf. Interval]	
X1	.4865118	.0575878	8.45	0.000	.3685486	.604475
X2	.6017492	.1042442	5.77	0.000	.3882146	.8152839
_cons	2599.145	827.3419	3.14	0.004	904.4124	4293.879

图 4.2.3　输出结果

两个解释变量前的参数估计值分别为 0.4865、0.6017，都为正数，且都处于 0 与 1 之间，因此这些参数估计值的经济意义是合理的。随机干扰项的方差的估计值为

$$\hat{\sigma}^2 = \frac{36\,549\,482.5}{31-3} = 1\,305\,338.7$$

4.2.5　线性回归模型的统计检验

回归分析的目的是用样本估计的参数来代替总体的真实参数，或者说用样本回归线代替总体回归线。尽管从统计性质上已知，如果有足够多的重复抽样，那么参数的估计值的期望（均值）就等于其总体的参数真值，但在一次抽样中，估计值不一定等于该真值，那么在一次抽样中，参数的估计值与真值的差异有多大？能否显著？这就需要进行进一步的假设检验，主要包括拟合优度检验、显著性检验，以及参数的置信区间估计等。

1. 拟合优度检验

拟合优度检验，是检验模型对样本观测值的拟合程度，方法是构造一个可以表征拟合程度的指标，在这里称为可决系数。从检验对象中计算出该指标的数值，然后与某一标准进行比较，得出检验结论。

对于有 k 个解释变量的线性回归模型

$$e_i = Y_i = \beta_0 + \beta_1 X_{1i} + \beta_2 X_{2i} + \cdots + \beta_k X_{ki} \quad (i = 1, 2, \cdots, n)$$

其对应的回归方程为

$$\hat{Y}_i = \hat{\beta}_0 + \hat{\beta}_1 X_{1i} + \hat{\beta}_2 X_{2i} + \cdots + \hat{\beta}_k X_{ki} \tag{4.2.37}$$

将 Y_i 与其平均值 $\bar{Y}$ 之间的离差分解，即

$$Y_i - \bar{Y} = (\hat{Y}_i - \bar{Y}) + (Y_i - \hat{Y}_i) \quad (即 e_i) \tag{4.2.38}$$

令 $\text{TSS} = \sum(Y_i - \bar{Y})^2$ 为总离差平方和（total sum of squares，TSS），$\text{ESS} = \sum(\hat{Y}_i - \bar{Y})^2$ 为回归平方和（explained sum of squares，ESS），$\text{RSS} = \sum(Y_i - \hat{Y}_i)^2$ 为残差平方和，则

$$
\begin{aligned}
\text{TSS} &= \sum(Y_i - \bar{Y})^2 = \sum[(Y_i - \hat{Y}_i) + (\hat{Y}_i - \bar{Y})]^2 \\
&= \sum(Y_i - \hat{Y}_i)^2 + 2\sum(Y_i - \hat{Y}_i)(\hat{Y}_i - \bar{Y}) + \sum(\hat{Y}_i - \bar{Y})^2 \\
&= \sum(Y_i - \hat{Y}_i)^2 + 2\sum e_i(\hat{Y}_i - \bar{Y}) + \sum(\hat{Y}_i - \bar{Y})^2 \\
&= \sum(Y_i - \hat{Y}_i)^2 + 0 + \sum(\hat{Y}_i - \bar{Y})^2 \\
&= \text{RSS} + \text{ESS}
\end{aligned}
\tag{4.2.39}
$$

即总离差平方和可以分解为回归平方和与残差平方和两部分。图 4.2.4 表示了这种分解。

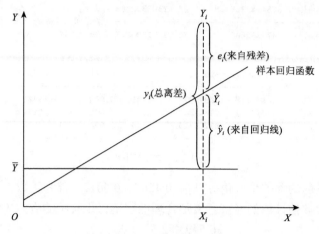

图 4.2.4 离差分解示意图

可决系数（coefficient of determination）R^2 为

$$R^2 = \frac{\text{ESS}}{\text{TSS}} = 1 - \frac{\text{RSS}}{\text{TSS}}$$

即可用回归平方和占总离差平方和的比重来衡量样本回归线对样本观测值的拟合程度。容易看出，$0 \leqslant \text{ESS} \leqslant \text{TSS}$，所以总有 $0 \leqslant R^2 \leqslant 1$。$R^2$ 的数值越接近 1，表明总离差平方和中可由样本回归线解释的部分越大，残差平方和越小，样本回归线与样本观测值的拟合程度越高；反之，则拟合得越差。R^2 作为度量回归值 $\hat{Y}_i$ 对样本观测值 Y_i 拟合优度的指标，显然其数值越接近 1 越好。

特别地，如果 $R^2 = 1$，则解释变量 X 可以完全解释 Y 的变动，此时，残差平方和等于 0，即所有残差都为 0，因此所有样本点都在样本回归线上。

反之，如果 $R^2 = 0$，则解释变量 X 对于解释 Y 没有任何帮助，此时，$\sum (\hat{Y}_i - \bar{Y}) = 0$ 对于任何个体 i，都有 $\hat{Y}_i = \bar{Y}$，因此样本回归线为水平线，与 X 轴平行。这意味着 $\hat{\beta} = 0$，故无论 X 怎样变动，对 Y 都没有影响。

如果 $0 < R^2 < 1$，则为介于以上两种极端之间的情形，即 X 可以解释 Y 的一部分，但无法解释其余部分。有关这三种情形的示意图参见图 4.2.5。

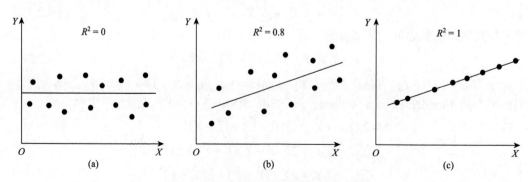

图 4.2.5 拟合优度的三种情形的示意图

值得注意的是，对于多元线性回归模型，可决系数 R^2 的缺点是，如果增加解释变量的数目，则 R^2 只增不减。但是由增加解释变量个数引起的可决系数增大与拟合好坏无关，故需要对 R^2 进行调整，调整的思想是将残差平方和与总离差平方和之比的分子、分母分别用各自的自由度去除，变成均方差之比，以剔除解释变量个数对拟合优度的影响。调整的可决系数（adjusted coefficient of determination）为

$$\bar{R}^2 = 1 - \frac{\text{RSS}/(n-k-1)}{\text{TSS}/(n-1)} \qquad (4.2.40)$$

其中，$(n-k-1)$ 为残差平方和的自由度；$(n-1)$ 为总离差平方和的自由度。调整的可决系数与未经调整的可决系数之间存在如下关系：

$$\bar{R}^2 = 1 - \frac{\text{RSS}}{\text{TSS}} \cdot \frac{n-1}{(n-k-1)} = 1 - (1-R^2)\frac{n-1}{n-k-1} \qquad (4.2.41)$$

其中，n 为样本观测值的个数；k 为解释变量的个数。

$\bar{R}^2$ 或 R^2 仅仅说明了在给定的样本条件下，估计的回归方程对于样本观测值的似合优度。在实际应用中，$\bar{R}^2$ 或 R^2 究竟要多大才算模型通过了检验，并没有绝对的标准，要视具体情况而定。模型的拟合优度并不是评价模型优劣的唯一标准，有时为了追求模型的经济意义可以牺牲一点拟合优度。因此，不能仅凭 $\bar{R}^2$ 或 R^2 的大小来选择模型，而必须对回归方程和模型中各参数的估计量做进一步的显著性检验。

在例 4.2 中，$\bar{R}^2 = 0.9169$，这对截面数据来说是很好的拟合效果了。如果去掉其他收入项，只保留工资性收入项，则回归结果显示 $\bar{R}^2 = 0.8243$。因此，模型中引入其他收入项提高了模型的解释能力，换言之，其他收入项应该作为重要的解释变量引入到模型中来。

2. 显著性检验

1）线性回归模型的总体显著性检验（F 检验）

线性回归模型的总体显著性检验是指在一定的显著性水平下，对被解释变量与全体解释变量之间的线性关系是否显著成立进行的一种统计检验。

对于线性回归模型

$$Y_i = \beta_0 + \beta_1 X_{1i} + \beta_2 X_{2i} + \cdots + \beta_k X_{ki} + u_i \ (i=1,2,\cdots,n)$$

为了从总体上检验模型中被解释变量 Y 与解释变量 $X_1, X_2, \cdots, X_k$ 之间的线性关系是否显著，必须对其进行显著性检验。检验的原假设与备择假设分别为

$$\text{H}_0 : \beta_1 = 0, \beta_2 = 0, \cdots, \beta_k = 0$$
$$\text{H}_1 : \beta_j (j=1,2,\cdots,k) \ \text{不全为零}$$

检验的思想来自总离差平方和的分解式

$$\text{TSS} = \text{ESS} + \text{RSS}$$

由于 Y_i 服从正态分布，根据数理统计学中的定义，Y_i 的一组样本的平方和服从 χ^2 分布。所以有

$$\text{ESS} = \sum(\hat{Y}_i - \bar{Y})^2 \sim \chi^2(k)$$
$$\text{RSS} = \sum(Y_i - \hat{Y}_i)^2 \sim \chi^2(n-k-1)$$

回归平方和 $\text{ESS} = \sum(\hat{Y}_i - \bar{Y})^2$ 是全体解释变量与被解释变量线性作用后的结果，考虑比值

$$\frac{\text{ESS}}{\text{RSS}} = \frac{\sum(\hat{Y}_i - \bar{Y})^2}{\sum(Y_i - \hat{Y}_i)^2}$$

如果这个比值较大，则 X 的联合体对 Y 的解释程度高，可认为总体存在线性关系；反之总体可能不存在线性关系。因此，可通过该比值的大小对总体线性关系进行推断。

进一步根据数理统计学中的定义，在 H_0 成立的条件下，构造一个统计量

$$F = \frac{\text{ESS}/k}{\text{RSS}/(n-k-1)} \qquad (4.2.42)$$

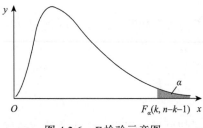

图 4.2.6　F 检验示意图

则该统计量服从自由度为 $(k, n-k-1)$ 的 F 分布。根据变量的样本观测值和估计值，计算 F 统计量的数值；给定一个显著性水平 α，查 F 分布表，得到一个临界值 $F_\alpha(k, n-k-1)$。如果 $F > F_\alpha(k, n-k-1)$，则在 α 显著性水平下拒绝原假设 H_0，即模型的线性关系显著成立，模型通过方程显著性检验，见图 4.2.6。

对于例 4.2，计算得到 $F = 166.55$，给定显著性水平 $\alpha = 0.05$，查 F 分布表，得到临界值 $F_{0.05}(2, 28) = 3.34$（例 4.2 中解释变量数目为 2，样本容量为 31），显然有

$$F > F_\alpha(k, n-k-1)$$

表明模型的线性关系在 5% 的显著性水平下显著成立。

2）回归系数的显著性检验（t 检验）

如果模型通过了 F 检验，则表明模型中的所有解释变量对被解释变量的"总体影响"是显著的，但这并不意味着模型中的每一个解释变量对被解释变量都有重要影响，或者说并不是每个解释变量的单独影响都是显著的。因此，在线性回归模型中，模型通过 F 检验后，有必要对每个解释变量进行显著性检验，即 t 检验。这样就能把对被解释变量影响不显著的解释变量从模型中剔除，而只在模型中保留那些对被解释变量影响显著的解释变量，以建立更为简单、合理的线性回归模型。

显然，在线性回归模型中，如果某个解释变量 X_j 对被解释变量 Y 的影响不显著，那么在回归模型中，它的回归系数 β_j 的值应等于零。因此，检验解释变量 X_j 是否显著，等价于检验它的回归系数 β_j 的值是否等于零。检验的原假设与备择假设分别为

$$H_0: \beta_j = 0, \; j = 1, 2, \cdots, k$$

$$H_1: \beta_j \neq 0, \; j = 1, 2, \cdots, k$$

也就是说，如果接受原假设 H_0，则 X_j 不显著；如果拒绝原假设 H_0，则 X_j 是显著的。构造如下的 t 检验统计量

$$t = \frac{\hat{\beta}_j - \beta_j}{S_{\hat{\beta}_j}} \sim t(n-k-1) \qquad (4.2.43)$$

其中，$S_{\hat{\beta}_j}$ 为 $\hat{\beta}_j$ 的标准差。

t 检验的步骤如下。

（1）提出假设。提出原假设 $H_0: \beta_j = 0, \; j = 1, 2, \cdots, k$；备择假设 $H_1: \beta_j \neq 0, \; j = 1, 2, \cdots, k$。

（2）计算 t 统计量。在原假设 $H_0: \beta_j = 0$ 成立的条件下，计算 t 统计量

$$t = \frac{\hat{\beta}_j}{S_{\hat{\beta}_j}} \sim t(n-k-1) \qquad (4.2.44)$$

（3）查临界值。在给定的显著性水平 α 下，查自由度为 $n-k-1$ 的 t 分布表，得到临界值 $t_{\frac{\alpha}{2}}(n-k-1)$。

（4）判断。若 $|t| > t_{\frac{\alpha}{2}}(n-k-1)$，则在 $1-\alpha$ 水平下拒绝原假设 H_0，即 β_j 对应的解释变量 X_j 是显著的；若 $|t| \leqslant t_{\frac{\alpha}{2}}(n-k-1)$，则在 $1-\alpha$ 水平下接受原假设 H_0，即 β_j 对应的解释变量 X_j 是不显著的。

需要注意的是，当 $k=1$ 时，在一元线性回归中，t 检验与 F 检验是一致的。

一方面，t 检验与 F 检验都是对相同的原假设 $H_0: \beta_1 = 0$ 进行检验；另一方面，这两个统计量之间有如下关系：

$$\begin{aligned}
F &= \frac{\sum \hat{y}_i}{\sum e_i^2/(n-2)} = \frac{\hat{\beta}_1^2 \sum x_i^2}{\sum e_i^2/(n-2)} \\
&= \left[\frac{\hat{\beta}_1}{\sqrt{\sum e_i^2/(n-2)\sum x_i^2}}\right]^2 \\
&= \left(\hat{\beta}_1 \bigg/ \sqrt{\frac{\sum e_i^2}{n-2} \cdot \frac{1}{\sum x_i^2}}\right)^2 \\
&= t^2
\end{aligned}$$

在例 4.2 中，已经由 Stata 软件计算出了两个变量 X_1、X_2 的 t 值，分别为

$$|t_1| = 8.45 \qquad |t_2| = 5.77$$

给定显著性水平 $\alpha = 0.05$，查 t 分布表中自由度为 28（这个例子中 $n-k-1=28$）的相应临界值，得到 $t_{\frac{\alpha}{2}}(28) = 2.048$。可见，两个变量的 t 值都大于该临界值，所以拒绝原假设，也就是说，模型中引入的两个解释变量都在 5% 显著性水平下通过了显著性检验。该检验结果意味着，对中国城镇居民来说，工资性收入及其他收入的变化都会影响现金消费支出的变动。

在实际问题中经常会遇到各个变量的 t 值相差较大的情形，有的在很高的显著性水平下影响显著，有的则在不太高的显著性水平下影响显著，是否都认为通过显著性检验？没有绝对的显著性水平，关键仍然是考察解释变量在经济关系上是否对被解释变量有影响，显著性检验只是起到验证的作用；同时还要看显著性水平不太高的解释变量在模型中的作用，不能简单地剔除变量。

3. 参数的置信区间估计

参数的假设检验用来判别所考察的解释变量是否对被解释变量有显著的线性影响，但并未回答在一次抽样中，所估计的参数值离参数的真实值有多近。这就需要进一步通过参数的置信区间估计来考察。

在变量的显著性检验中已经知道

$$t = \frac{\hat{\beta}_j - \beta_j}{S_{\hat{\beta}_j}} \sim t(n-k-1)$$

容易推出：在 $1-\alpha$ 的置信度下 β_j 的置信区间为

$$\left(\hat{\beta}_j - t_{\frac{\alpha}{2}} \times S_{\hat{\beta}_j}, \hat{\beta}_j + t_{\frac{\alpha}{2}} \times S_{\hat{\beta}_j}\right)$$

其中，$t_{\frac{\alpha}{2}}$ 为 t 分布表中显著性水平为 α、自由度为 $n-k-1$ 的临界值。

在例 4.2 中，如果给定 $\alpha = 0.05$，查表得

$$t_{\frac{\alpha}{2}}(n-k-1) = t_{0.025}(28) = 2.048$$

从回归计算中得到：

$$\hat{\beta}_1 = 0.4685 \qquad S_{\hat{\beta}_1} = 0.0576$$

$$\hat{\beta}_2 = 0.6017 \qquad S_{\hat{\beta}_2} = 0.1042$$

计算得到 β_1 和 β_2 的置信区间分别为 $(0.3505, 0.5865)$ 和 $(0.3883, 0.8151)$，显然，参数 β_1 的置信区间比 β_2 要小，这意味着在同样的置信度下，β_1 的估计结果的精度更高一些。

同样地，在实际应用中，我们希望置信度越高越好，置信区间越小越好。如何才能缩小置信区间呢？可以看出：①增大样本容量 n，在同样的置信度下，n 越大，临界值 $t_{\frac{\alpha}{2}}$ 越小，同时，增大样本容量，在一般情况下可使 $S_{\hat{\beta}_j} = \sqrt{c_{jj} \dfrac{e'e}{n-k-1}}$ 减小，因为式中分母的增加是肯定的，但分子并不一定增大；②提高模型的拟合优度，以减小残差平方和 $e'e$，设想一种极端情况。如果模型完全拟合样本观测值，残差平方和为 0，则置信区间的长也为 0；③提高样本观测值的分散度，在一般情况下，样本观测值越分散，c_{jj} 越小。

值得注意的是，置信度越高，在其他情况不变时，临界值 $t_{\frac{\alpha}{2}}$ 越大，置信区间越大。

如果要缩小置信区间，在其他情况不变时，就必须降低对置信度的要求。

4.2.6　线性回归模型的预测

计量经济学模型的一个重要应用是经济预测。对于模型

$$\hat{Y} = X\hat{\beta}$$

如果给定样本以外的解释变量的观测值 $X_0 = (1, X_{01}, X_{02}, \cdots, X_{0k})$，则可以得到被解释变量的预测值

$$\hat{Y}_0 = X_0\hat{\beta}$$

同样地，严格地说，这只是被解释变量预测值的估计值，而不是预测值。原因在于模型中参数估计量的不确定性及随机干扰项的影响两个方面。因此，我们得到的仅是观测值的一个估计值。为了进行科学的预测，还需求出预测值的置信区间，包括均值 $E(Y_0)$ 和点预测值 Y_0 的置信区间。

1. $E(Y_0)$ 的置信区间

$$E(\hat{Y}_0) = E(X_0\hat{\beta}) = X_0 E(\hat{\beta}) = X_0\beta = E(Y_0)$$

$$\mathrm{Var}(\hat{Y}_0) = E[(X_0\hat{\beta} - X_0\beta)^2] = E[X_0(\hat{\beta}-\beta)X_0(\hat{\beta}-\beta)] \qquad (4.2.45)$$

由于 X_0 为 $1 \times (k+1)$ 阶矩阵，$(\hat{\beta} - \beta)$ 为 $(k+1) \times 1$ 阶矩阵，因此 $X_0(\hat{\beta} - \beta)$ 为 1×1 阶矩阵。

$$\text{Var}(\hat{Y}_0) = X_0 E[(\hat{\beta} - \beta)(\hat{\beta} - \beta)']X_0' = \sigma^2 X_0 (X'X)^{-1} X_0' \quad (4.2.46)$$

又因为 $\hat{Y}_0$ 服从正态分布。因此，$\hat{Y}_0 \sim N(E(Y_0), \sigma^2 X_0 (X'X)^{-1} X_0')$。

将随机干扰项的方差 σ^2 用其无偏估计量 $\hat{\sigma}^2$ 代替，可构造如下 t 统计量

$$t = \frac{\hat{Y}_0 - E(Y_0)}{\hat{\sigma}\sqrt{X_0 (X'X)^{-1} X_0'}} \sim t(n-k-1) \quad (4.2.47)$$

于是，得到置信度为 $1 - \alpha$ 下 $E(Y_0)$ 的置信区间为

$$\left(\hat{Y}_0 - t_{\frac{\alpha}{2}} \times \hat{\sigma}\sqrt{X_0 (X'X)^{-1} X_0'}, \hat{Y}_0 + t_{\frac{\alpha}{2}} \times \hat{\sigma}\sqrt{X_0 (X'X)^{-1} X_0'} \right) \quad (4.2.48)$$

2. Y_0 的置信区间

设 e_0 是实际预测值 Y_0 与预测值 $\hat{Y}_0$ 之差：

$$e_0 = Y_0 - \hat{Y}_0 \quad (4.2.49)$$

e_0 是一项随机变量，它服从均值 $E(e_0) = 0$，方差为 $\text{Var}(e_0) = \sigma^2[1 + X_0 (X'X)^{-1} X_0']$ 的正态分布，即

$$e_0 \sim N\{0, \sigma^2[1 + X_0 (X'X)^{-1} X_0']\} \quad (4.2.50)$$

因为

$$E(e_0) = E(X_0\beta + u_0 - X_0\hat{\beta}) = E[u_0 + X_0\beta - X_0 (X'X)^{-1} X'Y]$$
$$= E[u_0 + X_0\beta - X_0 (X'X)^{-1} X'(X\beta + u)]$$
$$= E[u_0 - X_0 (X'X)^{-1} X'u]$$
$$= 0$$
$$\text{Var}(e_0) = E(e_0^2) = E[u_0 - X_0 (X'X)^{-1} X'u]^2$$
$$= \sigma^2[1 + X_0 (X'X)^{-1} X_0']$$

将上式中的 σ^2 用它的估计值 $\hat{\sigma}^2$ 代替，则得到 e_0 的标准差估计值

$$\hat{\sigma}_{e_0} = \hat{\sigma}\sqrt{1 + X_0 (X'X)^{-1} X_0'} \quad (4.2.51)$$

其中，$\hat{\sigma} = \sqrt{\dfrac{e'e}{n-k-1}}$。

构造 t 统计量为

$$t = \frac{\hat{Y}_0 - Y_0}{\hat{\sigma}_{e_0}} \sim t(n-k-1) \quad (4.2.52)$$

对于给定的显著性水平 α，可以从 t 分布表中查得临界值 $t_{\frac{\alpha}{2}}(n-k-1)$。于是，对于给定的置信度 $1 - \alpha$，预测值 Y_0 的置信区间为

$$\left(\hat{Y}_0 - t_{\frac{\alpha}{2}} \times \hat{\sigma}\sqrt{1 + X_0 (X'X)^{-1} X_0'}, \hat{Y}_0 + t_{\frac{\alpha}{2}} \times \hat{\sigma}\sqrt{1 + X_0 (X'X)^{-1} X_0'} \right) \quad (4.2.53)$$

例 4.2 中，假设某城镇居民 2013 年的工资性收入为 20 000 元，其他收入为 10 000 元，则该居民 2013 年现金消费支出的预测值为

$$\hat{Y} = 2599.1 + 0.4865 \times 20\,000 + 0.6017 \times 10\,000 = 18\,346.1（元）$$

而全国 2013 年平均现金消费支出的预测值的置信区间可如下求出。

在 95%的置信度下，临界值 $t_{0.025}(28) = 2.048$，随机干扰项方差的估计值为 $\hat{\sigma}^2 = 1\,305\,338.6$，由于：

$$X_0 = (1, 20\,000, 10\,000)$$

$$(X'X)^{-1} = \begin{pmatrix} 0.524\,380\,10 & -0.000\,014\,11 & -0.000\,024\,49 \\ -0.000\,014\,11 & 0.000\,000\,00 & 0.000\,000\,00 \\ -0.000\,024\,49 & 0.000\,000\,00 & 0.000\,000\,01 \end{pmatrix}$$

$$X_0(X'X)^{-1}X_0' = 0.0414$$

于是 $E(\hat{Y})$ 的 95% 的置信区间为

$$18\,346.1 \pm 2.048 \times \sqrt{1\,305\,338.6} \times \sqrt{0.0414}$$

或

$$(17\,870.0, 18\,822.2)$$

同样地，就工资性收入 20 000 元、其他收入 10 000 元的某城镇居民来说，也易得其 2013 年消费支出 $\hat{Y}$ 的 95% 的置信区间：

$$18\,346.1 \pm 2.048 \times \sqrt{1\,305\,388.6} \times \sqrt{1.0414}$$

或

$$(15\,958.2, 20\,734.0)$$

需要指出的是，经常听到这样的说法，"如果给定解释变量的值，根据模型就可以得到被解释变量的预测值为……"，这种说法是不科学的，也是无法达到的。如果一定要给出一个具体的预测值，那么它的置信度为零；如果一定要以百分之百的置信度回答被解释变量的预测值处在什么区间中，那么这个区间为 $(-\infty, +\infty)$。

■ 4.3　非线性模型的线性化

迄今为止，我们都假设未知的总体回归函数满足线性关系，拟合优度检验和变量显著性检验也都是线性检验。然而，在实际的经济活动中，经济变量的关系是复杂的，直接表现为线性关系的情况并不多见。例如，著名的恩格尔曲线（Engel curve）表现为幂函数曲线形式，宏观经济学中的菲利普斯曲线（Phillips curve）表现为双曲线形式。但是它们中大部分又可以通过一些简单的数学处理变为数学上的线性关系，从而运用线性回归的方法建立线性计量经济学模型。下面通过一些常见的例子说明常用的数学处理方法。

4.3.1　模型的类型与变换

1. 倒数模型、多项式模型与变量的直接置换法

例如，商品的需求曲线是一种双曲线形式，商品需求量 Q 与商品价格 P 之间的关系表现为非线性关系：

$$\frac{1}{Q} = a + b\frac{1}{P} + \mu$$

显然，可以用 $Y = \dfrac{1}{Q}$ 和 $X = \dfrac{1}{P}$ 的置换，将方程变成

$$Y = a + bX + \mu$$

再如，著名的拉弗曲线（Laffer curve）描述的税收 s 和税率 r 的关系是一种抛物线形式：

$$s = a + br + cr^2 + \mu, \ c < 0 \tag{4.3.1}$$

可以用 $X_1 = r, X_2 = r^2$ 进行置换，将方程变成

$$s = a + bX_1 + cX_2 + \mu, \ c < 0 \tag{4.3.2}$$

一般地，解释变量的非线性问题都可以通过变量置换变成线性问题。

2. 幂函数模型、指数函数模型与函数变换法

如果是关于参数的非线性问题，变量置换方法就无能为力了，函数变换是常用的方法。

例如，著名的 Cobb-Dauglas 生产函数将产出量 Q 与投入要素 (K, L) 之间的关系描述为幂函数的形式：

$$Q = AK^\alpha L^\beta e^\mu \tag{4.3.3}$$

方程（4.3.3）两边取对数后，即成为一个线性形式：

$$\ln Q = \ln A + \alpha \ln K + \beta \ln L + \mu \tag{4.3.4}$$

再如，生产中成本 C 与产量 Q 的关系呈现指数关系：

$$C = ab^Q e^\mu \tag{4.3.5}$$

方程（4.3.5）两边取对数后，即成为一个线性形式：

$$\ln C = \ln a + Q \ln b + \mu \tag{4.3.6}$$

3. 复杂函数模型与级数展开法

例如，著名的 CES 生产函数（constant elasticity of substitution production function，固定替代弹性生产函数）将产出量 Q 与投入要素 (K, L) 的关系描述为如下的复杂函数形式：

$$Q = A(\delta_1 K^{-\rho} + \delta_2 L^{-\rho})^{-\frac{1}{\rho}} e^\mu, \ \delta_1 + \delta_2 = 1 \tag{4.3.7}$$

方程（4.3.7）两边取对数后，得到：

$$\ln Q = \ln A - \frac{1}{\rho} \ln(\delta_1 K^{-\rho} + \delta_2 L^{-\rho}) + \mu \tag{4.3.8}$$

将式（4.3.8）中的 $\ln(\delta_1 K^{-\rho} + \delta_2 L^{-\rho})$ 在 $\rho = 0$ 处展成泰勒级数，取 ρ 的线性函数项，即得到一个线性近似式，如取 0 阶、1 阶、2 阶项，可得

$$\ln Y = \ln A + \delta_1 \ln K + \delta_2 \ln L - \frac{1}{2} \rho \delta_1 \delta_2 \left[\ln\left(\frac{K}{L}\right) \right]^2$$

当然，并非所有的非线性函数形式都可以线性化，无法线性化的模型的一般形式为

$$Y = f(X_1, X_2, \cdots, X_k) + \mu \tag{4.3.9}$$

其中，$f(X_1, X_2, \cdots, X_k)$ 为非线性函数，形如

$$Q = AK^\alpha L^\beta + \mu \tag{4.3.10}$$

的生产函数模型就无法线性化，需要采用非线性方法估计其参数。

4.3.2　非线性模型的线性化实例

例 4.3　建立中国工业生产函数（production function）模型。生产函数是指，在既定

的工程技术知识水平下，给定投入之后的最大产出。因此，在仅考虑资本与劳动这两类主要的要素的投入时，生产函数就是产出关于资本与劳动投入的函数：

$$Y = f(K, L) \tag{4.3.11}$$

其中，Y 为总产出；K、L 分别为资本、劳动投入要素。生产函数最大的特征是能够刻画要素的边际收益递减规律，即当其他要素的投入不变时，随着某一要素投入量的增加，获得的产出增量越来越少。当然，通过生产函数，还可以考虑当所有要素的投入等比例变化时，产出量是否也会等比例变化，即考察所谓的规模收益（returns to scale）问题。

首先确定生产函数的具体形式。根据要素投入的边际收益递减规律，可将生产函数设定为幂函数的形式：

$$Y = AK^{\beta_1} L^{\beta_2} \tag{4.3.12}$$

其中，A 为既定的工程技术知识水平；β_1、β_2 分别为资本与劳动投入的产出弹性。式（4.3.12）就是著名的 Cobb-Dauglas 生产函数，简称 C-D 函数。当 $\beta_1 + \beta_2 = 1$ 时，表明规模收益不变；当 $\beta_1 + \beta_2$ 大于 1 或小于 1 时，表明规模收益递增或递减。显然，如果规模收益不变，则式（4.3.12）可等价地变换为

$$Y / L = A(K / L)^{\beta_1} \tag{4.3.13}$$

为了进行比较，我们分别估计式（4.3.12）和式（4.3.13）。经对数变换，式（4.3.12）可用如下双对数线性回归模型进行估计：

$$\ln(Y) = \beta_0 + \beta_1 \ln K + \beta_2 \ln L + \mu \tag{4.3.14}$$

其中，$\beta_0 = \ln A$。同样地，式（4.3.13）可用如下线性回归模型进行估计：

$$\ln(Y / L) = \beta_0 + \beta_1 \ln(K / L) + \mu \tag{4.3.15}$$

采用双对数线性回归模型，能够方便地考察生产函数中规模收益的特征。显然，对式（4.3.14）施加 $\beta_1 + \beta_2 = 1$ 的约束，即可化为式（4.3.15）。因此，对式（4.3.15）进行回归，就意味着原生产函数具有规模收益不变的特征。

表 4.3.1 列出了 2010 年中国 39 个制造业行业的工业总产值（Y）与固定资产净值（K_1）、流动资产（K_2）及年均从业人员（L）。将固定资产净值与流动资产合计成总的资本投入（K）后建立 2010 年中国制造业的生产函数。

表 4.3.1　2010 年中国制造业各行业的总产出及要素投入

编号	行业	Y/亿元	K/亿元	L/万人	K_1/亿元	K_2/亿元
1	煤炭开采和洗选业	22 109.3	21 785.1	527.2	9 186.86	12 598.27
2	石油和天然气开采业	9 917.8	12 904.0	106.1	9 381.72	3 522.31
3	黑色金属矿采选业	5 999.3	4 182.5	67.0	1 630.93	2 551.53
4	有色金属矿采选业	3 799.4	2 317.5	55.4	1 109.92	1 207.54
5	非金属矿采选业	3 093.5	1 424.4	56.5	675.55	748.83
6	其他采矿业	31.3	14.2	0.5	7.64	6.58
7	农副食品加工业	34 928.1	14 373.1	369.0	5 493.82	8 879.32
8	食品制造业	11 350.6	6 113.6	175.9	2 515.71	3 597.87
9	饮料制造业	9 152.6	6 527.0	130.0	2 540.24	3 986.79
10	烟草制品业	5 842.5	4 569.6	21.1	859.08	3 710.47

续表

编号	行业	Y/亿元	K/亿元	L/万人	K_1/亿元	K_2/亿元
11	纺织业	28 507.9	16 253.0	647.3	6 276.68	9 976.28
12	纺织服装、鞋、帽制造业	12 331.2	6 044.7	447.0	1 791.52	4 253.18
13	皮革、毛皮、羽毛（绒）及其制品业	7 897.5	3 410.6	276.4	963.81	2 446.80
14	木材加工及木、竹、藤、棕、草制品业	7 393.2	3 037.7	142.3	1 404.12	1 633.60
15	家具制造业	4 414.8	2 261.3	111.7	741.82	1 519.47
16	造纸及纸制品业	10 434.1	7 949.1	157.9	3 797.64	4 151.47
17	印刷业和记录媒介的复制	3 562.9	2 801.6	85.1	1 146.82	1 654.82
18	文教体育用品制造业	3 135.4	1 602.1	128.1	517.56	1 084.54
19	石油加工、炼焦及核燃料加工业	29 238.8	13 360.6	92.2	6 561.08	6 799.50
20	化学原料及化学制品制造业	47 920.0	31 948.6	474.1	14 679.02	17 269.53
21	医药制造业	11 741.3	9 017.0	173.2	3 023.11	5 993.89
22	化学纤维制造业	4 954.0	3 526.1	43.9	1 361.12	2 164.94
23	橡胶制品业	5 906.7	3 595.5	102.9	1 503.38	2 092.10
24	塑料制品业	13 872.2	8 033.2	283.3	2 808.75	5 224.49
25	非金属矿物制品业	32 057.3	21 490.5	544.6	10 382.38	11 108.09
26	黑色金属冶炼及压延加工业	51 833.6	37 101.9	345.6	17 309.25	19 792.66
27	有色金属冶炼及压延加工业	28 119.0	16 992.7	191.6	6 768.77	10 223.92
28	金属制品业	20 134.6	11 477.4	344.6	3 701.16	7 776.22
29	通用设备制造业	35 132.7	24 005.6	539.4	7 200.64	16 804.98
30	专用设备制造业	21 561.8	16 879.4	334.2	4 426.12	12 453.31
31	交通运输设备制造业	55 452.6	40 224.8	573.7	10 364.94	29 859.82
32	电气机械及器材制造业	43 344.4	27 454.8	604.3	6 467.85	20 986.90
33	通信设备、计算机及其他电子设备制造业	54 970.7	34 005.4	772.8	10 437.66	23 567.72
34	仪器仪表及文化、办公用机械制造业	6 399.1	4 565.8	124.9	1 140.44	3 425.38
35	工艺品及其他制造业	5 662.7	2 904.5	140.4	819.12	2 085.35
36	废弃资源和废旧材料回收加工业	2 306.1	829.8	13.9	206.13	623.67
37	电力、热力的生产和供应业	40 550.8	58 989.3	275.6	47 901.41	11 087.90
38	燃气生产和供应业	2 393.4	2 263.8	19.0	1 255.33	1 008.42
39	水的生产和供应业	1 137.1	4 207.7	45.9	2 858.79	1 348.86

将该数据导入 Stata 后，按式（4.3.14）回归，在命令界面中输入：

```
gen lnY=ln(Y)
gen lnK=ln(K)
gen lnL=ln(L)
reg lnY lnK lnL
```

得到的回归结果如图 4.3.1 所示。

Source	SS	df	MS		
				Number of obs =	39
				F(2, 36) =	286.31
Model	69.9963873	2	34.9981936	Prob > F =	0.0000
Residual	4.40064864	36	.12224024	R-squared =	0.9408
				Adj R-squared =	0.9376
Total	74.3970359	38	1.95781673	Root MSE =	.34963

lnY	Coef.	Std. Err.	t	P>|t|	[95% Conf. Interval]	
lnK	.6778444	.0812361	8.34	0.000	.5130899	.8425989
lnL	.2910856	.0857355	3.40	0.002	.1172059	.4649653
_cons	1.800342	.400698	4.49	0.000	.9876885	2.612995

图 4.3.1　回归结果（一）

$$\ln \hat{Y} = 1.800 + 0.678\ln K + 0.291\ln L \tag{4.3.16}$$

图 4.3.1 表明，在 2010 年，$\ln Y$ 变化的 94.1% 可由资本和劳动投入的变化来解释。在 5% 的显著性水平下，F 统计量的临界值 $F_{0.05}(2,36) = 5.25$，图 4.3.1 中的数据表明模型的线性关系显著成立。自由度为 $n-k-1=36$ 的 t 统计量的临界值 $t_{0.025}(36) = 2.03$，图 4.3.1 的结果表明 $\ln K$ 与 $\ln L$ 的参数显著地异于零。

从 $\ln K$ 前的参数估计看，2010 年，中国工业总产出关于资本投入的产出弹性为 0.678，表明在其他因素保持不变时，工业的资产投入增加 1%，总产出将增加 0.678%；同样地，$\ln L$ 前的参数估计为 0.291，表明在其他因素保持不变时，劳动投入每增加 1%，工业总产出将增加 0.291%。可见资本投入的增加对工业总产出的增长起到了更大的作用。

按式（4.3.15）回归，在 Stata 命令界面中输入：

```
gen lnY1=ln(Y/L)
gen lnK1=ln(K/L)
reg lnY1 lnK1
```

得到的回归结果如图 4.3.2 所示。

Source	SS	df	MS		
				Number of obs =	39
				F(1, 37) =	73.80
Model	8.91471426	1	8.91471426	Prob > F =	0.0000
Residual	4.46942514	37	.120795274	R-squared =	0.6661
				Adj R-squared =	0.6570
Total	13.3841394	38	.352214195	Root MSE =	.34756

lnY1	Coef.	Std. Err.	t	P>|t|	[95% Conf. Interval]	
lnK1	.6865772	.0799209	8.59	0.000	.524642	.8485124
_cons	1.612969	.3114448	5.18	0.000	.9819223	2.244016

图 4.3.2　回归结果（二）

$$\ln\left(\frac{\hat{Y}}{L}\right) = 1.613 + 0.687\ln\left(\frac{K}{L}\right) \tag{4.3.17}$$

从图 4.3.2 来看，$\ln(K/L)$ 前的参数在 1% 的显著性水平下显著地异于零，这表明劳均资本增加，会促使劳均工业总产值增加，劳均产出关于劳均资本投入的弹性值为 0.687。

为了与式（4.3.16）做比较，将式（4.3.17）改写为

$$\ln\left(\frac{\hat{Y}}{L}\right) = 1.613 + 0.687(\ln K - \ln L)$$

或

$$\ln \hat{Y} = 1.613 + 0.687 \ln K + 0.313 \ln L \qquad (4.3.18)$$

可看出式（4.3.18）与式（4.3.16）很接近，这意味着式（4.3.16）中资本与劳动投入的弹性和可能为 1，即所建立的 2010 年中国工业生产函数具有规模收益不变的特性。

■ 4.4 含有虚拟变量的线性模型

到目前为止，我们遇到的多元回归模型，无论是被解释变量还是解释变量，都具有定量的含义，如商品需求量、价格、产量、收入等，变量所赋值的大小都传递了明确的"定量"信息。然而，这些定量的变量不能刻画经济生活中的全部现象。例如，当考察某一突发事件对经济行为带来的影响时，如何"量化"这一突发事件呢？该突发事件又如何引入模型并参与到模型的估计中呢？本节将对这一问题进行讨论。

4.4.1 含有虚拟变量的模型

在对经济现象的描述中，通常会有一些影响经济变量的因素无法定量度量，如职业、性别对收入的影响；战争、自然灾害对 GDP 的影响；季节对某些产品（如冷饮）销售的影响等。为了能够在模型中反映这些因素的影响，并提高模型的精度，需要将它们"量化"，这种量化通常是通过引入"虚拟变量"来完成的。根据这些因素的属性类型，构造只取"0"或"1"的人工变量，构造的变量通常称为虚拟变量（dummy variable），记为 D。例如，反映文化程度的虚拟变量可取为

$$D = \begin{cases} 1, & \text{本科学历} \\ 0, & \text{非本科学历} \end{cases}$$

一般地，在虚拟变量的设置中，基础类型和肯定类型取值为 1；比较类型和否定类型取值为 0。含有一般解释变量和虚拟变量的模型称为含有虚拟变量的模型。一个以性别为虚拟变量来考察员工薪金的模型如下：

$$Y_i = \beta_0 + \beta_1 X_i + \beta_2 D_i + \mu_i \qquad (4.4.1)$$

其中，Y_i 为员工的薪金；X_i 为工龄；$D_i = 1$ 为男性，$D_i = 0$ 为女性。

4.4.2 虚拟变量的引入

虚拟变量作为解释变量引入模型有两种基本方式：加法方式和乘法方式。

1. 加法方式

上述员工薪金模型中性别虚拟变量的引入采取了加法方式，即将虚拟变量以相加的形式引入模型。在模型（4.4.1）中，如果仍假定 $E(\mu_i) = 0$，则女职工的平均薪金为

$$E(Y_i \mid X, D = 0) = \beta_0 + \beta_1 X_i \qquad (4.4.2)$$

男职工的平均薪金为

$$E(Y_i \mid X, D = 1) = (\beta_0 + \beta_2) + \beta_1 X_i \qquad (4.4.3)$$

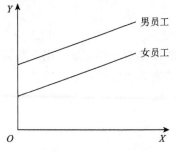

图 4.4.1　男女员工平均薪金示意图

从几何意义上看（图 4.4.1），假定 $\beta_2 > 0$，则式（4.4.2）和式（4.4.3）有相同的斜率，但有不同的截距。这意味着，男女员工的平均薪金对工龄的变化率是一样的，但两者的平均薪金水平相差 β_2。可以通过传统的回归检验，对 β_2 的统计显著性进行检验，以判断男女员工的平均薪金水平是否有显著差异。

又例如，个人保健支出对个人收入与教育水平的回归。教育水平考虑三个层次：高中以下、高中、大学及以上。这时需要引入两个虚拟变量：

$$D_1 = \begin{cases} 1, & 高中 \\ 0, & 其他 \end{cases}$$

$$D_2 = \begin{cases} 1, & 大学及以上 \\ 0, & 其他 \end{cases} \quad (4.4.4)$$

模型设定如下：

$$Y = \beta_0 + \beta_1 X_i + \beta_2 D_1 + \beta_3 D_2 + \mu_i$$

在 $E(\mu_i \mid X, D_1, D_2) = 0$ 的初始假定下，容易得到高中以下、高中、大学及以上教育水平的个人保健支出的函数。

高中以下：$E(Y_i \mid X, D_1 = 0, D_2 = 0) = \beta_0 + \beta_1 X_i$。

高中：$E(Y_i \mid X, D_1 = 1, D_2 = 0) = (\beta_0 + \beta_2) + \beta_1 X_i$。

大学及以上：$E(Y_i \mid X, D_1 = 0, D_2 = 1) = (\beta_0 + \beta_3) + \beta_1 X_i$。

假定 $\beta_3 > \beta_2$，则其几何意义如图 4.4.2 所示。

还可将多个虚拟变量引入模型中以考察多种"定性"因素的影响。例如，在上述薪金案例中，再引入学历的虚拟变量 D_2。

$$D_2 = \begin{cases} 1, & 本科及以上学历 \\ 0, & 本科以下学历 \end{cases}$$

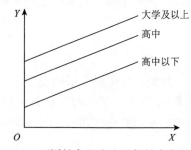

图 4.4.2　不同教育程度人员保健支出示意图

则员工薪金的回归模型可设计如下：

$$Y = \beta_0 + \beta_1 X_i + \beta_2 D_1 + \beta_3 D_2 + \mu_i \quad (4.4.5)$$

于是，不同性别、不同学历员工的平均薪金分别由下面各式给出。

女员工本科以下学历的平均薪金：

$$E(Y_i \mid X, D_1 = 0, D_2 = 0) = \beta_0 + \beta_1 X_i$$

男员工本科以下学历的平均薪金：

$$E(Y_i \mid X, D_1 = 1, D_2 = 0) = (\beta_0 + \beta_2) + \beta_1 X_i$$

女员工本科及以上学历的平均薪金：

$$E(Y_i \mid X, D_1 = 0, D_2 = 1) = (\beta_0 + \beta_3) + \beta_1 X_i$$

男员工本科及以上学历的平均薪金：

$$E(Y_i \mid X, D_1 = 1, D_2 = 1) = (\beta_0 + \beta_2 + \beta_3) + \beta_1 X_i$$

2. 乘法方式

加法方式引入虚拟变量，可以考察截距的不同，而在许多情况下，往往是斜率有变化，或斜率、截距同时变化。斜率的变化可以通过乘法方式引入虚拟变量来测度。

例如，中国农村居民的边际消费倾向会与城镇居民的边际消费倾向不同吗？这种消费倾向的差异可通过在收入的系数中引入虚拟变量来考察。设

$$D_i = \begin{cases} 1, & 农村居民 \\ 0, & 城镇居民 \end{cases}$$

则全体居民的消费模型可建立如下：

$$C_i = \beta_0 + \beta_1 X_i + \beta_2 D_i X_i + \mu_i \qquad (4.4.6)$$

其中，C、X 分别为居民家庭人均年消费支出和年可支配收入；虚拟变量 D 以与 X 相乘的方式引入模型，从而可用来考察边际消费倾向的差异。在 $E(\mu_i \mid X, D) = 0$ 的假定下，上述模型所表示的函数可化为如下形式。

农村居民：$E(C_i \mid X, D = 1) = \beta_0 + (\beta_1 + \beta_2) X_i$。

城镇居民：$E(C_i \mid X, D = 0) = \beta_0 + \beta_1 X_i$。

显然，如果 β_2 显著地异于 0，则可判定农村居民与城镇居民的边际消费倾向有差异。

例 4.4 表 4.4.1 中给出了中国农村居民家庭与城镇居民家庭人均工资收入、其他收入及生活消费支出的相关数据。可由这组数据来判断中国农村居民与城镇居民不同来源的收入对生活消费支出的影响是否有差异。

表 4.4.1 中国居民人均收入与人均消费支出数据（单位：元）

省区市	农村居民			城镇居民		
	生活消费	工资收入	其他收入	生活消费	工资收入	其他收入
北京	13 553.2	12 034.9	6 302.6	26 274.9	30 273.0	15 000.8
天津	10 155.0	9 091.5	6 749.5	21 711.9	23 231.9	12 423.7
河北	6 134.1	5 236.7	3 865.2	13 640.6	14 588.4	9 554.4
山西	5 812.7	4 041.1	3 112.4	13 166.2	16 216.4	7 797.2
内蒙古	7 268.3	1 694.6	6 901.1	19 249.1	18 377.9	8 600.1
辽宁	7 159.0	4 209.1	6 313.3	18 029.7	15 882.0	12 022.9
吉林	7 379.7	1 813.2	7 808.0	15 932.3	14 388.3	9 155.9
黑龙江	6 813.6	1 991.4	7 642.8	14 161.7	12 525.8	8 623.4
上海	14 234.7	12 239.4	7 355.6	28 155.0	33 235.4	15 643.9
江苏	9 909.8	7 608.5	5 989.2	20 371.5	21 890.0	13 241.0
浙江	11 760.2	9 204.3	6 901.7	23 257.2	24 453.0	16 788.0
安徽	5 724.5	3 733.5	4 364.3	16 285.2	15 535.3	9 470.8
福建	8 151.2	5 193.9	5 990.2	20 092.7	21 443.4	11 939.3
江西	5 653.6	4 421.1	4 359.4	13 850.5	14 767.5	8 181.9
山东	7 392.7	5 127.2	5 492.8	17 112.2	21 562.1	9 066.0
河南	5 627.2	3 581.6	48 938.0	14 822.0	14 704.2	8 982.3
湖北	6 279.5	3 868.2	4 998.7	15 749.5	15 571.8	9 608.7
湖南	6 609.5	4 595.6	3 776.6	15 887.1	13 951.4	10 691.6
广东	8 343.5	7 072.4	4 596.9	14 133.3	25 286.5	11 217.5
广西	5 205.6	2 712.3	4 078.6	15 417.6	15 647.8	93 810.0
海南	5 465.6	3 001.5	5 341.0	15 593.0	15 773.0	9 146.8

省区市	农村居民			城镇居民		
	生活消费	工资收入	其他收入	生活消费	工资收入	其他收入
重庆	5 796.4	4 089.2	4 242.8	17 813.9	16 654.7	10 195.7
四川	6 308.5	3 542.8	4 352.6	16 343.5	14 976.0	8 917.9
贵州	4 740.2	2 572.6	2 861.4	13 702.9	13 627.6	7 785.5
云南	4 743.6	1 729.2	4 412.1	15 156.1	15 140.7	9 557.6
西藏	3 574.0	1 475.3	5 102.9	12 231.9	19 604.0	2 956.7
陕西	5 724.2	3 151.2	3 351.4	16 679.7	16 441.0	7 667.8
甘肃	4 849.6	2 203.4	2 904.4	14 020.7	13 329.7	6 819.3
青海	6 060.2	2 347.5	3 848.9	13 539.5	14 015.6	8 115.4
宁夏	6 489.7	2 878.7	4 052.6	15 321.1	15 363.9	8 402.8
新疆	6 119.1	1 311.8	5 984.6	15 206.6	15 585.6	6 802.6

以 Y 为人均生活消费支出，X_1 为人均工资收入，X_2 为人均其他收入。农村与城镇居民的人均消费函数可写成如下形式。

农村居民：$Y_i = \alpha_0 + \alpha_1 X_{i1} + \alpha_2 X_{i2} + \mu_{1i}$，$i = 1, 2, \cdots, n_1$。

城镇居民：$Y_i = \beta_0 + \beta_1 X_{i1} + \beta_2 X_{i2} + \mu_{2i}$，$i = 1, 2, \cdots, n_2$。

我们可能会关心是否截距项不同、斜率项不同或者截距项与斜率项都不同。而当我们关心是否截距项与斜率项都不同时，可以通过引入加法及乘法方式的虚拟变量来进行考察。将本例中的 n_1 与 n_2 次观察值合并，用以估计以下回归模型：

$$Y_i = \beta_0 + \delta_0 D_i + \beta_1 X_{i1} + \delta_1 (D_i X_{i1}) + \beta_2 X_{i2} + \delta_2 (D_i X_{i2}) + \mu_i \qquad (4.4.7)$$

其中，D_i 为引入的虚拟变量，农村居民取值为 1，城镇居民取值为 0，则有

$$E(Y_i \mid D = 0, X_1, X_2) = \beta_0 + \beta_1 X_{i1} + \beta_2 X_{i2}$$

$$E(Y_i \mid D = 1, X_1, X_2) = (\beta_0 + \delta_0) + (\beta_1 + \delta_1) X_{i1} + (\beta_2 + \delta_2) X_{i2}$$

分别表示城镇居民消费函数与农村居民消费函数。在显著性检验中，如果 $\delta_0 = 0$ 或 $\delta_1 = 0$ 或 $\delta_2 = 0$ 的假设被拒绝，则说明农村居民与城镇居民的消费行为是不同的。

按式（4.4.7）回归，在 Stata 中输入如下命令：

```
.reg Y D X1 DX1 X2 DX2
```

得到的回归结果如图 4.4.3 所示。

```
    Source |       SS           df       MS            Number of obs   =        62
-----------+------------------------------            F(5, 56)        =    497.56
     Model | 2.1964e+09          5   439282299        Prob > F        =    0.0000
  Residual |  49441364          56   882881.501       R-squared       =    0.9780
-----------+------------------------------            Adj R-squared   =    0.9760
     Total | 2.2459e+09         61    36817260        Root MSE        =    939.62

-----------+----------------------------------------------------------------------
         Y |      Coef.   Std. Err.      t    P>|t|     [95% Conf. Interval]
-----------+----------------------------------------------------------------------
         D |  -1573.895   933.7367     -1.69   0.097    -3444.394    296.6044
        X1 |   .4865118   .0473609     10.27   0.000     .3916366    .581387
       DX1 |   .1895937   .0790727      2.40   0.020     .031192    .3479953
        X2 |   .6017492   .0857317      7.02   0.000     .4300079    .7734906
       DX2 |   -.005942   .1551407     -0.04   0.970    -.3167261    .3048422
     _cons |   2599.145   680.4162      3.82   0.000     1236.108    3962.183
```

图 4.4.3　回归结果

由图 4.4.3 可知具体的回归结果为

$$\hat{Y}_i = 2599.1 - 1573.9D_i + 0.487X_{i1} + 0.190D_iX_{i1} + 0.602X_{i2} - 0.006D_iX_{i2}$$

在 5% 与 10% 的显著性水平下，自由度为 56 的 t 统计量的临界值分别为 $t_{0.025}(56) = 2.00$ 与 $t_{0.05}(56) = 1.67$。可见，δ_0 在 10% 的显著性水平下异于 0，δ_1 在 5% 的显著性水平下异于 0，但即使在 10% 的显著性水平下也无法拒绝 $\delta_2 = 0$ 的假设。从这里可以看出，中国农村居民的平均消费支出要比城镇居民少 1573.9 元，同时，在其他条件不变的情况下，农村居民与城镇居民的工资收入都增加 100 时，农村居民要比城镇居民多支出 19 元用于生活消费；但农村居民与城镇居民在其他来源的收入方面有相同的增加量时，两者增加的消费支出没有显著差异。

3. 虚拟变量的设置原则

虚拟变量的设置个数按以下原则确定：每一定性变量所需的虚拟变量的个数要比该定性变量的个数少 1，即如果有 m 个定性变量，则只能在模型中引入 $m-1$ 个虚拟变量。

例如，已知冷饮的销售量 Y 除受 k 种定量变量 X_k 的影响外，还受春夏秋冬四季的影响。要考虑该四季的影响，只需引入 3 个虚拟变量即可：

$$D_{i1} = \begin{cases} 1, & 春季 \\ 0, & 其他 \end{cases}$$

$$D_{i2} = \begin{cases} 1, & 夏季 \\ 0, & 其他 \end{cases}$$

$$D_{i3} = \begin{cases} 1, & 秋季 \\ 0, & 其他 \end{cases}$$

则冷饮销售量的模型为

$$Y_i = \beta_0 + \beta_1 X_{i1} + \cdots + \beta_k X_{ik} + \alpha_1 D_{i1} + \alpha_2 D_{i2} + \alpha_3 D_{i3} + \mu_i$$

在上述模型中，若再引入第 4 个虚拟变量：

$$D_{i4} = \begin{cases} 1, & 冬季 \\ 0, & 其他 \end{cases}$$

则冷饮的销售模型变为

$$Y_i = \beta_0 + \beta_1 X_{i1} + \cdots + \beta_k X_{ik} + \alpha_1 D_{i1} + \alpha_2 D_{i2} + \alpha_3 D_{i3} + \alpha_4 D_{i4} + \mu_i$$

其矩阵形式为

$$Y = (X \quad D)\begin{pmatrix} \beta \\ \alpha \end{pmatrix} + \mu$$

如果只取 6 个观测值，其中春季与夏季各取了 2 次，秋季、冬季各取 1 个观测值，则其中

$$(X \quad D) = \begin{pmatrix} 1 & X_{11} & \cdots & X_{1k} & 1 & 0 & 0 & 0 \\ 1 & X_{21} & \cdots & X_{2k} & 0 & 1 & 0 & 0 \\ 1 & X_{31} & \cdots & X_{3k} & 0 & 0 & 1 & 0 \\ 1 & X_{41} & \cdots & X_{4k} & 0 & 0 & 0 & 1 \\ 1 & X_{51} & \cdots & X_{5k} & 0 & 1 & 0 & 0 \\ 1 & X_{61} & \cdots & X_{6k} & 1 & 0 & 0 & 0 \end{pmatrix}$$

$$\beta = \begin{pmatrix} \beta_1 \\ \beta_2 \\ \vdots \\ \beta_k \end{pmatrix} \qquad \alpha = \begin{pmatrix} \alpha_1 \\ \alpha_2 \\ \alpha_3 \\ \alpha_4 \end{pmatrix}$$

显然，$(X \quad D)$ 中第一列可表示为后四列的线性组合，从而 $(X \quad D)$ 不满秩，参数无法唯一求出。这就是所谓的虚拟变量陷阱，应该避免这种情况的发生。

4. 分段线性回归

有的社会经济现象的变动，会在解释变量达到某个临界值时发生突变，为了区分不同阶段的截距和斜率，可利用虚拟变量进行分段回归。

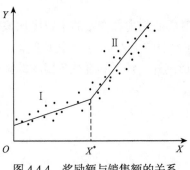

图 4.4.4　奖励额与销售额的关系

例如，某公司为了激励公司销售人员，按其销售额的一定比例计提奖励，但是销售额在某一目标水平 X^* 以下和以上时计提奖励的方法不同。当销售额高于 X^* 时，奖励额与销售额的比例要高于销售额低于 X^* 时的比例，也就是高于 X^* 时，奖励额与销售额的关系更为陡峭（图 4.4.4）。为了确切地描述奖励额 Y_i 与销售额 X_i 的关系，需要分两段进行回归。这种分段回归可以用虚拟变量来实现。

设虚拟变量 D_i 为

$$D_i = \begin{cases} 1, & X \geq X^* \\ 0, & X < X^* \end{cases}$$

则奖励额 Y_i 与销售额 X_i 的关系式可以统一地表示为

$$Y_i = \beta_0 + \beta_1 X_i + \beta_2 (X_i - X^*) D_i + \mu_i \tag{4.4.8}$$

其中，Y_i 为奖励额；X_i 为销售额；X^* 为已知的销售目标的临界水平。利用统计资料估计式（4.4.8）的参数，就可以得到不同斜率和截距的回归方程。

（1）销售额低于 X^* 时：

$$E(Y_i \mid X_i, D_i = 0) = \beta_0 + \beta_1 X_i$$

（2）销售额不低于 X^* 时：

$$E(Y_i \mid X_i, D_i = 1) = (\beta_0 + \beta_1 X^*) + (\beta_1 + \beta_2)(X_i - X^*)$$

整理，得

$$E(Y_i \mid X_i, D_i = 1) = (\beta_0 - \beta_2 X^*) + (\beta_1 + \beta_2) X_i$$

显然，β_1 是图 4.4.4 中第 I 段回归直线的斜率，而 $(\beta_1 + \beta_2)$ 则是第 II 段回归直线的斜率。只要检验 β_2 的统计显著性，就可以判断所设定的临界水平 X^* 处是否存在突变。

应当注意，在分段回归中，第 I、II 段回归不仅截距不同，斜率也不同。在分为两段进行回归时，使用了一个虚拟变量，容易推广，分为 K 段进行回归时，可用 $K-1$ 个虚拟变量。

■ 4.5　案例分析

以数据集 grilic.dta 为例，该数据集包括 758 名美国年轻男子的数据。对以下方程进行多元回归估计：

$$\ln w = \beta_0 + \beta_1 s + \beta_2 \text{expr} + \beta_3 \text{tenure} + \beta_4 \text{smsa} + \beta_5 \text{rns} + \mu$$

其中，被解释变量为 $\ln w$（工资对数）；主要解释变量包括 s（教育年限）、expr（工龄）、tenure（在现单位工作年限）、smsa（是否住在大城市）及 rns（是否住在美国南方）。为估计该方程，可输入以下命令：

```
.reg lnw s expr tenure smsa rns
```
输出结果如图 4.5.1 所示。

Source	SS	df	MS		
				Number of obs	= 758
				F(5, 752)	= 81.75
Model	49.0478814	5	9.80957628	Prob > F	= 0.0000
Residual	90.2382684	752	.119997697	R-squared	= 0.3521
				Adj R-squared	= 0.3478
Total	139.28615	757	.183997556	Root MSE	= .34641

lnw	Coef.	Std. Err.	t	P>|t|	[95% Conf. Interval]	
s	.102643	.0058488	17.55	0.000	.0911611	.114125
expr	.0381189	.0063268	6.02	0.000	.0256986	.0505392
tenure	.0356146	.0077424	4.60	0.000	.0204153	.0508138
smsa	.1396666	.0280821	4.97	0.000	.0845379	.1947954
rns	-.0840797	.0287973	-2.92	0.004	-.1406124	-.0275471
_cons	4.103675	.085097	48.22	0.000	3.936619	4.270731

图 4.5.1　基本回归输出结果

图 4.5.1 中，_cons 表示常数项，R-squared 显示 $R^2 = 0.3521$，Adj R-squared 显示 $\overline{R^2} = 0.3478$。图 4.5.1 中回归结果显示，残差平方和（Residual）$\sum e_i^2 = 90.24$，方程的标准误差（Root MSE）为 0.346 41。检验整个方程显著性的 F 统计量为 81.75，其对应的 p 值（Prob＞F）为 0.0000，表明这个回归方程整体是显著的。

所有解释变量（包括常数项）的回归系数的 p 值（$P>|t|$）都小于 0.01，故均在 1% 水平上显著，而且符号与理论预期一致。其中，教育年限的系数估计值为 0.103，即教育投资回报率为 10.3%。工龄与在现单位工作年限的回报率分别为 3.8% 和 3.6%（可视为在职培训的回报率），小于正规教育的回报率。住在大城市的回报率高达 14.0%，甚至高于教育投资回报率，这说明了环境的重要性。变量是否住在美国南方的系数为 –0.084，表明在给定其他变量的情况下，南方居民的工资比北方居民低 8.4%。常数项的估计值为 4.104，这意味着未受任何教育（$s=0$）、也无任何工作经验（$\text{expr}=\text{tenure}=0$）、不住在大城市（$\text{smsa}=0$），且身在北方（$\text{rns}=0$）的年轻男子的预期工资对数为 4.104。

如果要显示回归系数的协方差矩阵，可输入命令

```
.vce
```
其中，vce 为 variance covariance matrix estimated。

输出结果如图 4.5.2 所示。

Covariance matrix of coefficients of **regress** model

e(V)	s	expr	tenure	smsa	rns	_cons
s	.00003421					
expr	8.660e-06	.00004003				
tenure	-3.997e-08	-.00001107	.00005994			
smsa	-.0000144	3.261e-06	-7.819e-06	.00078861		
rns	8.524e-06	7.334e-07	7.259e-06	.00012486	.00082928	
_cons	-.00046567	-.00016778	-.00008646	-.00038746	-.00043997	.0072415

图 4.5.2　协方差矩阵的输出结果

图 4.5.2 中的主对角线元素为各回归系数的方差，而非对角线元素则为相应的协方差。尽管在图 4.5.2 中常数项具有统计显著性，但为了展示无常数项的效果，下面加上选择项"noconstant"，进行无常数项回归：

```
.reg lnw s expr tenure smsa rns,noc
```
回归结果如图 4.5.3 所示。

Source	SS	df	MS		
Model	24282.9531	5	4856.59061		
Residual	369.293555	753	.490429688		
Total	24652.2466	758	32.5227528		

Number of obs = 758
F(5, 753) = 9902.73
Prob > F = 0.0000
R-squared = 0.9850
Adj R-squared = 0.9849
Root MSE = .70031

lnw	Coef.	Std. Err.	t	P>|t|	[95% Conf. Interval]
s	.3665333	.0041742	87.81	0.000	.3583389 .3747277
expr	.1331991	.0121535	10.96	0.000	.1093403 .1570578
tenure	.0846129	.0155168	5.45	0.000	.0541515 .1150743
smsa	.3592339	.0560206	6.41	0.000	.2492588 .4692089
rns	.1652489	.0572715	2.89	0.004	.0528181 .2776796

图 4.5.3　无常数项的回归结果

从图 4.5.3 可知，根据无常数项回归的估计，教育投资回报率高达 36.7%，这显然不合理。由于常数项很显著，故忽略常数项将导致估计偏差，得不到一致估计。即使真实模型不包括常数项，在回归中加入常数项，也不会导致不一致的估计，故加入常数项的危害较小。反之，如果真实模型包括常数项，但在回归中被忽略了，则可能导致严重的估计偏差。因此，一般建议在回归中包括常数项。

如果只对南方居民的子样本进行回归，可使用虚拟变量 rns：

```
.reg lnw s expr tenure smsa if rns
```
回归结果如图 4.5.4 所示。

Source	SS	df	MS		
Model	17.603542	4	4.40088551		
Residual	24.2783596	199	.122001807		
Total	41.8819016	203	.206314786		

Number of obs = 204
F(4, 199) = 36.07
Prob > F = 0.0000
R-squared = 0.4203
Adj R-squared = 0.4087
Root MSE = .34929

lnw	Coef.	Std. Err.	t	P>|t|	[95% Conf. Interval]
s	.1198242	.0113156	10.59	0.000	.0975103 .1421381
expr	.0451903	.0122572	3.69	0.000	.0210197 .069361
tenure	.0092643	.0156779	0.59	0.555	-.0216518 .0401804
smsa	.1746563	.0506762	3.45	0.001	.0747251 .2745876
_cons	3.806148	.1586202	24.00	0.000	3.493356 4.11894

图 4.5.4　南方居民的回归结果

如果只对北方居民的子样本进行回归,可使用命令:

`.reg lnw s expr tenure smsa if~rns`

回归结果如图 4.5.5 所示。

Source	SS	df	MS			
Model	29.486457	4	7.37161426	Number of obs	=	554
Residual	64.8019636	549	.118036364	F(4, 549)	=	62.45
				Prob > F	=	0.0000
				R-squared	=	0.3127
				Adj R-squared	=	0.3077
Total	94.2884207	553	.170503473	Root MSE	=	.34356

lnw	Coef.	Std. Err.	t	P>|t|	[95% Conf. Interval]	
s	.0944787	.0068365	13.82	0.000	.0810498	.1079076
expr	.0358675	.0073558	4.88	0.000	.0214184	.0503165
tenure	.0455117	.0088792	5.13	0.000	.0280703	.0629531
smsa	.1199364	.0337443	3.55	0.000	.0536526	.1862202
_cons	4.214014	.0995796	42.32	0.000	4.018411	4.409618

图 4.5.5　北方居民的回归结果

根据图 4.5.4 和图 4.5.5 的结果,南方居民的教育投资回报率为 12%,高于北方居民 9.4%的教育投资回报率。如果只对中学以上的($s \geqslant 12$)的子样本进行回归,可输入命令:

`.reg lnw s expr tenure smsa rns if s>=12`

回归结果如图 4.5.6 所示。

Source	SS	df	MS			
Model	41.8750434	5	8.37500867	Number of obs	=	679
Residual	80.7410668	673	.119971867	F(5, 673)	=	69.81
				Prob > F	=	0.0000
				R-squared	=	0.3415
				Adj R-squared	=	0.3366
Total	122.61611	678	.18084972	Root MSE	=	.34637

lnw	Coef.	Std. Err.	t	P>|t|	[95% Conf. Interval]	
s	.1077261	.0066792	16.13	0.000	.0946115	.1208408
expr	.0344524	.0071189	4.84	0.000	.0204745	.0484304
tenure	.0363033	.0082594	4.40	0.000	.0200859	.0525206
smsa	.1583146	.0298248	5.31	0.000	.0997537	.2168754
rns	-.074063	.0308884	-2.40	0.017	-.1347123	-.0134137
_cons	4.015335	.098159	40.91	0.000	3.8226	4.20807

图 4.5.6　 $s \geqslant 12$ 的回归结果

回到最初估计的全样本:

`.quietly reg lnw s expr tenure smsa rns`

其中,前缀 quietly 为不汇报回归结果。如果要计算被解释变量的拟合值($\widehat{\ln w}$),并将其记为 lnw1,可使用命令:

`.predict lnw1`

如果想要计算残差,并将其记为 e ,可输入命令:

`.predict e.residual`

其中,选择项 residual 为计算残差,默认计算拟合值。

对应回归方程 $\ln w = \beta_0 + \beta_1 s + \beta_2 \text{expr} + \beta_3 \text{tenure} + \beta_4 \text{smsa} + \beta_5 \text{rns} + \mu$,检验教育投资回报率是否为 10%,即检验原假设 $H_0 : \beta_1 = 0.1$ 是否成立,可使用命令:

`.test s=0.1`

此命令检验的原假设为,变量 s 的系数等于 0.1。

检验结果如图 4.5.7 所示。

由于 t 分布的平方为 F 分布,故 Stata 统一汇报 F 统计量及其 p 值。图 4.5.7 显示, p 值为 0.6515,故无法拒绝原假设。

（1） s = .1

```
F(  1,   752) =     0.20
        Prob > F =     0.6515
```

图 4.5.7　系数为具体数值的检验结果

作为示例，下面检验工龄与在现单位工作年限的系数是否相等，即检验 $H_0 : \beta_2 = \beta_3$ 是否成立，可输入命令：

`.test expr=tenure`

检验结果如图 4.5.8 所示。

（1） expr - tenure = 0

```
F(  1,   752) =     0.05
        Prob > F =     0.8208
```

图 4.5.8　两系数相等的检验结果

由于 p 值为 0.8208，故可以轻松接受原假设。出于演习目的，检验工龄回报率与现单位年限回报率之和是否等于教育回报率，即 $H_0 : \beta_2 + \beta_3 = \beta_1$ 是否成立，可使用命令：

`.test expr+tenure=s`

检验结果如图 4.5.9 所示。

（1） - s + expr + tenure = 0

```
F(  1,   752) =     8.82
        Prob > F =     0.0031
```

图 4.5.9　系数之和为某值的检验结果

由于 p 值为 0.0031，故可在 1% 的显著性水平下拒绝原假设，即认为 $\beta_3 + \beta_2 \neq \beta_1$。

高尔顿与回归分析

"回归"是由英国著名生物学家兼统计学家高尔顿（F. Galton，1822～1911 年，生物学家达尔文的表弟）在研究人类遗传问题时提出来的。为了研究父代与子代身高的关系，高尔顿收集了 1078 对父子的身高数据。

他发现这些数据的散点图大致呈直线状态，也就是说，总的趋势是父亲的身高增加时，儿子的身高也倾向于增加。但是，高尔顿对试验数据进行了深入的分析，发现了一个很有趣的现象——回归效应。

当父亲高于平均身高时，他的儿子身高比他更高的概率要小于比他更矮的概率；当父亲低于平均身高时，他的儿子身高比他更矮的概率要小于比他更高的概率。这反映了一个规律，即儿子的身高有向他们父辈的平均身高回归的趋势。对于这个一般结论的解释是：大自然具有一种约束力，使人类身高的分布相对稳定而不产生两极分化，这就是所谓的回归效应。

1855 年，高尔顿发表《遗传的身高向平均数方向的回归》一文，他和他的学生卡尔·皮尔逊（Karl Pearson）通过观察 1078 对夫妇的身高数据，以每对夫妇的平均身高作为自变量，取他们的一个成年儿子的身高作为因变量，分析儿子身高与父母的平均身高之间的关系，发现通过父母的平均身高可以预测其儿子的身高，两者近乎呈一条直线。当父母越高或越矮时，其儿子的身高会比一般儿童高或矮，他们将儿子与父母的平均身高的这种现象拟合出一种线性关系，分析出儿子的身高 y 与父母的平均身高 x 大致可归结为以下关系：

$$y = 33.73 + 0.516x \qquad （单位为英寸）$$

根据换算公式 1 英寸=0.0254 米。单位换算成米后：

$$Y = 0.8567 + 0.516X \qquad （单位为米）$$

假如父母的平均身高为 1.75 米，则可预测其儿子的身高为 1.7597 米。

这种趋势及回归方程表明父母的平均身高每增加一个单位时，其成年儿子的身高平均增加 0.516 个单位。

有趣的是，通过观察，高尔顿还注意到，尽管这是一种拟合较好的线性关系，但仍然存在例外现象：矮个子父母所生的儿子比其父要高；较高的父母所生儿子的身高却回降到多数人的平均身高。换句话说，当父母身高走向极端时，他们所生儿子的身高不会像父母的身高那样极端化，其身高要比父母的身高更接近平均身高，即有回归到平均数的趋势，这就是回归最初在统计学上的含义，高尔顿把这一现象叫作向平均数方向的回归（regression toward mediocrity）。

虽然这是一种特殊情况，与线性关系拟合的一般规则无关，但线性回归的术语却因此沿用下来，作为根据一种变量（父母的平均身高）预测另一种变量（儿子身高）或多种变量关系的描述方法。

■ 本 章 小 结

（1）经济变量间的关系可分为函数关系和统计相关关系。相关系数是对变量间线性相关程度的度量。

（2）回归是关于一个被解释变量对若干个解释变量的依存关系的研究，回归分析的实质是根据解释变量估计被解释变量的平均值。

（3）总体回归函数是将总体被解释变量 Y 的条件期望 $E(Y_i \mid X_i)$ 表现为解释变量 X 的某种函数。本章介绍了总体回归函数与样本回归函数的区别和联系。

（4）多元线性回归模型中除关于随机扰动项的零均值假定、同方差假定、序列不相关假定、正态性假定以外，还要求满足解释变量间无线性相关性假定。

（5）本章介绍了线性回归模型参数的 OLS 估计量；参数估计量的统计性质。在基本假设满足的情况下，线性回归模型的 OLS 估计量是最佳线性无偏估计量。

（6）本章介绍了线性回归模型中参数置信区间估计的方法。

（7）本章介绍了可决系数的意义和计算方法；调整的可决系数的作用和计算方法。

（8）F 检验是对线性回归模型中所有解释变量的联合显著性的检验，F 检验是在方差分析的基础上进行的。

（9）线性回归分析中，为了检验当其他解释变量不变时，各个解释变量是否对被解释变量有显著影响，需要分别对所估计的各个回归系数做 t 检验。

（10）本章介绍了利用线性回归模型做被解释变量平均值预测与个别值预测的方法。

（11）本章介绍了如何运用 Stata 软件实现对线性回归模型的构建。

## 第 5 章

Logit 回归

日常生活中经常遇到关于"是与否"的决策或选择问题，如民主选举（是否投票）、银行贷款（是否批准贷款申请）、出行方式的选择（是否选择公共交通方式）、邮件过滤（是否为垃圾邮件）。这在机器学习中属于监督学习中的分类问题；在计量经济学中，从个体选择的角度出发，则称其为离散选择模型。

■ 5.1 Logit 回归概述

5.1.1 线性概率模型

最常见的离散选择模型是二值选择（binary choices）。人生充满了选择，如考研或不考研，买房或不买房，出国或不出国，战争或和平。此时，由于被解释变量为虚拟变量，取值为 0 或 1，故通常不宜进行 OLS 回归。

假如个体只有两种选择，如 $Y=1$（考研）或 $Y=0$（不考研）。最简单的建模方法为线性概率模型（linear probability model，LPM）：

$$Y_i = \beta_1 X_{i1} + \beta_2 X_{i2} + \cdots + \beta_p X_{ip} + \mu_i = \beta X_i' + \mu_i, \quad i = 1, 2, \cdots, n \qquad (5.1.1)$$

其中，解释变量 $X_i' = (X_{i1}, X_{i2}, \cdots, X_{ip})'$；而参数向量 $\beta = (\beta_1, \beta_2, \cdots, \beta_p)$。在形式上，这就是第 4 章介绍的线性回归模型。线性概率模型的优点是，计算方便（Y 为虚拟变量并不影响 OLS 估计），且容易得到边际效应（即回归系数）。其缺点是，虽然明知被解释变量 Y 的取值非 0 即 1，但根据线性概率模型所做的预测值却可能出现 $\hat{Y} > 1$ 或 $\hat{Y} < 0$ 的不现实的情形，参见图 5.1.1，故对于二值选择问题，一般只将线性概率模型作为粗略的参考。

5.1.2 Logit 模型的构建

为使 Y 的预测值总是介于 0 到 1，在给定 X 的情况下，考虑 Y 的两点分布的概率：

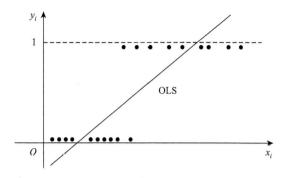

图 5.1.1　线性概率模型

$$\begin{cases} P(Y=1\,|\,X) = F(X,\beta) \\ P(Y=0\,|\,X) = 1 - F(X,\beta) \end{cases} \tag{5.1.2}$$

其中，函数 $F(X,\beta)$ 称为连接函数（link function），因为它将解释变量 X 与被解释变量 Y 连接起来。由于 Y 的取值要么为 0，要么为 1，故 Y 肯定服从两点分布。连接函数的选择具有一定的灵活性，通过选择合适的连接函数 $F(X,\beta)$（如某随机变量的累积分布函数），可以保证 $0 \leqslant \hat{Y} \leqslant 1$，并将 $\hat{Y}$ 理解为 $Y=1$ 发生的概率，因为：

$$E(Y\,|\,X) = 1 \cdot P(Y=1\,|\,X) + 0 \cdot P(Y=0\,|\,X) = P(Y=1\,|\,X) \tag{5.1.3}$$

式（5.1.3）之所以成立，正是由于被解释变量 Y 作为虚拟变量的两点分布的特性。如果 $F(X,\beta)$ 为逻辑斯蒂分布（logistic distribution）的累积分布函数，则

$$P(Y=1\,|\,X) = F(X,\beta) = \Lambda(X'\beta) = \frac{\exp(X'\beta)}{1 + \exp(X'\beta)} \tag{5.1.4}$$

其中，函数 $\Lambda(z)$，$z = (X'\beta)$ 的定义为

$$\Lambda(z) = \frac{\exp(z)}{1 + \exp(z)} \tag{5.1.5}$$

式（5.1.4）称为逻辑回归或逻辑斯蒂回归，简记 Logit 回归。逻辑回归起源于比利时数学家 Verhulst（1838）所提出的逻辑方程。受到马尔萨斯人口假说的启发，Verhulst 使用逻辑方程描述受食物供应限制的人口增长模型（故人口增长存在上限）。模型对应的曲线表现为：当解释变量很大或很小时分布函数值变化缓慢，当 X 取其他值时，分布函数值变化很快，且分布函数值落在[0, 1]内，如图 5.1.2 所示。

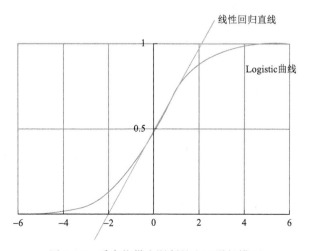

图 5.1.2　受食物供应限制的人口增长模型

■ 5.2 Logit 回归的估计方法

Logit 模型本质上是非线性模型，无法通过变量转换而变成线性模型。对于非线性模型，通常使用最大似然估计（maximum likelihood estimation，MLE 或 ML）法进行估计。下面先回顾概率统计中的最大似然估计法，然后再将其应用于 Logit 模型。

5.2.1 最大似然估计法的原理

假设随机变量 Y 的概率密度为 $f(y;\theta)$，其中 θ 为未知参数。为了估计 θ，从 Y 的总体中抽取样本容量为 n 的随机样本 $\{y_1, y_2, \cdots, y_n\}$。假设 $\{y_1, y_2, \cdots, y_n\}$ 为独立同分布，则样本数据的联合密度函数为

$$f(y_1;\theta)f(y_2;\theta)\cdots f(y_n;\theta) = \prod_{i=1}^{n} f(y_i;\theta) \qquad (5.2.1)$$

抽样之前，$\{y_1, y_2, \cdots, y_n\}$ 为随机向量。抽样之后，$\{y_1, y_2, \cdots, y_n\}$ 就有了特定的样本值。因此，可将样本的联合密度函数视为给定 $\{y_1, y_2, \cdots, y_n\}$ 的情况下，未知参数 θ 的函数。定义似然函数（likelihood function）为

$$L(\theta; y_1, \cdots, y_n) = \prod_{i=1}^{n} f(y_i;\theta) \qquad (5.2.2)$$

由此可知，似然函数与联合密度函数完全相等，只是 θ 与 $\{y_1, y_2, \cdots, y_n\}$ 的角色互换，即把 θ 当成自变量，而视 $\{y_1, y_2, \cdots, y_n\}$ 为给定。为了运算方便，常把似然函数取对数，将乘积的形式转换为求和的形式：

$$\ln L(\theta; y_1, \cdots, y_n) = \sum_{i=1}^{n} \ln f(y_i;\theta) \qquad (5.2.3)$$

最大似然估计法来源于一个简单而深刻的思想：给定样本取值后，该样本最有可能来自参数 θ 为何值的总体。换言之，寻找 $\hat{\theta}_{ML}$，使得观测到样本数据的可能性最大，即最大化对数似然函数（log-likelihood function）：

$$\max_{\theta} \ln L(\theta; y_1, \cdots, y_n) \qquad (5.2.4)$$

假设式（5.2.4）存在唯一的内点解，则此无约束极值问题的一阶条件为

$$\frac{\partial \ln L(\theta; y_1, \cdots, y_n)}{\partial \theta} = 0 \qquad (5.2.5)$$

求解式（5.2.5），即可得到最大似然估计量 $\hat{\theta}_{ML}$。

例5.1 假设 $y \sim N(\mu; \sigma^2)$，其中 σ^2 已知，得到一个样本容量为1的样本 $y_1 = 2$，求 μ 的最大似然估计。根据正态分布的密度函数可知，此样本的似然函数为

$$L(\mu) = \frac{1}{\sqrt{2\pi\sigma^2}} \exp\left\{\frac{-(2-\mu)^2}{2\sigma^2}\right\}$$

显然，此似然函数在 $\hat{\mu} = 2$ 处取得最大值，参见图 5.2.1。

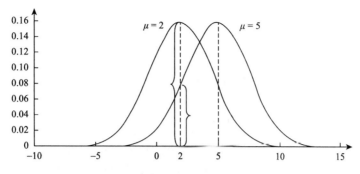

图 5.2.1　选择参数使观测到样本的可能性最大

再举个非正式的例子，某人一口四川口音，则判断他最有可能来自四川。

可以证明，在一定的正则条件（regularity conditions）下，最大似然估计量具有以下良好的大样本性质，通常可进行大样本统计推断。

（1）$\hat{\theta}_{\mathrm{ML}}$ 为一致估计，即 $p\lim\limits_{n\to\infty}\hat{\theta}_{\mathrm{ML}}=\theta$。

（2）$\hat{\theta}_{\mathrm{ML}}$ 服从渐近正态分布。

（3）在大样本下，$\hat{\theta}_{\mathrm{ML}}$ 是最有效率的估计（渐近方差最小）。

由于模型存在非线性，故最大似然估计通常没有解析解，而只能寻找数值解。在实践中，一般使用迭代法进行求解，常用的迭代法为高斯-牛顿法（Gauss-Newton method）。

最大似然估计法的一阶条件可以归结为求非线性方程 $f(x)=0$ 的解。假设 $f(x)$ 的导数 $f'(x)$ 处处存在，参见图 5.2.2。记方程的解为 x^*，满足 $f(x^*)=0$。首先猜一个初始值 x_0，在点 $(x_0,f(x_0))$ 处作一条曲线 $f(x)$ 的切线，记此切线与横轴的交点为 x_1。然后在点 $(x_1,f(x_1))$ 处再作一条切线，记此切线与横轴的交点为 x_2。以此类推，不断迭代，可得到序列 $\{x_0,x_1,x_2,x_3,\cdots\}$。在一般情况下，该序列将收敛至 x^*（给定一个精确度，收敛到这个精确度范围内则停止）。

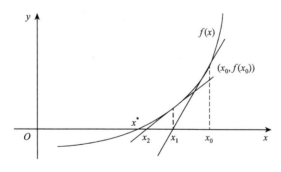

图 5.2.2　高斯-牛顿法

高斯-牛顿法之所以常用，原因之一是它的收敛速度很快，是二次的。比如，如果本次迭代的误差为 0.1，则下次迭代的误差约为 0.1^2，下下次迭代的误差约为 0.1^4，等等。因此，常常只需要迭代几次就够了。当然，如果初始值 x_0 选择不当，可能出现迭代不收敛的情况。另外，使用高斯-牛顿法得到的可能只是局部最大值（local maximum），而非整体最大值（global maximum）。

最大似然估计法很容易运用于多参数的情形。比如，假设随机变量 y 的概率密度函数为 $f(y;\theta)$，其中 $\theta=(\theta_1\theta_2)'$，则对数似然函数为

$$\ln L(\theta; y_1, \cdots, y_n) = \sum_{i=1}^{n} \ln f(y_i; \theta) \tag{5.2.6}$$

此最大化问题的一阶条件为

$$\begin{cases} \dfrac{\partial \ln L(\theta; y_1, \cdots, y_n)}{\partial \theta_1} = 0 \\[3mm] \dfrac{\partial \ln L(\theta; y_1, \cdots, y_n)}{\partial \theta_2} = 0 \end{cases} \tag{5.2.7}$$

求解联立方程组（5.2.7），即可得到最大似然估计量 $\hat{\theta}_{1,\mathrm{ML}}$ 与 $\hat{\theta}_{2,\mathrm{ML}}$。高斯-牛顿法也适用于多元函数 $f(x) = 0$ 的情形。

5.2.2　Logit 模型的最大似然估计

对于样本数据 $\{X_i, Y_i\}_{i=1}^{n}$，根据式（5.1.4），第 i 个观测数据的概率密度为

$$f(Y_i \mid X_i, \beta) = \begin{cases} \Lambda(X_i'\beta), & Y_i = 1 \\ 1 - \Lambda(X_i'\beta), & Y_i = 0 \end{cases} \tag{5.2.8}$$

其中，$\Lambda(z) = \dfrac{\exp(z)}{1 + \exp(z)}$ 为逻辑分布的累积分布函数。式（5.2.8）可紧凑地写为

$$f(Y_i \mid X_i, \beta) = [\Lambda(X_i'\beta)]^{Y_i} [1 - \Lambda(X_i'\beta)]^{1-Y_i} \tag{5.2.9}$$

显然，如果 $Y_i = 1$，则 $1 - Y_i = 0$，式（5.2.9）等于 $[\Lambda(X_i'\beta)]$；反之，如果 $Y_i = 0$，则 $1 - Y_i = 1$，式（5.2.9）等于 $[1 - \Lambda(X_i'\beta)]$。将式（5.2.9）取对数可得

$$\ln f(Y_i \mid X_i, \beta) = Y_i \ln[\Lambda(X_i'\beta)] + (1 - Y_i) \ln[1 - \Lambda(X_i'\beta)] \tag{5.2.10}$$

假设样本中的个体相互独立，则整个样本的对数似然函数为

$$\ln L(\beta \mid Y, X) = \sum_{i=1}^{n} Y_i \ln[\Lambda(X_i'\beta)] + \sum_{i=1}^{n} (1 - Y_i) \ln[1 - \Lambda(X_i'\beta)] \tag{5.2.11}$$

对数似然函数对 β 求偏导，即可得到最大化的一阶条件。满足此一阶条件的估计量即为最大似然估计量，记为 $\hat{\beta}_{\mathrm{ML}}$。

其中，记 $\Lambda_i \equiv \Lambda(X_i'\beta)$。对式（5.2.11）再次求偏导，可得黑塞矩阵：

$$\frac{\partial^2 \ln L(\beta)}{\partial \beta \partial \beta'} = \frac{\partial \sum_{i=1}^{n} (Y_i - \Lambda(X_i'\beta)) X_i}{\partial \beta'} = \underbrace{\frac{\partial \sum_{i=1}^{n} Y_i X_i}{\partial \beta'}}_{=0} - \frac{\partial \sum_{i=1}^{n} \Lambda(X_i'\beta) X_i}{\partial \beta'}$$

$$= -\sum_{i=1}^{n} \Lambda_i (1 - \Lambda_i) X_i X_i'$$

在上式中，由于 $0 < \Lambda_i < 1$，故黑塞矩阵为负定，因此，Logit 的对数似然函数为凹函数，一定存在唯一的最大值。

■ 5.3　Logit 回归的解释

5.3.1　边际效应

对于线性模型，回归系数 β_k 的经济意义十分明显，就是解释变量 X_k 对被解释变量 Y

的边际效应。然而，在非线性模型中，估计量 $\hat{\beta}_{\mathrm{ML}}$ 一般并非边际效应。接下来计算 Logit 模型中 X_k 的边际效应：

$$\frac{\partial P(Y=1|X)}{\partial X_k} = \frac{\partial \Lambda(X'\beta)}{\partial X_k} = \Lambda(X'\beta)[1-\Lambda(X'\beta)]\beta_k \tag{5.3.1}$$

由式（5.3.1）可知，对于非线性模型，其边际效应通常不是常数，而是随着解释变量 X 的变动而变动。因此存在不同的边际效应概念，常用的边际效应概念包括以下内容。

（1）平均边际效应（average marginal effect），即分别计算在每个样本观测值的边际效应，然后进行简单算术平均。

（2）样本均值处的边际效应（marginal effect at mean），即计算在 $X = \bar{X}$ 处的边际效应。

（3）在某代表值处的边际效应（marginal effect at a representative value），即给定 X^*，计算在 $X = X^*$ 处的边际效应。

以上三种边际效应的计算结果可能有较大差异。传统上，常计算样本均值 $X = \bar{X}$ 处的边际效应，因为计算方便。但在 Logit 模型中，样本均值处的个体行为不等于样本中个体的平均行为。对于政策分析而言，使用平均边际效应（Stata 的默认方法），或在某代表值处的边际效应通常更有意义。

具体来说，变量 X_k 对于个体 i 的边际效应为 $\widehat{\mathrm{AME}}_{ik}$，则变量 X_k 的平均边际效应为

$$\widehat{\mathrm{AME}}_k = \frac{1}{n}\sum_{i=1}^{n}\widehat{\mathrm{AME}}_{ik}\ (k=1,\cdots,p)$$

其中，$\widehat{\mathrm{AME}}_{ik} = \Lambda(X_i'\hat{\beta})[1-\Lambda(X_i'\hat{\beta})]\hat{\beta}_k$。

5.3.2　回归系数的经济意义

既然 $\hat{\beta}_{\mathrm{ML}}$ 并非边际效应，那么它究竟有什么含义？对于 Logit 模型，记事件发生的概率为 $p = P(Y=1|X)$，则事件不发生的概率为 $1-p = P(Y=0|X)$，由于

$$p = \frac{\exp(X'\beta)}{1+\exp(X'\beta)} \quad 1-p = \frac{1}{1+\exp(X'\beta)} \tag{5.3.2}$$

故事件发生与不发生的几率比为

$$\frac{p}{1-p} = \exp(X'\beta) \tag{5.3.3}$$

其中，$\dfrac{p}{1-p}$ 称为几率比（odds ratio）或相对风险（relative risk）。

例 5.2　在一个检验药物疗效的随机试验中，$Y=1$ 表示生，而 $Y=0$ 表示死。如果几率比为 2，则意味着存活的概率是死亡的概率的两倍。

对式（5.3.3）两边取对数可得

$$\ln\left(\frac{p}{1-p}\right) = X'\beta = \beta_1 X_1 + \cdots + \beta_k X_k \tag{5.3.4}$$

其中，$\ln\left(\dfrac{p}{1-p}\right)$ 称为对数几率比（log-odds ratio），而式（5.3.4）右边为线性函数。由此可知，回归系数 $\hat{\beta}_k$ 表示解释变量 X_k 增加一个微小量引起的对数几率比的边际变化。但对数几率比并不易直接理解。由于取对数意味着百分比的变化，故可把 $\hat{\beta}_k$ 视为半弹性

（semi-elasticity），即 X_k 增加一单位引起的几率比 $\left(\dfrac{p}{1-p}\right)$ 变化的百分比。比如，$\hat{\beta}_k = 0.12$，意味着 X_k 增加一单位引起几率比增加 12%。

以上解释适合 X_k 为连续变量的情况。如果 X_k 为离散变量（如性格、子女数），则可使用另一种解释方法。假设 X_k 增加一单位，从 X_k 变为 $X_k + 1$，记几率比的新值为 p^*，则新几率比与原几率比的比率可写为

$$\frac{\dfrac{p^*}{1-p^*}}{\dfrac{p}{1-p}} = \frac{\exp[\beta_1 + \beta_2 X_2 + \cdots + \beta_k(X_k+1) + \cdots + \beta_p X_p]}{\exp[\beta_1 + \beta_2 X_2 + \cdots + \beta_k X_k + \cdots + \beta_p X_p]} = \exp(\beta_k) \qquad (5.3.5)$$

为此，有些研究者偏好计算 $\exp(\hat{\beta}_k)$，它表示解释变量 X_k 增加一单位引起的几率比变化的倍数。正因为如此，Stata 也称 $\exp(\hat{\beta}_k)$ 为几率比。

例 5.3 $\hat{\beta}_k = 0.12$，则 $\exp(\hat{\beta}_k) = \mathrm{e}^{0.12} = 1.13$，故当 X_k 增加一单位时，新几率比是原几率比的 1.13 倍，或增加 13%，因为 $\exp(\hat{\beta}_k) - 1 = 1.13 - 1 = 0.13$。

事实上，如果 $\hat{\beta}_k$ 较小，则 $\exp(\hat{\beta}_k) - 1 \approx \hat{\beta}_k$（将 $\exp(\hat{\beta}_k)$ 泰勒展开），此时以上两种方法是等价的。如果 X_k 必须变化一单位（比如性别、婚否等虚拟变量），则应使用 $\exp(\hat{\beta}_k)$。

5.4 Logit 回归的评价

5.4.1 拟合优度

如何衡量 Logit 模型的拟合优度呢？由于不存在平方和分解公式，故无法计算 R^2，但 Stata 仍然会汇报一个"准 R^2"，其定义为

$$准 R^2 = \frac{\ln L_0 - \ln L_1}{\ln L_0} \qquad (5.4.1)$$

其中，$\ln L_1$ 为原模型的对数似然函数的最大值；而 $\ln L_0$ 为以常数项为唯一解释变量的对数似然函数的最大值。

由于 Y 为离散的两点分布，似然函数的最大可能值为 1，故对数似然函数的最大可能值为 0，记为 $\ln L_{\max}$。显然，$0 \geqslant \ln L_1 \geqslant \ln L_0$，而 $0 \leqslant 准 R^2 \leqslant 1$。由于 $\ln L_{\max} = 0$，故可将准 R^2 写为

$$准 R^2 = \frac{\ln L_1 - \ln L_0}{\ln L_{\max} - \ln L_0} \qquad (5.4.2)$$

其中，分子为加入解释变量后，对数似然函数的实际增加值 $(\ln L_1 - \ln L_0)$；而分母为对数似然函数的最大增加值 $(\ln L_{\max} - \ln L_0)$；准 R^2 即为前者占后者的比重。

5.4.2 似然比检验

对于线性概率模型 $Y_i = \beta_1 X_{i1} + \beta_2 X_{i2} + \cdots + \beta_k X_{ip} + \mu_i = X_i'\beta + \mu_i$，$i = 1, 2, \cdots, n$，考虑检验以下原假设：

$$\mathrm{H}_0 : \beta = \beta_0 \qquad (5.4.3)$$

其中，β_0 已知，共有 p 个约束。

似然比（likelihood ratio，LR）检验通过比较无约束估计量 $\hat{\beta}$ 与有约束估计量 $\hat{\beta}^*$ 的差别来进行检验。一般来说，无约束的似然函数的最大值 $\ln L(\hat{\beta})$ 比有约束的似然函数的最大值 $\ln L(\hat{\beta}^*)$ 更大，因为无约束条件下的参数空间 Θ 比有约束条件下（即 H_0 成立时）的参数空间 Θ 的取值范围更大，参见图 5.4.1。

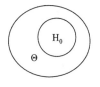

图 5.4.1　无约束与有约束的参数空间

似然比检验的基本思想是：如果 H_0 正确，则 $[\ln L(\hat{\beta}) - \ln L(\hat{\beta}^*)]$ 不应该很大。有约束的估计量 $\hat{\beta}^* = \beta_0$。LR 统计量为

$$\mathrm{LR} = -2\ln\left[\frac{L(\hat{\beta}^*)}{L(\hat{\beta})}\right] = 2[\ln L(\hat{\beta}) - \ln L(\hat{\beta}^*)] \xrightarrow{d} \chi^2(K) \qquad (5.4.4)$$

在大样本下，LR 统计量服从渐近 $\chi^2(K)$ 分布。

在进行 Logit 回归时，Stata 会汇报一个似然比统计量，用以检验除常数项以外的所有参数的联合显著性，即考察原模型与只有常数项的模型的似然函数最大值之比（准 R^2 的计算也基于此）。

进一步，将仅包含常数项的 Logit 模型定义为零模型（null model），则相应的零偏离度为

$$\text{零偏离度} \equiv -2\ln L_0$$

在零模型中加入其他变量之后，其偏离度的改进程度反映了这些变量对于 Y 的解释能力：

$$\text{零偏离度} - \text{偏离度} = -2(\ln L_1 - \ln L_0)$$

事实上，$2(\ln L_1 - \ln L_0)$ 正是检验原假设"除常数项外所有回归系数均为 0"的似然比检验的统计量。根据偏离度与零偏离度，很容易计算准 R^2：

$$\text{准} R^2 = \frac{\text{零偏离度} - \text{偏离度}}{\text{零偏离度}} = \frac{\ln L_0 - \ln L_1}{\ln L_0} \qquad (5.4.5)$$

5.4.3　预测概率

判断 Logit 模型拟合优劣的另一方法是计算正确预测的百分比。得到 Logit 模型的估计系数后，即可预测 $Y=1$ 的条件概率：

$$p = \frac{\exp(X'\beta)}{1 + \exp(X'\beta)} \quad 1 - p = \frac{1}{1 + \exp(X'\beta)} \qquad (5.4.6)$$

一般而言，默认预测概率阈值（用于分类的门槛值）为 0.5，如果预测事件发生的概率 $\hat{p} > 0.5$，则可预测事件发生 $\hat{Y} = 1$；反之，则预测事件不发生 $\hat{Y} = 0$。如果 $\hat{p} = 0.5$，则可预测 $\hat{Y} = 1$ 或 $\hat{Y} = 0$。

对于 Logit 模型，也可使用对数几率比来预测其响应变量的类别：

$$\ln\left(\frac{\hat{p}}{1 - \hat{p}}\right) = X'\beta \qquad (5.4.7)$$

如果对数几率比 $\ln\left(\dfrac{\hat{p}}{1 - \hat{p}}\right) > 0$，则可预测 $\hat{Y} = 1$。反之，如果 $\ln\left(\dfrac{\hat{p}}{1 - \hat{p}}\right) < 0$，则可预测 $\hat{Y} = 0$。若 $\ln\left(\dfrac{\hat{p}}{1 - \hat{p}}\right) = 0$，则可预测 $\hat{Y} = 1$ 或 $\hat{Y} = 0$。

将预测值与实际值（样本数据）进行比较，即可计算正确预测的百分比。

$$准确率 = \frac{\sum_{i=1}^{n} I(\hat{Y}_i = Y_i)}{n} \qquad (5.4.8)$$

其中，$I(\cdot)$ 为示性函数，如果其括号内的表达式为真，则取值为 1；反之，则取值为 0。$\sum_{i=1}^{n} I(\hat{Y}_i = Y_i)$ 为样本中正确预测的样本数，n 为样本容量。有时，我们更关注于错误预测的百分比，即错误率（error rate）或错分率（misclassification rate）：

$$错分率 = \frac{\sum_{i=1}^{n} I(\hat{Y}_i \neq Y_i)}{n} \qquad (5.4.9)$$

其中，$\sum_{i=1}^{n} I(\hat{Y}_i \neq Y_i)$ 为样本中错误预测的样本数。如果所考虑样本为训练集，则为训练误差；如果所考虑样本为测试集，则为测试误差。显然，准确率与错分率之和为 1。

■ 5.5 案例分析

Logit 模型的 Stata 命令：

```
logit y x1 x2 x3,or
```

其中，选择项 or 表示显示几率比，而不显示回归系数。

完成 Logit 估计后，可进行预测，计算准确预测的百分比，或计算边际效应：

```
predict y1      （计算发生概率的预测值，记为 y1）
estat clas      （计算准确预测的百分比，clas 表示 classification）
margins,dydx(*)           （计算所有解释变量的平均边际效应，*代表所有解释变量）
margins,dydx(*)atmeans      （计算所有解释变量在样本均值处的边际效应）
margins,dydx(*)at(x1=0)      （计算所有解释变量在 x1=0 处的边际效应）
margins,dydx(x1)      （计算解释变量 x1 的平均边际效应）
margins,eyex(*)      （计算平均弹性，其中两个 e 均指 elasticity）
margins,eydx(*)      （计算平均半弹性，x 变化一单位引起 y 变化百分之几）
margins,dyex(*)      （计算平均半弹性，x 变化 1%引起 y 变化几个单位）
```

下面以数据集 titanic.dta 为例，演示 Logit 模型的 Stata 估计。该数据集包括泰坦尼克号乘客的存活数据。泰坦尼克号邮轮是当时最大的客运轮船，在从英国南安普敦开往美国纽约的航途中于 1912 年 4 月 14 日撞冰山并于 15 日沉没。泰坦尼克号海难是和平时代死亡人数最多的海难之一（约死亡 1500 人，专家意见不一），也是最广为人知的海难之一（1997 年同名好莱坞电影热映）。此数据集由 Dawson（1995）提供，原始数据来自英国贸易委员会在沉船之后的调查。该数据集的被解释变量为 survive（存活=1，死亡=0）；解释变量包括 child（儿童=1，成年=0）、female（女性=1，男性=0）、class1（头等舱=1，其他=0）、class2（二等舱=1，其他=0）、class3（三等舱=1，其他=0）、class4（船员=1，其他=0）。在生死的紧要关头，各色人等存活概率几何？

首先打开数据集，看一下原始数据。

```
use titanic.dta,clear
list
```

原始数据如图 5.5.1 所示。

	class1	class2	class3	class4	child	female	survive	freq
1.	0	0	1	0	1	0	0	35
2.	0	0	1	0	1	1	0	17
3.	1	0	0	0	0	0	0	118
4.	0	1	0	0	0	0	0	154
5.	0	0	1	0	0	0	0	387
6.	0	0	0	1	0	0	0	670
7.	1	0	0	0	0	1	0	4
8.	0	1	0	0	0	1	0	13
9.	0	0	1	0	0	1	0	89
10.	0	0	0	1	0	1	0	3
11.	1	0	0	0	1	0	1	5
12.	0	1	0	0	1	0	1	11
13.	0	0	1	0	1	0	1	13
14.	1	0	0	0	1	1	1	1
15.	0	1	0	0	1	1	1	13
16.	0	0	1	0	1	1	1	14
17.	1	0	0	0	0	0	1	57
18.	0	1	0	0	0	0	1	14
19.	0	0	1	0	0	0	1	75
20.	0	0	0	1	0	0	1	192
21.	1	0	0	0	0	1	1	140
22.	0	1	0	0	0	1	1	80
23.	0	0	1	0	0	1	1	76
24.	0	0	0	1	0	1	1	20

图 5.5.1　数据输出样例

从图 5.5.1 可知，原始数据只有 24 个观测值，但每个观测值可能重复多次；其重复次数用最后一列变量 freq 来表示。比如，第一行数据显示，乘坐三等舱的男孩死亡者有 35 人；第二行数据显示，乘坐三等舱的女孩死亡者有 17 人；以此类推。对于这种观测值重复的数据，在进行计算与估计时，必须以重复次数（freq）作为权重才能得到正确的结果。其效果就相当于在数据文件中将第一行数据重复 35 次，第二行数据重复 17 次，以此类推。

假设观测值的重复次数记录于变量 freq 中，则在 Stata 中，可通过在命令的最后加上 [fweight=freq] 来实现加权计算或估计；其中，fweight 指 frequency weight（频数权重）。比如，首先考察各变量的统计特征。

sum[fweight=freq]

输出结果如图 5.5.2 所示。

Variable	Obs	Mean	Std. Dev.	Min	Max
class1	2,201	.1476602	.3548434	0	1
class2	2,201	.1294866	.335814	0	1
class3	2,201	.3207633	.466876	0	1
class4	2,201	.40209	.4904313	0	1
child	2,201	.0495229	.2170065	0	1
female	2,201	.2135393	.4098983	0	1
survive	2,201	.323035	.4677422	0	1
freq	2,201	329.2726	250.0362	1	670

图 5.5.2　变量统计特征的输出结果

从图 5.5.2 可知，样本容量为 2201（旅客与船员总人数），而非 24。从变量 survive 的平均值可知，泰坦尼克号的平均存活率为 0.32。下面分别计算小孩、女士及各等舱旅客的存活率。

```
sum survive if child[fweight=freq]
```
小孩、女士及各等舱旅客的存活率结果如图 5.5.3 至图 5.5.8 所示。

Variable	Obs	Mean	Std. Dev.	Min	Max
survive	109	.5229358	.5017807	0	1

图 5.5.3　小孩的存活率结果

```
sum survive if female[fweight=freq]
```

Variable	Obs	Mean	Std. Dev.	Min	Max
survive	470	.7319149	.4434342	0	1

图 5.5.4　女士的存活率结果

```
sum survive if class1[fweight=freq]
```

Variable	Obs	Mean	Std. Dev.	Min	Max
survive	325	.6246154	.4849687	0	1

图 5.5.5　一等舱的存活率结果

```
sum survive if class2[fweight=freq]
```

Variable	Obs	Mean	Std. Dev.	Min	Max
survive	285	.4140351	.493421	0	1

图 5.5.6　二等舱的存活率结果

```
sum survive if class3[fweight=freq]
```

Variable	Obs	Mean	Std. Dev.	Min	Max
survive	706	.2521246	.4345403	0	1

图 5.5.7　三等舱的存活率结果

```
sum survive if class4[fweight=freq]
```

Variable	Obs	Mean	Std. Dev.	Min	Max
survive	885	.239548	.427049	0	1

图 5.5.8　船员的存活率结果

从以上结果可知，小孩、女士、一等舱、二等舱的存活率分别为 0.52、0.73、0.62、0.41，高于平均存活率；而三等舱、船员的存活率分别为 0.25、0.24，低于平均存活率。

下面进行更深入的回归分析。首先使用 OLS 估计线性概率模型。

```
reg survive child female class1 class2 class3[fweight=freq]
```
回归结果如图 5.5.9 所示。

Source	SS	df	MS		Number of obs	=	2,201
					F(5, 2195)	=	148.64
Model	121.746889	5	24.3493778		Prob > F	=	0.0000
Residual	359.575237	2,195	.163815598		R-squared	=	0.2529
					Adj R-squared	=	0.2512
Total	481.322126	2,200	.218782785		Root MSE	=	.40474

survive	Coef.	Std. Err.	t	P>|t|	[95% Conf. Interval]	
child	.1812957	.0409676	4.43	0.000	.1009564	.261635
female	.4906798	.0230052	21.33	0.000	.4455656	.535794
class1	.1755538	.0279677	6.28	0.000	.1207079	.2303998
class2	-.0105263	.0288362	-0.37	0.715	-.0670753	.0460228
class3	-.1311806	.0216374	-6.06	0.000	-.1736124	-.0887487
_cons	.2267959	.0136184	16.65	0.000	.2000897	.2535021

图 5.5.9　线性概率模型的回归结果

其中，由于所有乘客分为四类（class1～class4），故只能放入三个虚拟变量（class1～class3）；而将虚拟变量 class4（船员）作为参考类别，不放入回归方程。图 5.5.9 显示，儿童、女士与头等舱旅客的存活几率比显著地更高，三等舱旅客的存活几率比显著地更低，而二等舱旅客的存活几率比与船员无显著差异。

其次，使用 Logit 进行估计。

```
logit survive child female class1 class2 class3[fweight=freq],
nolog
```

其中，选择项 nolog 表示不显示最大似然估计计算的迭代过程。

输出结果如图 5.5.10 所示。

Logistic regression				Number of obs	=	2,201
				LR chi2(5)	=	559.40
				Prob > chi2	=	0.0000
Log likelihood = -1105.0306				Pseudo R2	=	0.2020

survive	Coef.	Std. Err.	z	P>|z|	[95% Conf. Interval]	
child	1.061542	.2440257	4.35	0.000	.5832608	1.539824
female	2.42006	.1404101	17.24	0.000	2.144862	2.695259
class1	.8576762	.1573389	5.45	0.000	.5492976	1.166055
class2	-.1604188	.1737865	-0.92	0.356	-.5010342	.1801966
class3	-.9200861	.1485865	-6.19	0.000	-1.21131	-.6288619
_cons	-1.233899	.0804946	-15.33	0.000	-1.391666	-1.076133

图 5.5.10　输出结果

Logit 模型的估计结果在变量的显著性方面与 OLS 完全一致，图 5.5.10 显示，准 R^2 为 0.20。检验整个方程显著性的 LR 统计量为 559.40，对应的 p 值为 0.0000，故整个方程的联合显著性很高。由于此回归中解释变量均为虚拟变量，只能变化一个单位（由 0 到 1），为了便于解释回归结果，下面让 Stata 汇报几率比而不是系数。

```
logit survive child female class1 class2 class3[fweight=freq],
or nolog
```

输出结果如图 5.5.11 所示。

```
Logistic regression                          Number of obs    =      2,201
                                             LR chi2(5)       =     559.40
                                             Prob > chi2      =     0.0000
Log likelihood = -1105.0306                  Pseudo R2        =     0.2020
```

survive	Odds Ratio	Std. Err.	z	P>|z|	[95% Conf. Interval]	
child	2.890826	.7054359	4.35	0.000	1.791872	4.663769
female	11.24654	1.579128	17.24	0.000	8.540859	14.80936
class1	2.357675	.3709541	5.45	0.000	1.732036	3.209306
class2	.851787	.1480291	-0.92	0.356	.6059037	1.197453
class3	.3984847	.0592095	-6.19	0.000	.2978068	.5331983
_cons	.2911551	.0234364	-15.33	0.000	.2486608	.3409114

Note: **_cons** estimates baseline odds.

图 5.5.11　几率比的输出结果

从图 5.5.11 可知，儿童的生存几率比是成年人的近 3 倍（几率比是 2.89）；女士的存活几率比是男士的 11 倍多（几率比为 11.25）；头等舱旅客的存活几率比是船员的 2.36 倍；三等舱旅客的存活几率比只是船员的 39.8%；二等舱旅客的存活几率比也略低于船员（几率比为 0.85），但此差别在统计上显著（p 值为 0.356）。

为了与 OLS 估计的回归系数进行比较，下面计算 Logit 模型的平均边际效应。

`margins,dydx(*)`

输出结果如图 5.5.12 所示。

```
Average marginal effects                     Number of obs    =      2,201
Model VCE    : OIM

Expression   : Pr(survive), predict()
dy/dx w.r.t. : child female class1 class2 class3
```

	dy/dx	Delta-method Std. Err.	z	P>|z|	[95% Conf. Interval]	
child	.1732315	.0393799	4.40	0.000	.0960484	.2504147
female	.394926	.0171966	22.97	0.000	.3612214	.4286307
class1	.1399629	.0250922	5.58	0.000	.0907831	.1891427
class2	-.0261785	.0283616	-0.92	0.356	-.0817663	.0294093
class3	-.1501475	.0238334	-6.30	0.000	-.1968602	-.1034348

图 5.5.12　平均边际效应的输出结果

简单目测可知，Logit 模型的平均边际效应与 OLS 回归系数相差不大。为了演示，下面计算在样本均值处的边际效应。

`margins,dydx(*)atmeans`

输出结果如图 5.5.13 所示。

对比图 5.5.12 和图 5.5.13 的输出结果可知，在样本均值处的边际效应与平均边际效应有所不同。下面计算 Logit 模型准确预测的比率。

`estat clas`

输出结果如图 5.5.14 所示。

```
Conditional marginal effects                    Number of obs    =      2,201
Model VCE    : OIM

Expression   : Pr(survive), predict()
dy/dx w.r.t. : child female class1 class2 class3
at           : child          =     .0495229 (mean)
               female         =     .2135393 (mean)
               class1         =     .1476602 (mean)
               class2         =     .1294866 (mean)
               class3         =     .3207633 (mean)
```

	dy/dx	Delta-method Std. Err.	z	P>|z|	[95% Conf. Interval]	
child	.2223422	.0510772	4.35	0.000	.1222328	.3224516
female	.5068865	.0303542	16.70	0.000	.4473934	.5663797
class1	.179642	.0332374	5.40	0.000	.1144979	.2447861
class2	-.0336	.0363774	-0.92	0.356	-.1048983	.0376983
class3	-.1927139	.0308186	-6.25	0.000	-.2531173	-.1323105

图 5.5.13　样本均值处边际效应的输出结果

```
Logistic model for survive
```

	True		
Classified	D	~D	Total
+	349	126	475
-	362	1364	1726
Total	711	1490	2201

```
Classified + if predicted Pr(D) >= .5
True D defined as survive != 0
```

Sensitivity	Pr(+| D)	49.09%
Specificity	Pr(-|~D)	91.54%
Positive predictive value	Pr(D| +)	73.47%
Negative predictive value	Pr(~D| -)	79.03%
False + rate for true ~D	Pr(+|~D)	8.46%
False - rate for true D	Pr(-| D)	50.91%
False + rate for classified +	Pr(~D| +)	26.53%
False - rate for classified -	Pr(D| -)	20.97%
Correctly classified		77.83%

图 5.5.14　模型预测结果

　　图 5.5.14 显示，有 126 人被预测存活，但是实际死亡；362 人被预测死亡，但是实际存活，这两类都是错误预测。349 人被预测存活，实际也存活；1364 人被预测死亡，实际也死亡，这两类都是正确预测。正确预测的比率为

$$\frac{349+1364}{2201}=77.83\%$$

下面，根据 Logit 模型的回归结果，预测每位乘客的存活概率，并记为变量 prob。

```
predict prob
```

	prob	survive	freq
7.	.8853235	0	4
21.	.8853235	1	140

图 5.5.15　Rose 的存活概率结果

由此，可以考察给定某种特征旅客的生存概率。比如，计算 Rose（头等舱、成年、女性）的存活概率。

```
List prob survive freq if class1==1 &
child==0 & female==1
```

输出结果如图 5.5.15 所示。

从图 5.5.15 可知，Rose 的存活概率高达 88.5%。从概率上看，在所有头等舱的 144 位成年女性中，只有 4 位死亡。又比如，计算 Jack（三等舱、成年、男性）的存活概率。

```
List prob survive freq if class3==1 &
child==0 & female==0
```

输出结果如图 5.5.16 所示。

从图 5.5.16 可知，Jack 的存活概率仅有 10.4%。从概率上看，在所有三等舱的 462 位成年男性中，只有 75 位生还。如此看来，Jack 和 Rose 生死相隔是大概率事件。

	prob	survive	freq
5.	.1039594	0	387
19.	.1039594	1	75

图 5.5.16　Jack 的存活概率结果

Logit 回归的起源

Logistic 函数起源于 19 世纪对人口增长情况的研究。用 $W(t)$ 表示人口随时间 t 的变化，人口增长率为 $W(t)$ 的一阶导数：

$$W'(t) = \frac{\mathrm{d}W(t)}{\mathrm{d}t}$$

理想情况（如没有天敌、免于疾病等）下，可以简单地认为人口增长率 $W'(t)$ 和人口数 $W(t)$ 成正比——也就是说人口越多，人口增长率越高：

$$W'(t) = \beta W(t)$$

其中，β 为表示增长率的常数。求解上式就可以得到关于人口增长的几何增长模型（也称指数增长模型）：

$$W(t) = A \exp(\beta t)$$

A 也可以用初值 $W(0)$ 表示。上述模型是一个不考虑环境制约的模型，可以描述一些种群在开始时的增长情况——如早期的美国。但是，阿道夫·凯特勒（Adolphe Quetelet，1796～1874 年）意识到，地球上的人口不可能一直按照指数级增长下去，毕竟地球上的资源是有限的。于是他让自己的学生韦吕勒（P. F. Verhulst，1804～1849 年）研究一下这个问题。为了解决人口无限增长的问题，韦吕勒在增长率模型 $W'(t) = \beta W(t)$ 中增加了一个阻力项 $-\phi(W(t))$：

$$W'(t) = \beta W(t) - \phi(W(t))$$

随着人口数 $W(t)$ 的增加，人口增长的阻力也会越来越大。韦吕勒尝试了用不同的函数形式来表示 $\phi(\cdot)$，最终，他发现，如果用二次函数表示 $\phi(\cdot)$ 的话，就可以得到 Logistic 函数：$W'(t) = \beta W(t)[\Omega - W(t)]$。

其中，Ω 为人口上限，也就是环境资源所能承载的最大人口数；$W(t)$ 为 t 时刻的人口数，$\Omega - W(t)$ 为剩余容量空间，人口增长率 $W'(t)$ 和两者都有关。如果用函数 $P(t)$ 表示时间 t 的人口数占总人口的比例：

$$P(t) = \frac{W(t)}{\Omega}$$

那么，$P(t)$ 的一阶导数也可以类似地表示为

$$P'(t) = \beta P(t)[1 - P(t)]$$

求解上面的微分方程可以得到：

$$P(t) = \frac{\exp(\alpha + \beta t)}{1 + \exp(\alpha + \beta t)}$$

1845 年，韦吕勒在他发表的第二篇文章中正式将上面这个函数称为 Logistic 函数，并介绍了 Logistic 函数的一些性质。但是，原文中，他并没有解释他为什么用 Logistic 函数来命名。后人推测，韦吕勒创造出 Logistic 这个单词可能是为了效仿 arithmetic（算术）、geometry（几何）这两个单词。同时，也是为了和 logarithmic（对数的）做对比。事实上，Logarithm 这一单词也是由希腊语中 logos（比例、计算）和 arithmos（数字）两个单词合并而来的。在此后的七十几年里，Logistic 函数基本上都处于无人问津的状态，直到 1920 年，雷蒙德·佩尔和罗威尔·里德在研究美国人口增长时又重新发现了这种"S"形曲线。第一次世界大战期间，佩尔是美国食品管理局统计学部的主要负责人，正是这段时期的工作经历，使得佩尔对人口增长和粮食需求问题格外关注。

1920 年，佩尔与里德合作发表了题为《美国自 1790 年以来的人口增长率及其数学表达式》"On the rate of growth of the population of the United States since 1790 and its mathematical representation" 的研究。该文中，作者发现用一条"S"形曲线可以很好地拟合美国 1790～1910 年的人口数据。

值得一提的是，佩尔和里德当时并没有注意到韦吕勒的研究成果，他们对 Logistic 曲线的发现是独立的。1922 年，佩尔在另一篇文章的脚注中提到了韦吕勒，但是他并没有遵循韦吕勒的命名将这条"S"形曲线称为 Logistic 曲线。

直到 1925 年，英国统计学家尤尔（G. U. Yule，1871～1951 年）在当年的皇家统计学会（The Royal Statistical Society）的主席致辞中肯定了韦吕勒的贡献，并将这种"S"形曲线命名为 Logistic 曲线，这个名称一直沿用至今。

约瑟夫·伯克森（Joseph Berkson，1899～1982 年）在 1944 提出可以用 Logistic 函数替代正态分布的累积函数，将 the log of an odd 缩写为 Logit，于是相应的模型便被称为 Logit 模型。Logit 与 Logistic 形似，可凸显出 Logit 模型与 Logistic 函数的关联。

1974 年，McFadden 从随机效用理论出发，将 Logit 模型与 Gumbel 分布联系起来，奠定了 Logit 模型的理论基础——McFadden 本人因此获得了 2000 年的诺贝尔经济学奖。

■ 本 章 小 结

（1）假如个体只有两种选择，最简单的建模方法为线性概率模型，其优点是计算方便且容易得到边际效应。

（2）运用最大似然估计法估计 Logit 回归模型。

（3）在 Logit 回归模型中，边际效应通常不是常数。对于政策分析而言，使用平均边际效应，或在某代表值处的边际效应通常更有意义。

（4）几率比（相对风险）的经济意义与计算方法。

（5）在 Logit 回归模型中，用准 R^2 来判断拟合优度，用正确预测的百分比来评价 Logit 模型的优劣。

（6）运用 Stata 软件实现对 Logit 回归模型的构建。

第6章

主成分分析

主成分分析（principal component analysis，PCA）是一种常用的非监督模型，这一方法利用正交变换把由线性相关变量表示的观测数据转换为少数几个由线性无关变量表示的数据，线性无关的变量称为主成分。主成分的个数通常小于原始变量的个数，所以主成分分析属于降维方法。主成分分析降维就是为了在尽量保证信息量不丢失的情况下，对原始特征进行降维，也就是尽可能将原始特征往具有最大投影信息量的维度上进行投影，使降维后信息量损失最小。主成分分析主要用于发现数据中的基本结构，即数据中变量之间的关系，是数据分析的有力工具，也可用于其他机器学习方法的预处理。

■ 6.1 主成分分析的基本原理

6.1.1 主成分分析的基本思想

在对某一事物进行实证研究时，为了更全面、准确地反映事物的特征及发展规律，人们往往要考虑与其有关系的多个指标，这些指标在多元统计分析中也称为变量。这样就产生了如下问题：一方面人们为了避免遗漏重要的信息而考虑了尽可能多的指标；另一方面考虑的指标的增多增加了问题的复杂性，同时由于各指标均是对同一事物的反映，不可避免地会造成信息的大量重叠，这种信息的重叠有时甚至会抹杀事物的真正特征与内在规律。基于上述问题，人们就希望在定量研究中涉及的变量较少，而得到的信息量又较多。主成分分析正是研究如何通过原来变量的少数几个线性组合来解释原来变量的绝大多数信息的一种多元统计方法。

如果研究某一问题涉及的众多变量之间有一定的相关性，则必然存在着起支配作用的共同因素。根据这一点，主成分分析通过对原始变量的相关系数矩阵或协方差矩阵的内部关系的研究，利用原始变量的线性组合形成几个综合指标（主成分），在保留原始变量主要信息的前提下起到降维与简化问题的作用，使得在研究复杂问题的时候更容易抓住主要矛盾，一般来说，利用主成分分析得到的主成分与原始变量之间有如下关系。

（1）每一个主成分都是各原始变量的线性组合。

（2）主成分的数目大大少于原始变量的数目。

（3）主成分保留了原始变量的绝大多数信息。

（4）各主成分之间互不相关。

通过主成分分析，可以从事物之间错综复杂的关系中找出一些主要成分，从而能有效利用大量统计数据进行定量分析，揭示变量之间的内在关系，得到对事物特征及其发展规律的一些深层次的启发，把研究工作引向深入。

6.1.2　主成分分析的基本理论

设对某一事物的研究涉及 m 个指标，分别用 $X_1, X_2, \cdots, X_m$ 表示，这 m 个指标构成的 p 维随机向量为 $X = (X_1, X_2, \cdots, X_m)^{\mathrm{T}}$。设随机向量 X 的均值为 μ，协方差矩阵为 Σ。

对 X 进行线性变换，可以形成新的综合变量，用 Y 表示，即

$$\begin{cases} Y_1 = \mu_{11}X_1 + \mu_{12}X_2 + \cdots + \mu_{1m}X_m \\ Y_2 = \mu_{21}X_1 + \mu_{22}X_2 + \cdots + \mu_{2m}X_m \\ \qquad\qquad\qquad \vdots \\ Y_m = \mu_{m1}X_1 + \mu_{m2}X_2 + \cdots + \mu_{mm}X_m \end{cases} \tag{6.1.1}$$

其中，$\mu_{k1}^2 + \mu_{k2}^2 + \cdots + \mu_{km}^2 = 1$，$k = 1, 2, \cdots, m$。

由于可对原始变量任意地进行上述线性变换，故得到的综合变量 Y 的统计特性也各不相同。为了取得更好的效果，我们总是希望 $Y_i = \mu_i^{\mathrm{T}} X$ 的方差尽可能大，且各 Y_i 之间相互独立，由于

$$\mathrm{Var}(Y_i) = \mathrm{Var}(\mu_i^{\mathrm{T}} X) = \mu_i^{\mathrm{T}} \mathrm{Var}(x) \mu_i = \mu_i^{\mathrm{T}} \Sigma \mu_i \tag{6.1.2}$$

而对任意的常数 c，有

$$\mathrm{Var}(c\mu_i^{\mathrm{T}} X) = c^2 \mu_i^{\mathrm{T}} \Sigma \mu_i \tag{6.1.3}$$

因此对 μ_i 不加限制时，可使 $\mathrm{Var}(Y_i)$ 任意增大，问题将变得没有意义。我们将通过线性变换对下面的原则进行约束。

（1）$\mu_i^{\mathrm{T}} \mu_i = 1$（$i = 1, 2, \cdots, m$）。

（2）Y_i 与 Y_j 不相关（$i \neq j$；$i, j = 1, 2, \cdots, m$）。

（3）Y_1 是 $X_1, X_2, \cdots, X_m$ 的一切满足 $\mu_{k1}^2 + \mu_{k2}^2 + \cdots + \mu_{km}^2 = 1$ 的线性组合中方差最大者；Y_2 是与 Y_1 不相关的 $X_1, X_2, \cdots, X_m$ 的所有线性组合中方差最大者；以此类推，可以知道，Y_m 是与 $Y_1, Y_2, \cdots, Y_{m-1}$ 都不相关的 $X_1, X_2, \cdots, X_m$ 的所有线性组合中方差最大者。

由以上原则决定的综合变量 $Y_1, Y_2, \cdots, Y_m$ 分别称为原始变量的第一主成分，第二主成分，$\cdots$，第 m 主成分。其中，各综合变量在总方差中占的比重依次递减，在实际的研究工作中，通常只挑选前几个方差最大的主成分，从而达到降维和简化问题的目的。

6.1.3　主成分分析的几何意义

在处理涉及多个指标的问题的时候，为了提高分析的效率，可以不直接对 m 个指标构成的 p 维随机向量 $X = (X_1, X_2, \cdots, X_m)^{\mathrm{T}}$ 进行分析，而是先对向量 X 进行线性变换，形成少数几个新的综合变量 $Y_1, Y_2, \cdots, Y_m$，使得各综合变量之间相互独立且能解释原始变量尽可能多的信息，这样，可以在损失很少信息的前提下，达到简化数据结构、提高分析效率的目的。为了方便，我们仅在二维空间中讨论主成分分析的几何意义，所得结论可以很容易地扩展到多维的情况。

设有 N 个样品，每个样品有两个观测变量 X_1 和 X_2，在观测变量 X_1 和 X_2 组成的坐标空间中，N 个样品的散布情况如图 6.1.1 所示。

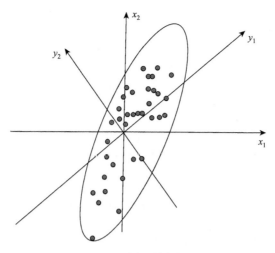

图 6.1.1　样品散布情况

由图 6.1.1 可以看出，这 N 个样品无论是沿 x_1 轴方向还是沿 x_2 轴方向，均有较大的离散性，其离散程度可以分别用观测变量 X_1 和 X_2 的方差定量地表示。显然，若只考虑 X_1 和 X_2 中的一个，原始数据中的信息均会有较大的损失。考虑 X_1 和 X_2 的线性组合，使原始样品的数据可以由新的变量 Y_1 和 Y_2 来刻画。在几何上表示就是将坐标轴按顺时针方向旋转 θ 角度，得到新坐标轴 y_1 和 y_2，坐标轴旋转公式如下：

$$\begin{cases} y_1 = x_1 \cos\theta + x_2 \sin\theta \\ y_2 = -x_1 \sin\theta + x_2 \cos\theta \end{cases}$$

其矩阵形式为

$$\begin{bmatrix} y_1 \\ y_2 \end{bmatrix} = \begin{bmatrix} \cos\theta & \sin\theta \\ -\sin\theta & \cos\theta \end{bmatrix} \begin{bmatrix} x_1 \\ x_2 \end{bmatrix} = Ux$$

其中，U 为旋转变换矩阵，由上式可知它是正交阵，即满足：

$$U^{\mathrm{T}} = U^{-1}, \quad U^{\mathrm{T}}U = 1$$

经过这样的旋转之后，N 个样品点在 y_1 轴上的离散程度最大，变量 Y_1 代表了原始数据的绝大部分信息，这样，即使不考虑变量 Y_2 也不会有很大的影响。经过上述旋转变换就可以把原始数据的信息集中到 y_1 轴上，这样就对数据中包含的信息起到了浓缩的作用。主成分分析的目的就是找出变换矩阵 U，而主成分分析的作用与几何意义也就很明了了。下面我们对服从正态分布的变量进行分析，以使主成分分析的几何意义更为明显。为方便起见，我们以二元正态分布为例。对于多元正态分布的情况，有类似的结论。

设观测变量 X_1 和 X_2 服从二元正态分布，分布的密度函数为

$$f(X_1, X_2) = \frac{1}{2\pi\sigma_1\sigma_2\sqrt{1-\rho^2}} \exp\left\{-\frac{1}{2\sigma_1^2\sigma_2^2\sqrt{1-\rho^2}}[(X_1-\mu_1)^2\sigma_2^2\right.$$
$$\left. -2\sigma_1\sigma_2\rho(X_1-\mu_1)(X_2-\mu_2)+(X_2-\mu_2)^2\sigma_1^2]\right\}$$

令 Σ 为观测变量 X_1 和 X_2 的协方差矩阵，其形式如下：

$$\Sigma = \begin{bmatrix} \sigma_1^2 & \sigma_1\sigma_2\rho \\ \sigma_1\sigma_2\rho & \sigma_2^2 \end{bmatrix}$$

令 $X = \begin{bmatrix} X_1 \\ X_2 \end{bmatrix}$, $\quad \mu = \begin{bmatrix} \mu_1 \\ \mu_2 \end{bmatrix}$。

则上述二元正态分布的密度函数有如下形式：

$$f(X_1, X_2) = \frac{1}{2\pi |\Sigma|^{\frac{1}{2}}} e^{-\frac{1}{2}(X-\mu)^T \Sigma^{-1}(X-\mu)}$$

考虑 $(X-\mu)^T \Sigma^{-1}(X-\mu) = d^2$（$d$ 为常数），为方便，不妨设 $\mu = 0$，上式有如下展开形式：

$$\frac{1}{1-\rho^2} \left[\left(\frac{X_1}{\sigma_1}\right)^2 - 2\rho \left(\frac{X_1}{\sigma_1}\right) \left(\frac{X_2}{\sigma_2}\right) + \left(\frac{X_2}{\sigma_2}\right)^2 \right] = d^2$$

令 $Z_1 = \frac{X_1}{\sigma_1}$, $Z_2 = \frac{X_2}{\sigma_2}$，则上面的方程变为

$$Z_1^2 - 2\rho Z_1 Z_2 + Z_2^2 = d^2(1-\rho^2)$$

这是一个椭圆方程。

又令 $\lambda_1 \geq \lambda_2 > 0$ 为 Σ 的特征根，r_1 和 r_2 为相应的标准正交特征向量。$P = (r_1, r_2)$，则 P 为正交阵，$\Lambda = \begin{bmatrix} \lambda_1 & 0 \\ 0 & \lambda_2 \end{bmatrix}$，有

$$\Sigma = P\Lambda P^T, \quad \Sigma^{-1} = P\Lambda^{-1}P^T$$

因此有

$$d^2 = (X-\mu)^T \Sigma^{-1}(X-\mu) = X^T \Sigma^{-1} X \quad (\mu = 0)$$

$$= X^T P\Lambda^{-1}P^T X = X^T \left(\frac{1}{\lambda_1} r_1 r_1^T + \frac{1}{\lambda_2} r_2 r_2^T \right) X$$

与上面一样，这也是一个椭圆方程，且在 y_1 和 y_2 构成的坐标系中，其主轴的方向恰恰是 Y_1 和 Y_2 坐标轴的方向。因为 $Y_1 = r_1^T X$，$Y_2 = r_2^T X$，所以，Y_1 和 Y_2 就是观测变量 X_1 和 X_2 的两个主成分，它们的方差分别为 λ_1 和 λ_2，在 Y_1 方向上集中了观测变量 X_1 的变差，在 Y_2 方向上集中了观测变量 X_2 的变差，经常有 λ_1 远大于 λ_2，这样，我们就可以只研究原始数据在 Y_1 方向上的变化而不至于损失过多信息。而 r_1 和 r_2 就是椭圆在原始坐标系中的主轴方向，也就是坐标轴转换的系数向量。对于多维的情况，上面的结论依然成立。

这样，我们就对主成分分析的几何意义有了一个充分的了解。主成分分析的过程无非就是坐标系旋转的过程，各主成分的表达式就是新坐标系与原坐标系的转换关系，在新坐标系中，各坐标轴的方向就是原始数据变差最大的方向。

■ 6.2　总体主成分分析

6.2.1　从协方差矩阵求解主成分

假设 $x = (x_1, x_2, \cdots, x_m)^T$ 是 m 维随机变量，其均值向量为

$$\mu = E(x) = (\mu_1, \mu_2, \cdots, \mu_m)^T \tag{6.2.1}$$

协方差矩阵为

$$\Sigma = \text{Cov}(x, x) = E[(x-\mu)(x-\mu)^T] \tag{6.2.2}$$

考虑由 m 维随机变量 x 到 m 维随机变量 $y = (y_1, y_2, \cdots, y_m)^T$ 的线性变换

$$y_i = a_i^T x = a_{1i} x_1 + a_{2i} x_2 + \cdots + a_{mi} x_m \tag{6.2.3}$$

其中，$a_i^T = (a_{1i}, a_{2i}, \cdots, a_{mi})$，$i = 1, 2, \cdots, m$。

由随机变量的性质可知：

$$E(y_i) = a_i^T \mu, \quad i = 1, 2, \cdots, m \tag{6.2.4}$$

$$\mathrm{Var}(y_i) = a_i^T \Sigma a_i, \quad i = 1, 2, \cdots, m \tag{6.2.5}$$

$$\mathrm{Cov}(y_i, y_j) = a_i^T \Sigma a_j, \quad i = 1, 2, \cdots, m; \ j = 1, 2, \cdots, m \tag{6.2.6}$$

定义 6.1　给定式（6.2.3）的一个线性变换，条件如下。

（1）系数向量 a_i^T 是单位向量，即 $a_i^T a_i = 1$，$i = 1, 2, \cdots, m$。

（2）变量 y_i 与 y_j 互不相关，即 $\mathrm{Cov}(y_i, y_j) = 0$（$i \neq j$）。

（3）变量 y_i 是 x 的所有线性变换中方差最大的；y_2 是与 y_1 不相关的 x 的所有线性变换中方差最大的；一般地，y_i 是与 $y_1, y_2, \cdots, y_{i-1}$（$i = 1, 2, \cdots, m$）都不相关的 x 的所有线性变换中方差最大的；这时分别称 $y_1, y_2, \cdots, y_m$ 为 x 的第一主成分，第二主成分，$\cdots$，第 m 主成分。

定义 6.1 中的条件（1）表明线性变换是正交变换，$\alpha_1, \alpha_2, \cdots, \alpha_m$ 是一组标准正交基，即

$$\alpha_i^T \alpha_j = \begin{cases} 1, & i = j \\ 0, & i \neq j \end{cases}$$

条件（2）和条件（3）给出了一种求主成分的方法。

第一步，在 x 的所有线性变换

$$\alpha_1^T x = \sum_{i=1}^{m} \alpha_{i1} x_i$$

中，在 $\alpha_1^T \alpha_1 = 1$ 的条件下，求出方差最大的，即为 x 的第一主成分。

第二步，在与 $\alpha_1^T x$ 不相关的 x 的所有线性变换

$$\alpha_2^T x = \sum_{i=1}^{m} \alpha_{i2} x_i$$

中，在 $\alpha_2^T \alpha_2 = 1$ 的条件下，求出方差最大的，即为 x 的第二主成分。

以此类推，第 k 步，在与 $\alpha_1^T x, \alpha_2^T x, \cdots, \alpha_{k-1}^T x$ 不相关的 x 的所有线性变换

$$\alpha_k^T x = \sum_{i=1}^{m} \alpha_{ik} x_i$$

中，在 $\alpha_k^T \alpha_k = 1$ 的条件下，求出方差最大的，即为 x 的第 k 主成分；继续计算得到 x 的第 m 主成分。

6.2.2　总体主成分分析的主要性质

首先叙述一个关于总体主成分的定理，这一定理阐释了总体主成分与协方差矩阵的特征值和特征向量的关系，同时也给出了一种求主成分的方法。

定理 6.1　设 x 是 m 维随机变量，Σ 是 x 的协方差矩阵，Σ 的特征值分别是 $\lambda_1 \geqslant \lambda_2 \geqslant \cdots \geqslant \lambda_m \geqslant 0$，特征值对应的单位特征向量分别是 $\alpha_1, \alpha_2, \cdots, \alpha_m$，则 x 的第 k 主成分是

$$y_k = \alpha_k^T x = \alpha_{1k} x_1 + \alpha_{2k} x_2 + \cdots + \alpha_{mk} x_m, \quad k = 1, 2, \cdots, m \tag{6.2.7}$$

x 的第 k 主成分的方差是

$$\mathrm{Var}(y_k) = \alpha_k^{\mathrm{T}} \Sigma \alpha_k \qquad (6.2.8)$$

即协方差矩阵 Σ 的第 k 个特征值。

证明 采用拉格朗日乘子法求出主成分。

首先求 x 的第一主成分 $y_1 = \alpha_1^{\mathrm{T}} x$，即求系数向量 α_1。由定义 6.1 可知，第一主成分的 α_1 是在 $\alpha_1^{\mathrm{T}} \alpha_1 = 1$ 的条件下，x 的所有线性变换中使方差

$$\mathrm{Var}(\alpha_1^{\mathrm{T}} x) = \alpha_1^{\mathrm{T}} \Sigma \alpha_1 \qquad (6.2.9)$$

达到最大的。

求第一主成分就是求解约束最优化问题：

$$\begin{cases} \max \alpha_1^{\mathrm{T}} \Sigma \alpha_1 \\ \mathrm{s.t.}\, \alpha_1^{\mathrm{T}} \alpha_1 = 1 \end{cases} \qquad (6.2.10)$$

定义拉格朗日函数：

$$\alpha_1^{\mathrm{T}} \Sigma \alpha_1 - \lambda(\alpha_1^{\mathrm{T}} \alpha_1 - 1) \qquad (6.2.11)$$

其中，λ 为拉格朗日乘子。将拉格朗日函数对 α_1 求导，并令其为 0，得

$$\Sigma \alpha_1 - \lambda \alpha_1 = 0$$

因此，λ 是 Σ 的特征值，α_1 是对应的单位特征向量。于是，目标函数

$$\alpha_1^{\mathrm{T}} \Sigma \alpha_1 = \alpha_1^{\mathrm{T}} \lambda \alpha_1 = \lambda \alpha_1^{\mathrm{T}} \alpha_1 = \lambda$$

假设 α_1 是 Σ 的最大特征值 λ_1 对应的单位特征向量，显然 α_1 与 λ_1 是最优问题的解。所以，α_1^{T} 构成第一主成分，其方差等于协方差矩阵的最大特征值：

$$\mathrm{Var}(\alpha_1^{\mathrm{T}} x) = \alpha_1^{\mathrm{T}} \Sigma \alpha_1 = \lambda_1 \qquad (6.2.12)$$

接着求 x 的第二主成分 $y_2 = \alpha_2^{\mathrm{T}} x$。第二主成分的 α_2 是在 $\alpha_2^{\mathrm{T}} \alpha_2 = 1$，且 $\alpha_2^{\mathrm{T}} x$ 与 $\alpha_1^{\mathrm{T}} x$ 不相关的条件下，x 的所有线性变换中使方差

$$\mathrm{Var}(\alpha_2^{\mathrm{T}} x) = \alpha_2^{\mathrm{T}} \Sigma \alpha_2 \qquad (6.2.13)$$

达到最大的。

求第二主成分就是求解约束最优化问题：

$$\begin{cases} \max \alpha_2^{\mathrm{T}} \Sigma \alpha_2 \\ \mathrm{s.t.}\, \alpha_1^{\mathrm{T}} \alpha_2 = 0,\quad \alpha_2^{\mathrm{T}} \alpha_1 = 0,\quad \alpha_2^{\mathrm{T}} \alpha_2 = 1 \end{cases} \qquad (6.2.14)$$

注意到

$$\alpha_1^{\mathrm{T}} \Sigma \alpha_2 = \alpha_2^{\mathrm{T}} \Sigma \alpha_1 = \alpha_2^{\mathrm{T}} \lambda_1 \alpha_1 = \lambda_1 \alpha_2^{\mathrm{T}} \alpha_1 = \lambda_1 \alpha_1^{\mathrm{T}} \alpha_2$$

以及

$$\alpha_1^{\mathrm{T}} \alpha_2 = 0,\quad \alpha_2^{\mathrm{T}} \alpha_1 = 0$$

定义拉格朗日函数：

$$\alpha_2^{\mathrm{T}} \Sigma \alpha_2 - \lambda(\alpha_2^{\mathrm{T}} \alpha_2 - 1) - \phi \alpha_2^{\mathrm{T}} \alpha_1 \qquad (6.2.15)$$

其中，λ、ϕ 为拉格朗日乘子。对 α_2 求导，并令其为 0，得

$$2\Sigma \alpha_2 - 2\lambda \alpha_2 - \phi \alpha_1 = 0 \qquad (6.2.16)$$

将方程（6.2.16）左边乘以 α_1^{T} 有

$$2\alpha_1^{\mathrm{T}} \Sigma \alpha_2 - 2\lambda \alpha_1^{\mathrm{T}} \alpha_2 - \phi \alpha_1^{\mathrm{T}} \alpha_1 = 0$$

上式前两项为 0，且 $\alpha_1^{\mathrm{T}} \alpha_1 = 1$，导出 $\phi = 0$。因此式（6.2.16）成为

$$\Sigma \alpha_2 - \lambda \alpha_2 = 0$$

由此，λ 是 Σ 的特征值，α_2 是对应的单位特征向量。于是，目标函数

$$\alpha_2^{\mathrm{T}} \Sigma \alpha_2 = \alpha_2^{\mathrm{T}} \lambda \alpha_2 = \lambda \alpha_2^{\mathrm{T}} \alpha_2 = \lambda$$

假设 α_2 是 Σ 第二大特征值 λ_2 对应的单位特征向量，显然 α_2 与 λ_2 是以上最优化问题的解。于是 $\alpha_2^{\mathrm{T}} x$ 构成第二主成分，其方差等于协方差矩阵的第二大特征值：

$$\operatorname{Var}(\alpha_2^{\mathrm{T}} x) = \alpha_2^{\mathrm{T}} \Sigma \alpha_2 = \lambda_2 \tag{6.2.17}$$

一般地，x 的第 k 主成分是 $\alpha_k^{\mathrm{T}} x$，并且 $\operatorname{Var}(\alpha_k^{\mathrm{T}} x) = \lambda_k$，这里 λ_k 是 Σ 的第 k 个特征值并且 α_k 是对应的单位特征向量。

按照上述方法求得第一、第二直到第 m 主成分，其系数向量 $\alpha_1, \alpha_2, \cdots, \alpha_m$ 分别是 Σ 的第一个、第二个直到第 m 个单位特征向量，$\lambda_1, \lambda_2, \cdots, \lambda_m$ 分别是对应的特征值。并且，第 k 主成分的方差等于 Σ 的第 k 个特征值：

$$\operatorname{Var}(\alpha_k^{\mathrm{T}} x) = \alpha_k^{\mathrm{T}} \Sigma \alpha_k = \lambda_k \tag{6.2.18}$$

证毕。

推论 6.1　m 维随机变量 $y = (y_1, y_2, \cdots, y_m)^{\mathrm{T}}$ 的分量依次是 x 的第一主成分到第 m 主成分的充要条件如下。

（1）$y = A^{\mathrm{T}} x$，A 为正交矩阵

$$A = \begin{pmatrix} \alpha_{11} & \cdots & \alpha_{1m} \\ \vdots & & \vdots \\ \alpha_{m1} & \cdots & \alpha_{mm} \end{pmatrix}$$

（2）y 的协方差矩阵为对角矩阵

$$\operatorname{Cov}(y) = \operatorname{diag}(\lambda_1, \lambda_2, \cdots, \lambda_m), \quad \lambda_1 \geqslant \lambda_2 \geqslant \cdots \geqslant \lambda_m$$

其中，λ_k 为 Σ 的第 k 个特征值，α_k 是对应的特征向量，$k = 1, 2, \cdots, m$。即

$$\Sigma \alpha_k = \lambda_k \alpha_k, \quad k = 1, 2, \cdots, m \tag{6.2.19}$$

用矩阵表示即为

$$\Sigma A = A\Lambda \tag{6.2.20}$$

这里的 $A = [\alpha_{ij}]_{m \times m}$，$\Lambda$ 是对角矩阵，其第 k 个对角元素是 λ_k。因为 A 是正交矩阵，即 $A^{\mathrm{T}} A = AA^{\mathrm{T}} = I$，由式（6.2.20）可以得到式（6.2.21）和式（6.2.22）。

$$A^{\mathrm{T}} \Sigma A = \Lambda \tag{6.2.21}$$

$$\Sigma = A\Lambda A^{\mathrm{T}} \tag{6.2.22}$$

下面叙述总体主成分的性质。

（1）总体主成分 y 的协方差矩阵是对角矩阵

$$\operatorname{Cov}(y) = \operatorname{diag}(\lambda_1, \lambda_2, \cdots, \lambda_m), \quad \lambda_1 \geqslant \lambda_2 \geqslant \cdots \geqslant \lambda_m \tag{6.2.23}$$

（2）总体主成分 y 的方差之和等于随机变量 x 的方差之和，即

$$\sum_{i=1}^{m} \lambda_i = \sum_{i=1}^{m} \sigma_{ii} \tag{6.2.24}$$

其中，σ_{ii} 为随机变量 x_i 的方差，即协方差矩阵 Σ 的对角元素。事实上，由式（6.2.22）及矩阵的迹的性质，可知

$$\sum_{i=1}^{m} \operatorname{Var}(x_i) = \operatorname{tr}(\Sigma^{\mathrm{T}}) = \operatorname{tr}(A\Lambda A^{\mathrm{T}}) = \operatorname{tr}(A^{\mathrm{T}} \Lambda A)$$

$$\tag{6.2.25}$$

$$= \operatorname{tr}(\Lambda) = \sum_{i=1}^{m} \lambda_i = \sum_{i=1}^{m} \operatorname{Var}(y_i)$$

（3）第 k 个主成分 y_k 与变量 x_i 的相关系数 $\rho(y_k,x_i)$ 称为因子载荷（factor loading），它表示第 k 个主成分 y_k 与变量 x_i 的相关关系。因子载荷是主成分分析中非常重要的解释依据，因子载荷绝对值的大小刻画了该主成分的主要意义及成因。计算公式是

$$\rho(y_k,x_i)=\frac{\sqrt{\lambda_k}\,\alpha_{ik}}{\sqrt{\sigma_{ii}}},\quad k,i=1,2,\cdots,m \tag{6.2.26}$$

因为

$$\rho(y_k,x_i)=\frac{\mathrm{Cov}(y_k,x_i)}{\sqrt{\mathrm{Var}(y_k)\mathrm{Var}(x_i)}}=\frac{\mathrm{Cov}(\alpha_k^\mathrm{T}x,e_i^\mathrm{T}x)}{\sqrt{\lambda_k}\sqrt{\sigma_{ii}}}$$

其中， e_i 为基本向量单位，其第 i 个分量为1，其余为0。再由协方差的性质

$$\mathrm{Cov}(\alpha_k^\mathrm{T}x,e_i^\mathrm{T}x)=\alpha_k^\mathrm{T}\Sigma e_i=e_i^\mathrm{T}\Sigma\alpha_k=\lambda_k e_i^\mathrm{T}\alpha_k=\lambda_k\alpha_{ik}$$

故得式（6.2.26）。

（4）第 k 个主成分 y_k 与 m 个变量的因子载荷满足

$$\sum_{i=1}^m \sigma_{ii}\rho^2(y_k,x_i)=\lambda_k \tag{6.2.27}$$

由式（6.2.26）有

$$\sum_{i=1}^m \sigma_{ii}\rho^2(y_k,x_i)=\sum_{i=1}^m \lambda_k\alpha_{ik}^2=\lambda_k\alpha_k^\mathrm{T}\alpha_k=\lambda_k$$

（5）第 m 个主成分与第 i 个变量 x_i 的因子载荷满足

$$\sum_{i=1}^m \rho^2(y_k,x_i)=1 \tag{6.2.28}$$

由于 $y_1,y_2,\cdots,y_m$ 互不相关，故

$$\rho^2(x_i,(y_1,y_2,\cdots,y_m))=\sum_{i=1}^m \rho^2(y_k,x_i)$$

又因为 x_i 可以表示为 $y_1,y_2,\cdots,y_m$ 的线性组合，所以 x_i 与 $y_1,y_2,\cdots,y_m$ 的相关系数的平方为1，即

$$\rho^2(x_i,(y_1,y_2,\cdots,y_m))=1$$

6.2.3 主成分的个数

主成分分析的主要目的是降维，所以一般选择 k（$k\ll m$）个主成分（线性无关的变量）来代替 m 个原有变量（线性相关量），使问题得以简化，并能保留原有变量的大部分信息。这里所说的信息是指原有变量的方差。为此，我们先说明选择 k 个主成分是最优选择。

定理 6.2 对任意正整数 q ， $1\leqslant q\leqslant m$ ，考虑正交线性变换

$$y=B^\mathrm{T}x \tag{6.2.29}$$

其中， y 为 q 维向量； B^T 为 $q\times m$ 阶矩阵。令 y 的协方差矩阵为

$$\Sigma_y=B^\mathrm{T}\Sigma B \tag{6.2.30}$$

则 Σ_y 的迹 $\mathrm{tr}(\Sigma_y)$ 在 $B=A_q$ 时取得最大值，其中矩阵 A_q 由正交矩阵 A 的前 q 列组成。

证明　令 β_k 是 B 的第 k 列，由于正交矩阵 A 的列构成 m 维空间的基，所以 β_k 可以由 A 的列表示，即

$$\beta_k = \sum_{j=1}^{m} c_{jk}\alpha_j, \quad k=1,2,\cdots,q \tag{6.2.31}$$

等价地

$$B = AC \tag{6.2.32}$$

其中，C 为 $m\times q$ 阶矩阵，其第 j 行、第 k 列元素为 c_{jk}。

首先，

$$B^{\mathrm{T}}\varSigma B = C^{\mathrm{T}}A^{\mathrm{T}}\varSigma AC = C^{\mathrm{T}}\varLambda C = \sum_{j=1}^{m}\lambda_j c_j c_j^{\mathrm{T}}$$

其中，c_j^{T} 为 C 的第 j 列。因此

$$\operatorname{tr}(B^{\mathrm{T}}\varSigma B) = \sum_{j=1}^{m}\lambda_j\operatorname{tr}(c_j c_j^{\mathrm{T}}) = \sum_{j=1}^{m}\lambda_j\operatorname{tr}(c_j^{\mathrm{T}} c_j) = \sum_{j=1}^{m}\lambda_j c_j^{\mathrm{T}} c_j = \sum_{j=1}^{m}\sum_{k=1}^{q}\lambda_j c_{jk}^2 \tag{6.2.33}$$

其次，由式（6.2.32）及 A 的正交性可知

$$C = A^{\mathrm{T}}B$$

由于 A 是正交的，B 的列是正交的，所以

$$C^{\mathrm{T}}C = B^{\mathrm{T}}AA^{\mathrm{T}}B = B^{\mathrm{T}}B = I_q$$

即 C 的列也是正交的。于是

$$\operatorname{tr}(C^{\mathrm{T}}C) = \operatorname{tr}(I_q)$$

$$\sum_{j=1}^{m}\sum_{k=1}^{q}c_{jk}^2 = q \tag{6.2.34}$$

这样，矩阵 C 可以认为是某个 m 阶正交矩阵 D 的前 q 列。正交矩阵 D 的行也正交，所以满足

$$d_j^{\mathrm{T}}d_j = 1, \quad j=1,2,\cdots,m$$

其中，d_j^{T} 为 D 的第 j 行。由于矩阵 D 的行包括矩阵 C 的行的前 q 个元素，所以

$$c_j^{\mathrm{T}}c_j \leqslant 1, \quad j=1,2,\cdots,m$$

即

$$\sum_{k=1}^{q}c_{jk}^2 \leqslant 1, \quad j=1,2,\cdots,m \tag{6.2.35}$$

注意到在式（6.2.33）中，$\sum_{k=1}^{q}c_{jk}^2$ 是 λ_j 的系数，由式（6.2.34）可知，这些系数之和是 q，且由式（6.2.35）可知这些系数小于等于 1。因为 $\lambda_1\geqslant\lambda_2\geqslant\cdots\geqslant\lambda_q\geqslant\cdots\geqslant\lambda_m$，当能找到 c_{jk} 使得

$$\sum_{k=1}^{q}c_{jk}^2 = \begin{cases} 1, & j=1,2,\cdots,q \\ 0, & j=q+1,\cdots,m \end{cases} \tag{6.2.36}$$

时，$\sum_{j=1}^{m}\left(\sum_{k=1}^{q}c_{jk}^2\right)\lambda_j$ 最大。而当 $B=A_q$ 时，有

$$c_{jk} = \begin{cases} 1, & 1\leqslant j=k\leqslant q \\ 0, & \text{其他} \end{cases}$$

满足式（6.2.36）。所以，当 $B = A_q$ 时，$\text{tr}(\Sigma_y)$ 达到最大值。

定理 6.2 表明，当 x 的线性变换 y 满足 $B = A_q$ 时，其协方差矩阵 Σ_y 的迹 $\text{tr}(\Sigma_y)$ 取得最大值，也就是说，当取 A 的前 q 列，即取变量 x 的前 q 个主成分时，能够最大限度地保留原有变量的方差的信息。

定理 6.3　考虑正交变换

$$y = B^{\mathrm{T}} x$$

这里 B^{T} 是 $p \times m$ 阶矩阵，A 和 Σ_y 的定义与定理 6.2 相同，则 $\text{tr}(\Sigma_y)$ 在 $B = A_p$ 时取最小值，其中矩阵 A_p 由 A 的后 p 列组成。

证明过程类似定理 6.2，当舍弃 A 的后 p 列，即舍弃变量 x 的后 p 个主成分时，原有变量的方差的信息损失最少。

定理 6.2 和定理 6.3 可以作为选择 k 个主成分的理论依据。具体选择 k 的方法，通常为方差贡献率。

定义 6.2　第 k 主成分 y_k 的方差贡献率定义为 y_k 的方差与所有方差之和的比，记作 η_k

$$\eta_k = \frac{\lambda_k}{\sum\limits_{i=1}^{m} \lambda_i} \tag{6.2.37}$$

k 个主成分 $y_1, y_2, \cdots, y_k$ 的累计方差贡献率定义为 k 个方差之和与所有方差之和的比，即

$$\sum_{i=1}^{k} \eta_i = \frac{\sum\limits_{i=1}^{k} \lambda_i}{\sum\limits_{i=1}^{m} \lambda_i} \tag{6.2.38}$$

通常以所取 k 使得累计方差贡献率达到 85% 以上为宜，这样，既能使信息损失不太多，又能达到减少变量、简化问题的目的。

累计方差贡献率反映了主成分保留信息的比例，但它不能反映某个原有变量 x_i 保留信息的比例，这时通常利用 k 个主成分 $y_1, y_2, \cdots, y_k$ 对原有变量 x_i 的贡献率来进行分析。

定义 6.3　k 个主成分 $y_1, y_2, \cdots, y_k$ 对原有变量 x_i 的贡献率定义为 x_i 与 $y_1, y_2, \cdots, y_k$ 的相关系数的平方，记作 v_i

$$v_i = \rho^2(x_i, (y_1, y_2, \cdots, y_k))$$

其计算公式如下：

$$v_i = \rho^2(x_i, (y_1, y_2, \cdots, y_k)) = \sum_{j=1}^{k} \rho^2(x_i, y_j) = \sum_{j=1}^{k} \frac{\lambda_j \alpha_{ij}^2}{\sigma_{ii}} \tag{6.2.39}$$

6.2.4　从相关系数矩阵出发求解主成分

在实际问题中，不同的变量可能有不同的量纲，直接求主成分有时会产生不合理的结果，为了解决这个问题，常常对各个随机变量进行规范化处理，使其均值为 0，方差为 1。

设 $x = (x_1, x_2, \cdots, x_m)^{\mathrm{T}}$ 为 m 维随机变量，x_i 为第 i 个随机变量，$i = 1, 2, \cdots, m$，令

$$x_i^* = \frac{x_i - E(x_i)}{\sqrt{\text{Var}(x_i)}}, \quad i = 1, 2, \cdots, m \tag{6.2.40}$$

其中，$E(x_i)$、$\mathrm{Var}(x_i)$ 分别为随机变量 x_i 的均值和方差，这时 x_i^* 就是 x_i 的规范化随机变量。

显然，规范化随机变量的协方差矩阵就是相关系数矩阵 R。主成分分析通常在规范化随机变量的协方差矩阵即相关系数矩阵上进行。

对照总体主成分的性质可知，规范化随机变量的总体主成分有以下性质。

（1）规范化随机变量的总体主成分的协方差矩阵是

$$\Lambda^* = \mathrm{diag}(\lambda_1^*, \lambda_2^*, \cdots, \lambda_m^*) \tag{6.2.41}$$

其中，$\lambda_1^* \geq \lambda_2^* \geq \cdots \geq \lambda_m^* \geq 0$ 称为相关系数矩阵 R 的特征值。

（2）协方差矩阵特征值之和为 m

$$\sum_{k=1}^{m} \lambda_k^* = m \tag{6.2.42}$$

（3）规范化随机变量 x_i^* 与主成分 y_k^* 的相关系数（因子载荷）为

$$\rho(y_k^*, x_i^*) = \sqrt{\lambda_k^*}\, e_{ik}^*, \quad i, k = 1, 2, \cdots, m \tag{6.2.43}$$

其中，$e_k^* = (e_{1k}^*, e_{2k}^*, \cdots, e_{mk}^*)^{\mathrm{T}}$ 为矩阵 R 对应特征值 λ_k^* 的特征向量。

（4）所有规范化随机变量 x_i^* 与主成分 y_k^* 的相关系数的平方和等于 λ_k^*，即

$$\sum_{i=1}^{m} \rho^2(y_k^*, x_i^*) = \sum_{i=1}^{m} \lambda_k^* e_{ik}^{*\,2} = \lambda_k^*, \quad k = 1, 2, \cdots, m \tag{6.2.44}$$

（5）规范化随机变量 x_i^* 与所有主成分 y_k^* 的相关系数的平方和等于 1，即

$$\sum_{k=1}^{m} \rho^2(y_k^*, x_i^*) = \sum_{k=1}^{m} \lambda_k^* e_{ik}^{*\,2} = 1, \quad i = 1, 2, \cdots, m \tag{6.2.45}$$

6.3 样本主成分分析

6.2 节叙述的总体主成分分析，是定义在总体上的。然而在实际问题中，常常需要在观测数据上进行主成分分析，这就是样本主成分分析。通过总体主成分分析的概念，人们很容易理解样本主成分分析的概念。

6.3.1 样本主成分的定义与性质

假设对 m 维随机变量 $x = (x_1, x_2, \cdots, x_m)^{\mathrm{T}}$ 进行 n 次独立观测，$x_1, x_2, \cdots, x_m$ 表示观测样本，其中 $x_j = (x_{1j}, x_{2j}, \cdots, x_{mj})^{\mathrm{T}}$ 表示第 j 个观测样本，x_{ij} 表示第 j 个观测样本的第 i 个变量，$j = 1, 2, \cdots, n$。观测数据用样本矩阵 X 表示，记作

$$X = [x_1, x_2, \cdots, x_m] = \begin{bmatrix} x_{11} & \cdots & x_{1n} \\ \vdots & & \vdots \\ x_{n1} & \cdots & x_{nn} \end{bmatrix} \tag{6.3.1}$$

给定样本矩阵 X，可以估计样本均值及样本协方差。样本均值向量 $\bar{x}$ 为

$$\bar{x} = \frac{1}{n} \sum_{j=1}^{n} x_j \tag{6.3.2}$$

样本协方差矩阵 S 为

$$S = [s_{ij}]_{m \times m}$$

$$s_{ij} = \frac{1}{n-1}\sum_{k=1}^{n}(x_{ik}-\overline{x}_i)(x_{jk}-\overline{x}_j), \quad i,j=1,2,\cdots,m \tag{6.3.3}$$

其中，$\overline{x}_i = \frac{1}{n}\sum_{k=1}^{n}x_{ik}$ 为第 i 个变量的样本均值，$\overline{x}_j = \frac{1}{n}\sum_{k=1}^{n}x_{jk}$ 为第 j 个变量的样本均值。

样本相关系数矩阵 R 为

$$R=[r_{ij}]_{m\times m}$$

$$r_{ij} = \frac{s_{ij}}{\sqrt{s_{ii}s_{jj}}}, \quad i,j=1,2,\cdots,m \tag{6.3.4}$$

定义 m 维向量 $x=(x_1,x_2,\cdots,x_m)^{\mathrm{T}}$ 到 m 维向量 $y=(y_1,y_2,\cdots,y_m)^{\mathrm{T}}$ 的线性变换

$$y=A^{\mathrm{T}}x \tag{6.3.5}$$

其中

$$A=[\alpha_1,\alpha_2,\cdots,\alpha_m]=\begin{bmatrix}\alpha_{11}&\cdots&\alpha_{1m}\\\vdots&&\vdots\\\alpha_{m1}&\cdots&\alpha_{mm}\end{bmatrix}$$

$$\alpha_i=(\alpha_{1i},\alpha_{2i},\cdots,\alpha_{mi})^{\mathrm{T}}, \quad i=1,2,\cdots,m$$

考虑式（6.3.5）的任意一个线性变换

$$y_i=\alpha_i^{\mathrm{T}}x=\alpha_{1i}x_1+\alpha_{2i}x_2+\cdots+\alpha_{mi}x_m, \quad i=1,2,\cdots,m \tag{6.3.6}$$

其中，y_i 为 m 维向量 y 的第 i 个变量。

在容量为 n 的样本 $x_1,x_2,\cdots,x_n$ 中，y_i 的样本均值 $\overline{y}_i$ 为

$$\overline{y}_i=\frac{1}{n}\sum_{j=1}^{n}\alpha_i^{\mathrm{T}}x_j=\alpha_i^{\mathrm{T}}\overline{x} \tag{6.3.7}$$

其中，$\overline{x}$ 为随机向量 x 的样本均值。

y_i 的样本方差 $\mathrm{Var}(y_i)$ 为

$$\mathrm{Var}(y_i)=\frac{1}{n-1}\sum_{j=1}^{n}(\alpha_i^{\mathrm{T}}x_j-\alpha_i^{\mathrm{T}}\overline{x})^2$$
$$=\alpha_i^{\mathrm{T}}\left[\frac{1}{n-1}\sum_{j=1}^{n}(x_j-\overline{x})(x_j-\overline{x})^{\mathrm{T}}\right]\alpha_i=\alpha_i^{\mathrm{T}}S\alpha_i \tag{6.3.8}$$

对任意两个线性变换 $y_i=\alpha_i^{\mathrm{T}}x$，$y_k=\alpha_k^{\mathrm{T}}x$，相应于容量为 n 的样本 $x_1,x_2,\cdots,x_n$，y_i,y_k 的样本协方差为

$$\mathrm{Cov}(y_i,y_k)=\alpha_i^{\mathrm{T}}S\alpha_k$$

现在给出样本主成分的定义。

定义 6.4 样本主成分：给定样本矩阵 X，样本第一主成分 $y_1=\alpha_1^{\mathrm{T}}x$ 是在 $\alpha_1^{\mathrm{T}}\alpha_1=1$ 条件下，使得 $\alpha_1^{\mathrm{T}}x_j$（$j=1,2,\cdots,n$）的样本方差 $\alpha_1^{\mathrm{T}}S\alpha_1$ 最大的 x 的线性变换；样本第二主成分 $y_2=\alpha_2^{\mathrm{T}}x$ 是在 $\alpha_2^{\mathrm{T}}\alpha_2=1$ 和 $\alpha_2^{\mathrm{T}}x_j$ 与 $\alpha_1^{\mathrm{T}}x_j$（$j=1,2,\cdots,n$）的样本方差 $\alpha_1^{\mathrm{T}}S\alpha_2=0$ 的条件下，使得 $\alpha_2^{\mathrm{T}}x_j$（$j=1,2,\cdots,n$）的样本方差 $\alpha_2^{\mathrm{T}}S\alpha_2$ 最大的 x 的线性变换；一般地，样本第 i 主成分 $y_i=\alpha_i^{\mathrm{T}}x$ 是在 $\alpha_i^{\mathrm{T}}\alpha_i=1$ 和 $\alpha_i^{\mathrm{T}}x_j$ 与 $\alpha_k^{\mathrm{T}}x_j$（$k<j,j=1,2,\cdots,n$）的样本方差 $\alpha_k^{\mathrm{T}}S\alpha_i=0$ 的条件下，使得 $\alpha_i^{\mathrm{T}}x_j$（$j=1,2,\cdots,n$）的样本方差 $\alpha_i^{\mathrm{T}}S\alpha_i$ 最大的 x 的线性变换。

样本主成分与总体主成分具有同样的性质，这从样本主成分的定义可以看出，只要用样本协方差矩阵 S 代替总体协方差矩阵 $\varSigma$ 即可。总体主成分的定理 6.2 和定理 6.3 对样本主成分依然成立。

在使用样本主成分时，一般假设样本数据是规范化的，即对样本矩阵做如下变换：

$$x_{ij}^* = \frac{x_{ij} - \overline{x}_i}{\sqrt{s_{ii}}}, \quad i = 1,2,\cdots,m; \quad j = 1,2,\cdots,n \tag{6.3.9}$$

其中，

$$\overline{x}_i = \frac{1}{n}\sum_{j=1}^{n} x_{ij}, \quad i = 1,2,\cdots,m$$

$$s_{ii} = \frac{1}{n-1}\sum_{j=1}^{n}(x_{ij} - \overline{x}_i)^2, \quad i = 1,2,\cdots,m$$

因此，样本协方差矩阵 S 就是样本相关系数矩阵 R

$$R = \frac{1}{n-1}XX^{\mathrm{T}} \tag{6.3.10}$$

样本协方差矩阵 S 是总体协方差矩阵 $\varSigma$ 的无偏估计，样本相关系数矩阵 R 是总体相关系数矩阵的无偏估计，S 的特征值和特征向量是 $\varSigma$ 的特征值和特征向量的极大似然估计。

6.3.2　主成分的计算步骤

求解主成分就是求满足以上约束的原始变量 $X_1, X_2, \cdots, X_m$ 的线性组合。主成分就是在保留原始变量尽可能多的信息的前提下达到降维的目的，而所谓的保留尽可能多的信息，也就是让变换后所选择的少数几个主成分的方差之和尽可能地接近原始变量方差的总和。

（1）对观测数据按式（6.3.9）进行规范化处理，得到规范化数据矩阵。

（2）根据规范化数据矩阵，计算样本相关系数矩阵 R

$$R = \begin{pmatrix} r_{11} & \cdots & r_{1m} \\ \vdots & & \vdots \\ r_{m1} & \cdots & r_{mm} \end{pmatrix} = \frac{1}{n-1}XX^{\mathrm{T}} \tag{6.3.11}$$

其中，r_{ij}（$i,j=1,2,\cdots,m$）为原变量的 x_i 与 x_j 之间的相关系数，其计算公式为

$$r_{ij} = \frac{1}{n-1}\sum_{l=1}^{n} x_{il}x_{lj}, \quad i,j = 1,2,\cdots,m \tag{6.3.12}$$

（3）计算特征值与特征向量。

首先解特征方程 $|\lambda I - R| = 0$，求出特征值 λ_i，并使其按大小顺序排列，即 $\lambda_1 \geqslant \lambda_2 \geqslant \cdots \geqslant \lambda_m \geqslant 0$。

其次求方差贡献率 $\sum_{i=1}^{k}\eta_i$ 达到预定值的主成分个数 k。

最后求出前 k 个特征值对应的单位特征向量 $\alpha_i = (\alpha_{1i}, \alpha_{2i}, \cdots, \alpha_{mi})^{\mathrm{T}}$，$i = 1,2,\cdots,k$。

（4）求 k 个样本主成分。

以 k 个单位特征向量为系数进行线性变换，求出 k 个样本主成分

$$y_i = \alpha_i^{\mathrm{T}} x, \quad i = 1,2,\cdots,k \tag{6.3.13}$$

（5）计算 k 个主成分 y_j 与原变量 x_i 的相关系数 $\rho(x_i, y_j)$，以及 k 个主成分对原变量 x_i 的贡献率 v_i。

（6）计算 n 个样本的 k 个主成分值。

将规范化数据矩阵代入 k 个主成分式（6.3.13），得到 n 个样本的主成分值。第 j 个样本 $x_j = (x_{1j}, x_{2j}, \cdots, x_{mj})^{\mathrm{T}}$ 的第 i 主成分值是

$$y_{ij} = (\alpha_{1i}, \alpha_{2i}, \cdots, \alpha_{mi})(x_{1j}, x_{2j}, \cdots, x_{mj})^{\mathrm{T}}$$

$$= \sum_{l=1}^{m} \alpha_{li} x_{lj}, \quad i = 1, 2, \cdots, m; \quad j = 1, 2, \cdots, n$$

主成分分析得到的结果可以用于其他机器学习方法的输入。比如，将样本点投影到以主成分为坐标轴的空间中，然后应用聚类方法，就可以对样本点进行聚类。

6.4 有关问题的讨论

6.4.1 关于由协方差矩阵或相关系数矩阵出发求解主成分

由前面的讨论可知，求解主成分的过程实际就是对矩阵结构进行分析的过程，也就是求解特征根的过程，这与在实际的分析过程中，从原始数据的协方差矩阵出发，求主成分的过程是一致的。

一般而言，对于度量单位不同的指标或取值范围差异非常大的指标，不直接由其协方差矩阵出发进行主成分分析，而应该考虑将数据标准化。比如，在对上市公司的财务状况进行分析时，常常会涉及利润总额、市盈率、每股净利率等指标，其中利润总额的取值常常从几十万元到上百万元，市盈率的取值一般在五十到六七十之间，而每股净利率在 1 以下，不同指标的取值范围相差很大。这时若是直接从协方差矩阵入手进行主成分分析，利润总额将明显起到重要的支配作用，而其他两个指标的作用很难在主成分中体现出来，此时应该考虑对数据进行标准化处理。

但是，对原始数据进行标准化处理后，希望各个指标在主成分的构成中起的作用仍相等。对取值范围相差不大或度量相同的指标进行标准化处理后，其主成分分析的结果与由协方差阵出发求得的结果有较大区别。出现这种问题的原因是对数据进行标准化的过程实际上也就是抹杀原始变量离散程度差异的过程，标准化后的各变量方差相等，均为 1，而实际上方差也是对数据信息的重要概括，也就是说，对原始数据进行标准化后抹杀了一部分重要信息，因此才使得标准化后的各变量在主成分构成中的作用趋于相等。由此看来，同度量或取值范围在同量级的数据，还是直接从协方差矩阵出发求解主成分为宜。

对于从什么出发求解主成分，现在还没有一个定论，但是我们可以看到，不考虑实际情况就对数据进行标准化处理或者直接从原始变量的相关系数矩阵出发求解主成分是有其不足之处的，这一点需要注意。建议在实际工作中分别从不同角度出发求解主成分并研究其结果的差别，看看是否存在明显差异及这种差异产生的原因在何处，以确定用哪种结果更为可信。

6.4.2 主成分分析不要求数据来自正态总体

与很多多元统计不同，主成分分析不要求数据来自正态总体。实际上，主成分分析就是对矩阵结构的分析，其中用到的主要是矩阵运算的技术及矩阵对角化和矩阵的谱分解技术。我们知道，对于多元随机变量而言，其协方差矩阵或相关系数矩阵均是非负定的，这样，就可以按照求解主成分的步骤求出其特征根、标准正交特征向量，进而求出主成分，达到缩减数据维数的目的。同时，由主成分分析的几何意义可以看到，对来自多元正态总体的数据，我们得到了合理的几何解释，即主成分就是按照数据离散程度最大的方向进行坐标轴旋转。

主成分分析的这一特性大大扩展了其应用范围，对多维数据，只要是涉及降维的处理，我们都可以尝试用主成分分析，而不用花太多精力考虑其分布情况。

6.4.3　主成分分析与重叠信息

主成分分析适用于变量之间存在较强相关性的数据，如果原始数据相关性较弱，运用主成分分析并不能起到很好的降维作用，即所得的各个主成分浓缩原始变量信息的能力差别不大。一般认为，当原始数据大部分变量的相关系数都小于 0.3 时，运用主成分分析不会取得很好的结果。

很多研究者在运用主成分分析时，都或多或少地存在对主成分分析消除原始变量重叠信息的期望，从而，在实际工作之初先把与某一研究问题相关的变量（指标）都纳入分析过程，再用少数几个主成分浓缩这些有用信息（假定已经剔除了重叠信息），然后对主成分进行深入分析。在对待重叠信息方面，生成的新的综合变量（主成分）是有效剔除了原始变量中的重叠信息，还是仅按原来的模式将原始信息中的绝大部分用几个不相关的新变量表示出来，这一点还有待讨论。

对于 p 维指标的情况，得到其协方差矩阵如下：

$$\Sigma = \begin{bmatrix} \sigma_{11} & \cdots & \sigma_{1p} \\ \vdots & & \vdots \\ \sigma_{p1} & \cdots & \sigma_{pp} \end{bmatrix}$$

现在考虑一种极端情况，即有两个指标完全相反，不妨设第一个指标在进行主成分分析时考虑了两次，则其协方差矩阵变为

$$\Sigma_1 = \begin{bmatrix} \sigma_{11} & \sigma_{11} & \sigma_{12} & \cdots & \sigma_{1p} \\ \sigma_{11} & \sigma_{11} & \sigma_{12} & \cdots & \sigma_{1p} \\ \sigma_{21} & \sigma_{21} & \sigma_{22} & \cdots & \sigma_{2p} \\ \vdots & \vdots & \vdots & & \vdots \\ \sigma_{p1} & \sigma_{p1} & \sigma_{p2} & \cdots & \sigma_{pp} \end{bmatrix}$$

此时主成分分析实际上是在 $(p+1) \times (p+1)$ 阶矩阵 Σ_1 上进行的。Σ_1 的行列式的值为零但仍满足非负定，只不过其最小的特征根为零，由 Σ_1 出发求解主成分，其方差总和不再是 $\sigma_{11} + \sigma_{22} + \cdots + \sigma_{pp}$，而是变为 $\sigma_{11} + \sigma_{22} + \cdots + \sigma_{pp} + \sigma_{11}$。也就是说，第一个指标在分析过程中起到了加倍的作用，其重叠信息完全像其他指标提供的信息一样在起作用。这样求得的主成分与没有第一个指标求得的主成分是不一样的，因为主成分方差的总和已经变为 $\sigma_{11} + \sigma_{22} + \cdots + \sigma_{pp} + \sigma_{11}$ 而不是 $\sigma_{11} + \sigma_{22} + \cdots + \sigma_{pp}$，每个主成分解释方差的比例也相应发生变化，整个分析过程没有对重叠信息做任何特殊处理。也就是说，由于对第一个指标罗列了两次，因而其在生成的主成分构成中也起到了加倍的作用。这一点尤其应该引起注意，这意味着主成分分析对重叠信息的剔除是无能为力的，同时主成分分析还损失了一部分信息。

这就告诉我们，在实际工作中，选取初始变量进行分析时应该小心，如果原始变量存在多重共线性，在应用主成分分析时一定要慎重。要考虑所选取的初始变量是否合适、

是否真实地反映了事物的本来面目，如果是出于避免遗漏某些信息的原因而特意选取了过多的存在重叠信息的变量，就要特别注意应用主成分分析所得到的结果。

如果所得到的样本协方差矩阵（或相关系数矩阵）最小的特征根接近于零，那么就有

$$\Sigma\gamma_p = (X - \mu)(X - \mu)^{\mathrm{T}}\gamma_p = \lambda_p\gamma_p \approx 0$$

进而推出

$$(X - \mu)^{\mathrm{T}}\gamma_p \approx 0$$

这就意味着，中心化以后的原始变量之间存在多重共线性，即原始变量存在着不可忽视的重叠信息。因此，在进行主成分分析得出协方差阵或是相关系数矩阵，发现最小特征根接近于零时，应该注意对主成分的解释，或者考虑对最初纳入分析的指标进行筛选。由此可以看出，虽然主成分分析不能有效地剔除重叠信息，但它至少可以发现原始变量是否存在重叠信息，这对减少分析中的失误是有帮助的。

6.5 案 例 分 析

例 6.1 表 6.5.1 给出了我国近年来国民经济的主要统计指标（1998～2005 年）。

表 6.5.1 我国近年来国民经济的主要统计指标（1998～2005 年）

V1	V2	V3	V4	V5	V6	V7	V8	V9	V10
1998	124 810.0	24 516.7	119 048.0	78 345.0	28 406.2	38 089.0	29 152.5	26 849.7	12.5
1999	125 909.0	24 519.1	126 111.0	82 067.0	29 854.7	40 568.0	31 134.7	29 896.2	10.5
2000	126 743.0	24 915.8	85 673.7	89 442.0	32 917.7	44 321.0	34 153.0	39 273.2	10.0
2001	127 627.0	26 179.6	95 449.0	97 315.0	37 213.5	47 710.0	37 595.0	42 183.6	11.6
2002	128 453.0	27 390.8	110 776.0	105 172.0	43 499.9	50 686.0	42 027.0	51 378.2	13.8
2003	129 227.0	29 691.8	142 271.0	117 390.2	55 566.6	53 859.0	45 842.0	70 483.5	16.7
2004	229 988.0	36 239.0	201 722.2	136 875.9	70 477.4	69 445.0	53 950.0	95 539.1	19.6
2005	130 756.0	39 450.9	251 619.5	183 084.8	88 773.6	80 258.0	67 176.6	116 921.8	22.1

V1	V11	V12	V13	V14	V15	V16	V17	V18	V19
1998	11 670.0	16 100.0	11 559.0	163.0	241.0	826.0	51 230.0	450.1	2 313.9
1999	12 393.0	16 000.0	12 426.0	183.2	250.0	861.0	50 839.0	382.9	2 601.2
2000	13 556.0	16 300.0	12 850.0	207.0	277.0	700.0	46 218.0	442.0	2 955.0
2001	14 808.0	16 396.0	15 163.0	234.2	290.0	653.0	45 264.0	532.4	2 864.9
2002	16 540.0	16 700.0	18 237.0	325.1	322.4	926.0	45 706.0	491.6	2 897.2
2003	19 106.0	16 960.0	22 234.0	444.4	354.0	1 084.0	43 069.5	486.0	2 811.0
2004	21 870.0	17 500.0	27 280.0	507.4	420.0	1 018.0	46 946.9	632.4	3 065.9
2005	25 002.6	18 135.3	35 324.0	570.5	484.4	912.4	48 402.2	571.4	3 077.1

本例中有 19 个变量，分别是年份、全国人口（万人）、农林牧渔业总产值（亿元）、工业总产值（亿元）、国内生产总值（亿元）、全社会投资总额（亿元）、货物周转量（亿吨千米）、社会消费品零售总额（亿元）、进出口贸易总额（亿元）、原煤（亿吨）、发电量（亿千瓦时）、原油（万吨）、钢（万吨）、汽车（万辆）、布（亿米）、糖（万吨）、粮食（万吨）、棉花（万吨）和油料（万吨）。我们把这些变量定义为 V1～V19。

首先对变量进行相关性分析，在 Stata 中输入命令：

```
correlate V1-V19
```
输出结果如图 6.5.1 所示。

```
. correlate V1-V19
(obs=8)

              V1        V2        V3        V4        V5        V6        V7        V8        V9       V10       V11       V12       V13

  V1      1.0000
  V2      0.4590    1.0000
  V3      0.9102    0.5412    1.0000
  V4      0.7640    0.4583    0.9489    1.0000
  V5      0.9198    0.3417    0.9720    0.9144    1.0000
  V6      0.9398    0.4542    0.9907    0.9209    0.9880    1.0000
  V7      0.9387    0.4922    0.9907    0.9119    0.9849    0.9903    1.0000
  V8      0.9540    0.4012    0.9772    0.8980    0.9942    0.9932    0.9916    1.0000
  V9      0.9500    0.4943    0.9899    0.9141    0.9798    0.9975    0.9910    0.9898    1.0000
 V10      0.8877    0.4934    0.9698    0.9386    0.9390    0.9715    0.9428    0.9476    0.9642    1.0000
 V11      0.9748    0.4689    0.9752    0.8829    0.9743    0.9920    0.9832    0.9910    0.9943    0.9588    1.0000
 V12      0.9461    0.4458    0.9850    0.9047    0.9874    0.9954    0.9906    0.9949    0.9944    0.9652    0.9913    1.0000
 V13      0.9417    0.4223    0.9854    0.9274    0.9907    0.9985    0.9875    0.9954    0.9933    0.9705    0.9915    0.9944    1.0000
 V14      0.9699    0.4968    0.9539    0.8654    0.9396    0.9748    0.9519    0.9647    0.9795    0.9626    0.9898    0.9708    0.9737
 V15      0.9596    0.4688    0.9855    0.9002    0.9852    0.9959    0.9942    0.9963    0.9972    0.9569    0.9961    0.9974    0.9946
 V16      0.5596    0.4220    0.5298    0.5585    0.4544    0.5537    0.4680    0.5010    0.5551    0.6643    0.5781    0.5264    0.5581
 V17     -0.5021   -0.0671   -0.1303    0.1409   -0.1855   -0.2125   -0.2022   -0.2534   -0.2490   -0.1469   -0.3237   -0.2436   -0.2129
 V18      0.8093    0.7144    0.8243    0.6608    0.7470    0.7887    0.8251    0.7852    0.8058    0.7884    0.8085    0.8092    0.7752
 V19      0.8295    0.4225    0.6745    0.4507    0.7018    0.6941    0.7535    0.7403    0.7278    0.5399    0.7457    0.7180    0.6867

             V14       V15       V16       V17       V18       V19

 V14      1.0000
 V15      0.9766    1.0000
 V16      0.6818    0.5337    1.0000
 V17     -0.3604   -0.2651   -0.2006    1.0000
 V18      0.7842    0.8098    0.3122   -0.3299    1.0000
 V19      0.7043    0.7488    0.1570   -0.5760    0.6735    1.0000
```

图 6.5.1　相关性输出结果

图 6.5.1 是参与主成分分析的所有变量之间的方差-协方差矩阵。本例中很多变量之间的相关性是非常强的，有些甚至超过了 90%，这说明变量之间存在着相当多的重叠信息。因而我们进行主成分分析把众多的初始变量整合成少数几个互相之间无关的主成分是非常必要的。

为了进行主成分分析，我们在 Stata 中输入命令：
```
pca V2-V19
```
输出结果如图 6.5.2 和图 6.5.3 所示。

```
. pca V2-V19

Principal components/correlation              Number of obs    =         8
                                              Number of comp.  =         7
                                              Trace            =        18
    Rotation: (unrotated = principal)         Rho              =    1.0000

    Component  |  Eigenvalue   Difference        Proportion   Cumulative

       Comp1   |     14.442      13.0228             0.8023       0.8023
       Comp2   |    1.41918      .429462             0.0788       0.8812
       Comp3   |    .989717      .118447             0.0550       0.9362
       Comp4   |     .87127      .629391             0.0484       0.9846
       Comp5   |    .241878      .214668             0.0134       0.9980
       Comp6   |   .0272104     .0184781             0.0015       0.9995
       Comp7   |  .00873232    .00873232             0.0005       1.0000
       Comp8   |          0            0             0.0000       1.0000
       Comp9   |          0            0             0.0000       1.0000
      Comp10   |          0            0             0.0000       1.0000
      Comp11   |          0            0             0.0000       1.0000
      Comp12   |          0            0             0.0000       1.0000
      Comp13   |          0            0             0.0000       1.0000
      Comp14   |          0            0             0.0000       1.0000
      Comp15   |          0            0             0.0000       1.0000
      Comp16   |          0            0             0.0000       1.0000
      Comp17   |          0            0             0.0000       1.0000
      Comp18   |          0            .             0.0000       1.0000
```

图 6.5.2　主成分输出结果

Principal components (eigenvectors)

Variable	Comp1	Comp2	Comp3	Comp4	Comp5	Comp6	Comp7	Unexplained
V2	0.1377	-0.0208	0.7802	0.3558	0.2120	-0.2517	-0.1105	0
V3	0.2605	0.0925	-0.0038	0.0889	0.0016	-0.1416	-0.0631	0
V4	0.2390	0.3401	-0.0339	0.0407	0.0747	-0.4336	0.4109	0
V5	0.2560	0.0458	-0.2246	0.0239	-0.0020	0.0019	0.0416	0
V6	0.2618	0.0460	-0.0787	-0.0174	-0.0045	-0.1802	-0.0416	0
V7	0.2606	0.0096	-0.0818	0.1116	0.0627	0.0709	0.1326	0
V8	0.2600	-0.0069	-0.1492	-0.0001	0.0119	0.1970	0.2038	0
V9	0.2625	0.0076	-0.0403	-0.0028	0.0441	-0.2720	-0.2868	0
V10	0.2550	0.1459	0.0493	-0.1095	-0.2645	0.0447	-0.3505	0
V11	0.2620	-0.0452	-0.0439	-0.0632	-0.0008	-0.0218	0.1900	0
V12	0.2614	0.0088	-0.0923	0.0028	-0.0558	0.1706	-0.5951	0
V13	0.2610	0.0499	-0.1051	-0.0420	-0.0156	0.0143	0.2206	0
V14	0.2587	-0.0437	0.0466	-0.1801	0.0040	-0.0858	0.0383	0
V15	0.2623	-0.0147	-0.0731	0.0053	0.0374	0.0878	-0.1425	0
V16	0.1504	0.1645	0.4389	-0.7042	0.1901	0.3600	0.1158	0
V17	-0.0679	0.7491	-0.0427	0.3658	0.2422	0.4021	-0.0445	0
V18	0.2187	-0.1718	0.2611	0.3456	-0.6133	0.3933	0.2633	0
V19	0.1913	-0.4745	-0.0939	0.2263	0.6306	0.2924	0.0440	0

图 6.5.3 主成分特征向量输出结果

图 6.5.2 展示的是主成分分析的结果，其中最左列（Component）表示的是系统提取的主成分名称，可以发现，Stata 总共提取了 18 个主成分。Eigenvalue 列表示的是系统提取的主成分的特征值，特征值的大小意味着该主成分解释能力的强弱，特征值越大代表解释能力越强，我们可以发现 Stata 提取的 18 个主成分中只有 7 个是有效的，因为 Comp8～Comp18 的特征值均为 0。Proportion 列表示的是系统提取的主成分的方差贡献率，方差贡献率同样表示主成分的解释能力，可以发现第一主成分的方差贡献率为 0.8023，这表示该主成分解释了所有变量 80.23%的信息。第二主成分的方差贡献率为 0.0788，这表示该主成分解释了所有变量 7.88%的信息，依次类推。Cumulative 列表示的是主成分的累计方差贡献率，其中前两个主成分的累计方差贡献率为 0.8812，前三个主成分的累计方差贡献率为 0.9362，依次类推。

图 6.5.3 展示的是主成分特征向量矩阵，表示的是各个主成分在各个变量上的载荷，从而可以得出各主成分的表达式。值得一提的是，在表达式中的各个变量已经不是原始变量，而是标准化变量。其中，特征值比较大的主成分的表达式如下所示。

$$Comp1 = 0.1377 \times 全国人口 + 0.2605 \times 农林牧渔业总产值 + 0.2390 \times 工业总产值 + 0.2560$$
$$\times 国内生产总值 + 0.2618 \times 全社会投资总额 + 0.2606 \times 货物周转量 + 0.2600$$
$$\times 社会消费品零售总额 + 0.2625 \times 进出口贸易总额 + 0.2550 \times 原煤 + 0.2620$$
$$\times 发电量 + 0.2614 \times 原油 + 0.2610 \times 钢 + 0.2587 \times 汽车 + 0.2623 \times 布 + 0.1504$$
$$\times 糖 - 0.0679 \times 粮食 + 0.2187 \times 棉花 + 0.1913 \times 油料$$

$$Comp2 = -0.0208 \times 全国人口 + 0.0925 \times 农林牧渔业总产值 + 0.3401 \times 工业总产值 + 0.0458$$
$$\times 国内生产总值 + 0.0460 \times 全社会投资总额 + 0.0096 \times 货物周转量 - 0.0069$$
$$\times 社会消费品零售总额 + 0.0076 \times 进出口贸易总额 + 0.1459 \times 原煤 - 0.0452$$
$$\times 发电量 + 0.0088 \times 原油 + 0.0499 \times 钢 - 0.0437 \times 汽车 - 0.0147 \times 布 + 0.1645$$
$$\times 糖 + 0.7491 \times 粮食 - 0.1718 \times 棉花 - 0.4745 \times 油料$$

在第一主成分中，除粮食变量（$V17$）以外的变量的系数比较大，因而第一主成分可以看成是反映那些变量的综合指标；在第二主成分中，粮食变量的系数比较大，因而第二主成分可以看作反映粮食的综合指标。

若我们只想保留特征值大于 1 的主成分，则在 Stata 中输入命令：

pca V2-V19,mineigen(1)

输出结果如图 6.5.4 和图 6.5.5 所示。

```
. pca V2-V19,mineigen(1)

Principal components/correlation          Number of obs    =         8
                                          Number of comp.  =         2
                                          Trace            =        18
    Rotation: (unrotated = principal)     Rho              =    0.8812

  ┌───────────┬──────────────────────────┬───────────────────────────┐
  │ Component │ Eigenvalue   Difference   │ Proportion   Cumulative    │
  ├───────────┼──────────────────────────┼───────────────────────────┤
  │     Comp1 │    14.442    13.0228      │    0.8023      0.8023      │
  │     Comp2 │   1.41918     .429462     │    0.0788      0.8812      │
  │     Comp3 │   .989717     .118447     │    0.0550      0.9362      │
  │     Comp4 │    .87127     .629391     │    0.0484      0.9846      │
  │     Comp5 │   .241878     .214668     │    0.0134      0.9980      │
  │     Comp6 │  .0272104    .0184781     │    0.0015      0.9995      │
  │     Comp7 │ .00873232   .00873232     │    0.0005      1.0000      │
  │     Comp8 │         0            0    │    0.0000      1.0000      │
  │     Comp9 │         0            0    │    0.0000      1.0000      │
  │    Comp10 │         0            0    │    0.0000      1.0000      │
  │    Comp11 │         0            0    │    0.0000      1.0000      │
  │    Comp12 │         0            0    │    0.0000      1.0000      │
  │    Comp13 │         0            0    │    0.0000      1.0000      │
  │    Comp14 │         0            0    │    0.0000      1.0000      │
  │    Comp15 │         0            0    │    0.0000      1.0000      │
  │    Comp16 │         0            0    │    0.0000      1.0000      │
  │    Comp17 │         0            0    │    0.0000      1.0000      │
  │    Comp18 │         0            .    │    0.0000      1.0000      │
  └───────────┴──────────────────────────┴───────────────────────────┘
```

图 6.5.4　主成分特征值输出结果（一）

```
Principal components (eigenvectors)

  ┌──────────┬───────────────────┬─────────────┐
  │ Variable │  Comp1     Comp2  │ Unexplained │
  ├──────────┼───────────────────┼─────────────┤
  │       V2 │  0.1377   -0.0208 │      .7255  │
  │       V3 │  0.2605    0.0925 │    .007487  │
  │       V4 │  0.2390    0.3401 │     .01052  │
  │       V5 │  0.2560    0.0458 │     .05045  │
  │       V6 │  0.2618    0.0460 │    .007295  │
  │       V7 │  0.2606    0.0096 │     .01872  │
  │       V8 │  0.2600   -0.0069 │     .02349  │
  │       V9 │  0.2625    0.0076 │    .004818  │
  │      V10 │  0.2550    0.1459 │     .03091  │
  │      V11 │  0.2620   -0.0452 │    .005712  │
  │      V12 │  0.2614    0.0088 │     .01307  │
  │      V13 │  0.2610    0.0499 │     .01297  │
  │      V14 │  0.2587   -0.0437 │     .03062  │
  │      V15 │  0.2623   -0.0147 │    .006042  │
  │      V16 │  0.1504    0.1645 │       .635  │
  │      V17 │ -0.0679    0.7491 │       .137  │
  │      V18 │  0.2187   -0.1718 │      .2674  │
  │      V19 │  0.1913   -0.4745 │      .1519  │
  └──────────┴───────────────────┴─────────────┘
```

图 6.5.5　主成分特征值输出结果（二）

图 6.5.4 与图 6.5.2 输出结果一致。

图 6.5.5 展示的仅仅是特征值大于 1 的主成分的结果，本例中只有前两个主成分的特征值大于 1，所以只保留了前两个主成分进行分析。图 6.5.5 的最后一列（Unexplained）

表示的是该变量未被系统提取的两个主成分解释的信息的比例，如 $V2$ 未被解释的信息的比例就是 72.55%。这种信息丢失的情况是我们舍弃其他主成分必然要付出的代价。

在有些情况下，受某些条件的制约，我们仅能挑选出规定数目以下的主成分进行分析。为了限定提取的主成分的个数，可以在 Stata 中输入命令：

```
pca V2-V19,components(1)
```

输出结果如图 6.5.6 和图 6.5.7 所示。

```
. pca V2-V19,components(1)

Principal components/correlation                Number of obs    =         8
                                                Number of comp.  =         1
                                                Trace            =        18
        Rotation: (unrotated = principal)       Rho              =    0.8023
```

Component	Eigenvalue	Difference	Proportion	Cumulative
Comp1	14.442	13.0228	0.8023	0.8023
Comp2	1.41918	.429462	0.0788	0.8812
Comp3	.989717	.118447	0.0550	0.9362
Comp4	.87127	.629391	0.0484	0.9846
Comp5	.241878	.214668	0.0134	0.9980
Comp6	.0272104	.0184781	0.0015	0.9995
Comp7	.00873232	.00873232	0.0005	1.0000
Comp8	0	0	0.0000	1.0000
Comp9	0	0	0.0000	1.0000
Comp10	0	0	0.0000	1.0000
Comp11	0	0	0.0000	1.0000
Comp12	0	0	0.0000	1.0000
Comp13	0	0	0.0000	1.0000
Comp14	0	0	0.0000	1.0000
Comp15	0	0	0.0000	1.0000
Comp16	0	0	0.0000	1.0000
Comp17	0	0	0.0000	1.0000
Comp18	0	.	0.0000	1.0000

图 6.5.6　主成分特征值输出结果（三）

```
Principal components (eigenvectors)
```

Variable	Comp1	Unexplained
V2	0.1377	.7261
V3	0.2605	.01963
V4	0.2390	.1747
V5	0.2560	.05343
V6	0.2618	.01029
V7	0.2606	.01885
V8	0.2600	.02356
V9	0.2625	.004899
V10	0.2550	.06112
V11	0.2620	.008606
V12	0.2614	.01318
V13	0.2610	.0165
V14	0.2587	.03333
V15	0.2623	.006349
V16	0.1504	.6734
V17	−0.0679	.9333
V18	0.2187	.3092
V19	0.1913	.4715

图 6.5.7　主成分特征值输出结果（四）

图 6.5.6 展示的内容与之前一致。

图 6.5.7 展示的是我们只提取一个主成分进行分析的结果，该图最后一列（Unexplained）表示的同样是该变量未被系统提取的主成分解释的信息的比例，如变量 $V2$ 未被解释的信息的比例就是 72.61%。这种信息丢失的情况同样是舍弃其他主成分必然要付出的代价。

例 6.2　使用 R 语言自带的数据集 iris。

为了查看数据，在 R 中输入命令：

```
View(iris)
```

部分输出结果如图 6.5.8 所示。

	Sepal.Length	Sepal.Width	Petal.Length	Petal.Width	Species
1	5.1	3.5	1.4	0.2	setosa
2	4.9	3.0	1.4	0.2	setosa
3	4.7	3.2	1.3	0.2	setosa
4	4.6	3.1	1.5	0.2	setosa
5	5.0	3.6	1.4	0.2	setosa
6	5.4	3.9	1.7	0.4	setosa
7	4.6	3.4	1.4	0.3	setosa
8	5.0	3.4	1.5	0.2	setosa
9	4.4	2.9	1.4	0.2	setosa
10	4.9	3.1	1.5	0.1	setosa
11	5.4	3.7	1.5	0.2	setosa
12	4.8	3.4	1.6	0.2	setosa
13	4.8	3.0	1.4	0.1	setosa
14	4.3	3.0	1.1	0.1	setosa
15	5.8	4.0	1.2	0.2	setosa
16	5.7	4.4	1.5	0.4	setosa

Showing 1 to 17 of 150 entries, 5 total columns

图 6.5.8　数据输出结果

将 R 自带的范例数据集 iris 储存为变量 data，并查看数据的前 6 行，输入命令：

```
data<-iris
head(data)
View(head(data))
```

输出结果如图 6.5.9 所示。

	Sepal.Length	Sepal.Width	Petal.Length	Petal.Width	Species
1	5.1	3.5	1.4	0.2	setosa
2	4.9	3.0	1.4	0.2	setosa
3	4.7	3.2	1.3	0.2	setosa
4	4.6	3.1	1.5	0.2	setosa
5	5.0	3.6	1.4	0.2	setosa
6	5.4	3.9	1.7	0.4	setosa

图 6.5.9　数据转换输出结果

对原数据进行 z-score 标准化，输入命令：

```
dt<-as.matrix(scale(data[,1:4]))
```

#scale 一般默认为真,表示数据标准化;as.matrix 一般是将数据框转化为矩阵
head(dt)
View(head(dt))
输出结果如图 6.5.10 所示。

	Sepal.Length	Sepal.Width	Petal.Length	Petal.Width
1	−0.8976739	1.01560199	−1.335752	−1.311052
2	−1.1392005	−0.13153881	−1.335752	−1.311052
3	−1.3807271	0.32731751	−1.392399	−1.311052
4	−1.5014904	0.09788935	−1.279104	−1.311052
5	−1.0184372	1.24503015	−1.335752	−1.311052
6	−0.5353840	1.93331463	−1.165809	−1.048667

图 6.5.10　数据标准化输出结果

计算相关系数矩阵,输入命令:
rm1<-cor(dt)
rm1
View(rm1)
输出结果如图 6.5.11 所示。

	Sepal.Length	Sepal.Width	Petal.Length	Petal.Width
Sepal.Length	1.0000000	−0.1175698	0.8717538	0.8179411
Sepal.Width	−0.1175698	1.0000000	−0.4284401	−0.3661259
Petal.Length	0.8717538	−0.4284401	1.0000000	0.9628654
Petal.Width	0.8179411	−0.3661259	0.9628654	1.0000000

图 6.5.11　相关系数矩阵输出结果

求特征值和特征向量,输入命令:
rs1<-eigen(rm1)
rs1
输出结果如图 6.5.12 所示。

```
> rs1<-eigen(rm1)
> rs1
eigen() decomposition
$values
[1] 2.91849782 0.91403047 0.14675688 0.02071484

$vectors
           [,1]         [,2]        [,3]       [,4]
[1,]  0.5210659 -0.37741762  0.7195664  0.2612863
[2,] -0.2693474 -0.92329566 -0.2443818 -0.1235096
[3,]  0.5804131 -0.02449161 -0.1421264 -0.8014492
[4,]  0.5648565 -0.06694199 -0.6342727  0.5235971
```

图 6.5.12　特征值与特征向量输出结果

图 6.5.12 中，values 表示各个成分的特征值，vectors 表示各个成分的特征向量。特征值的大小意味着该主成分的解释能力的强弱，特征值越大，解释能力越强。第一主成分的特征值为 2.918 497 82，这说明第一主成分的解释能力最强；同理，第二主成分的解释能力次之。

提取结果中的特征值，即各主成分的方差，输入命令：

```
val<-rs1$values
#换算成标准差(Standard deviation)
(Standard_deviation<-sqrt(val))
```

输出结果如图 6.5.13 所示。

```
>
> val <- rs1$values
> (Standard_deviation <- sqrt(val))
[1] 1.7083611 0.9560494 0.3830886 0.1439265
`
```

图 6.5.13 主成分标准差输出结果

计算方差贡献率和累计方差贡献率，输入命令：

```
(Proportion_of_Variance<-val/sum(val))
#方差贡献率定义为 y_k 的方差与所有方差之和的比
(Cumulative_Proportion<-cumsum(Proportion_of_Variance))
```

输出结果如图 6.5.14 所示。

```
> (Proportion_of_Variance <- val/sum(val))
[1] 0.729624454 0.228507618 0.036689219 0.005178709
> (Cumulative_Proportion <- cumsum(Proportion_of_Variance))
[1] 0.7296245 0.9581321 0.9948213 1.0000000
```

图 6.5.14 方差贡献率输出结果

方差贡献率同样表示的是主成分的解释能力，由图 6.5.14 可知，第一主成分的方差贡献率为 0.729 624 454，这表明该主成分解释了所有变量 72.96% 的信息；第二主成分的方差贡献率为 0.228 507 618，这表明该主成分解释了所有变量 22.85% 的信息。累计方差贡献率表明前两个主成分的方差贡献率之和为 0.958 132 1，前三个主成分的累计方差贡献率为 0.994 821 3，依次类推。

为了计算主成分，提取结果中的特征向量实际上就是主成分分析中的载荷矩阵，输入命令：

```
(U<-as.matrix(rs1$vectors))
```

输出结果如图 6.5.15 所示。

```
> (U<-as.matrix(rs1$vectors))
           [,1]        [,2]        [,3]        [,4]
[1,]  0.5210659 -0.37741762  0.7195664  0.2612863
[2,] -0.2693474 -0.92329566 -0.2443818 -0.1235096
[3,]  0.5804131 -0.02449161 -0.1421264 -0.8014492
[4,]  0.5648565 -0.06694199 -0.6342727  0.5235971
```

图 6.5.15 特征向量输出结果

图 6.5.15 展示的是主成分特征向量矩阵，表示的是各个主成分在各个变量上的载荷，由此可以得出各主成分的表达式。但是，在表达式中的各个变量已经是标准化变量。前两个特征值比较大的主成分的表达式如下所示。

$$\text{Com1} = 0.521\,065\,9 \times \text{Sepal.Length} - 0.269\,347\,4 \times \text{Sepal.Width} + 0.580\,413\,1$$
$$\times \text{Petal.Length} + 0.564\,856\,5 \times \text{Petal.Width}$$
$$\text{Com2} = -0.377\,417\,62 \times \text{Sepal.Length} - 0.923\,295\,66 \times \text{Sepal.Width} - 0.024\,491\,61$$
$$\times \text{Petal.Length} - 0.066\,941\,99 \times \text{Petal.Width}$$

HR 也面临主成分分析

杜甫《前出塞》中有一句诗，"射人先射马，擒贼先擒王"。它告诉我们解决问题要抓主要矛盾。主成分分析得到的较大的系数对应的变量就是所谓的主要矛盾。

假如你是一家公司的 HR，你需要从很多申请者中挑选出最佳的候选人。不妨设从一千个人中，挑选出一个人。这是一项十分具有挑战性的工作，虽然你可能已经把范围缩小到了十个人，但是这十个人各有千秋，难分伯仲，你很难决定。这时候你想起了数学，既然我选不出来，那就让数学去选吧。于是，你拿起笔开始给每一个人打分，分了七八个指标，如学历、实习经历、领导力、沟通能力等。但是你卡在了最后一步，每个人都有七八个分数，如何把这七八个分整合成一个分数难住了你。你本来想的是给每个指标一个权重，加起来求和就可以了，但是你又想到如果主观地给权重，我还要用数学搞这一套干吗。怎么才能客观地给一个权重呢？这时候主成分分析就出场了。因为这十个人实力十分接近，所以给的权重要尽量地把这十个人区分开来。这和高考一样，高考命题的其中一个目的就是把学生区分开。而主成分分析恰恰就是构建一个新变量（第一主成分），并且使得这个新变量的方差达到最大。于是你利用主成分分析，很快搞了一套权重，然后得到了每个人的分数，一目了然。

需要指出的是，主成分分析可不知道什么是学历、什么是领导力，所以这个结果一定是客观的，而且可以使得每个人的分数尽量区分开来，但是这个新指标的表现究竟怎么样呢？举一个极端的情况，这七八个指标是独立的，在这种情况下使用主成分分析，结果会告诉你，哪个指标变化最大就用哪个作为新指标（第一主成分）。也就是说其他六七个指标完全没用到（当然如果其他指标都保持不变的话，确实没有任何作用），这样做好像让人不太能接受，你不能因为这个指标变化大就让这个指标权重大甚至为1。

所以我们需要衡量这个（第一）主成分的表现情况。主成分的方差与总的方差的比值可以作为评价指数，这个比值总是介于 0 和 1 之间，越接近于 1 说明（第一）主成分包含的总的变化就越多，直观地说，等同于包含的有用信息就越多。比值等于 1 时，（第一）主成分已经包含了所有的有用信息，是一个"最理想"的（第一）主成分。

当然现实往往与理想不同，对于实际问题，很难构造一个最理想的主成分。而且评价（第一）主成分的标准也因具体情况而异，如对于某些问题，90%以上才可能接受，但是对于另外一些问题，10%以上就已经十分理想了。需要注意，虽然评价无统一标准，但大多数情况下，变量越多，评价标准就越低。

■ 本 章 小 结

在实际工作中，往往会出现所收集的变量间存在较强的相关关系的情况。如果直接利用这些数据进行分析，不仅会使模型变得很复杂，还会带来多重共线性等问题。主成分分析提供了解决这一问题的方法，其基本思想是将众多的初始变量整合成少数几个互相无关的新变量（主成分），而这些新的变量尽可能多地包含了初始变量的信息，然后用这些新的变量来替代以前的变量进行分析。

（1）主成分分析是一种降维方法，它使得我们可以用较少的变量来描述数据，这些变量即为主成分。

（2）每个主成分都是原始变量的某种加权组合。最好的主成分可以用来改进数据分析和可视化。

（3）当信息最丰富的几个维度拥有最大的数据散度，并且彼此正交时，主成分分析能有最佳效果。

## 第 7 章

聚 类 分 析

聚类分析（cluster analysis）也称群分析、点群分析，是一种常见的非监督模型。聚类分析是基于观测案例在许多变量上的相似性，将案例划分为不同组（groups）或类（clusters）的方法。它主要通过将个体或对象分类，使类内对象的同质性最大化和类与类间对象的相似性更强，是根据研究对象的特征对研究问题进行分类的多元分析方法。聚类分析带有一定的主观性，因为我们并不知道观测案例真正的类别归属。

■ 7.1 聚类分析概述

在一些社会、经济研究的问题中，面临的往往是比较复杂的研究对象，如果能够把相似的样品或指标归成类，处理起来就更为方便。一般我们认为，所研究的样品或指标之间存在不同程度的相似性，于是根据一批样品或指标的多个观测指标，找出一些能够度量样品或指标之间相似程度的统计量，以这些统计量为划分类型的依据，把相似程度较大的样品聚为一类。关系密切的聚为一个小的分类单位，关系疏远的聚为一个大的分类单位，直到把所有的样品或指标都聚类完毕，这样就形成了一个由小到大的分类系统。

从一组复杂数据产生一个相当简单的类结构，必然要进行相似性或者相关性的度量。在相似性度量的选择中，常常包含许多主观上的考虑，但最重要的是考虑指标（包括离散的、连续的和二元的）性质或观测的尺度（名义的、次序的、间隔的和比率的）及有关的知识。不同类型的变量，其相似性的测度也不尽相同，下文将介绍一些常用的度量方法。

为说明方便，设 x 和 y 是两个要测度相似性的聚类变量，它们均含 n 个值。

7.1.1 数值变量的相似性测度

对样品进行聚类时，相似性一般用聚类来衡量，聚类分析中常用的距离选择方法有以下几种。

（1）城市街区距离或曼哈顿距离（city-block distance or Manhattan distance）：

$$d(x,y) = \sum_{i=1}^{n} |x_i - y_i| \tag{7.1.1}$$

（2）欧氏距离（Euclidean distance）：

$$d(x, y) = \sqrt{\sum_{i=1}^{n} (x_i - y_i)^2} \tag{7.1.2}$$

（3）平方欧氏距离（squared Euclidean distance）：

$$d(x, y) = \sum_{i=1}^{n} (x_i - y_i)^2 \tag{7.1.3}$$

（4）切比雪夫距离（Chebychev distance）：

$$d(x, y) = \max_{1 \leqslant i \leqslant n} | x_i - y_i | \tag{7.1.4}$$

（5）明考斯基效力距离（power distance）：

$$d(x, y) = \sqrt{\sum_{i=1}^{n} | x_i - y_i |^q} \tag{7.1.5}$$

在以上五种距离的定义中，欧氏距离和平方欧氏距离是实际应用最广泛的，而明考斯基效力距离是五种距离中最综合的。

对指标聚类时，相似性通常用相关系数或某种关联性来度量。

（1）夹角余弦（cosine）：

$$r = \frac{\sum_{i=1}^{n} x_i y_i}{\sqrt{\sum_{i=1}^{n} x_i^2} \sqrt{\sum_{i=1}^{n} y_i^2}} \tag{7.1.6}$$

（2）皮尔逊相关系数（Pearson correlation coefficient）：

$$r_{xy} = \frac{\sum_{i=1}^{n} (x_i - \bar{x})(y_i - \bar{y})}{\sqrt{\sum_{i=1}^{n} (x_i - \bar{x})^2} \sqrt{\sum_{i=1}^{n} (y_i - \bar{y})^2}} \tag{7.1.7}$$

有时把 $1 - r_{xy}$ 定义为距离，两变量间的皮尔逊相关系数越大，距离越小，说明两变量的性质越接近。实际上，皮尔逊相关系数就是标准化之后的夹角余弦值，由于剔除了量纲的影响，能更准确地测量变量间的关系，因此皮尔逊相关系数在实际应用中更为广泛。

7.1.2　名义变量的相似性测度

关联测度方法常用于名义变量相似性的测度，一般基于列联表进行计算。不失一般性，设 x, y 是取值为 $0, 1$ 的变量，两变量间的列联表如表 7.1.1 所示。

表 7.1.1　列联表

y	x		求和
	0	1	
0	a	b	$a+b$
1	c	d	$c+d$
求和	$a+c$	$b+d$	$a+b+c+d$

表 7.1.1 中，a 表示 x, y 取 $0, 0$ 时的配对个数；b 表示 x, y 取 $1, 0$ 时的配对个数；c 表

示 x, y 取 0, 1 时的配对个数；d 表示 x, y 取 1, 1 时的配对个数。x 共有 $a+c$ 个值取 0，y 共有 $a+b$ 个值取 0；每个变量共有 $a+b+c+d$ 个值。

常用的关联测度方法是不匹配系数（percent disagreement），即 x, y 取值不相同的个数与取值总数之比：

$$r = \frac{b+c}{a+b+c+d} \qquad (7.1.8)$$

还要说明的是，适用于非数值变量的测度方法也一定适用于数值变量；但适用于数值变量的测度方法基本上不能用于非数值变量。不同距离的选择对于聚类的结果是有重要影响的，因此在选择相似性测度的方法时，一定要结合变量性质。

前面讲的大部分测度方法受变量的测度单位的影响较大，数量级较大的数据变异性也较大，相当于对这个变量赋予了更大权重，从而会导致聚类结果产生很大的偏差。一般为了克服测量单位的影响，在计算相似度前，要对变量进行标准化处理，将原始变量变成均值为 0、方差为 1 的标准化变量。

目前存在大量的聚类方法，算法的选择取决于数据的类型、聚类的目的和具体应用。聚类方法主要分为五大类：基于层次的聚类方法、基于划分的聚类方法、基于密度的聚类方法、基于网格的聚类方法和基于模型的聚类方法。本章主要介绍常见的前两种方法。

■ 7.2 基于层次的聚类方法

7.2.1 层次聚类法概述

层次聚类法（hierarchical clustering method）也称为系统聚类法，是聚类方法中使用最多的。层次聚类包括两种：聚集法（agglomerative method）和分解法（divisive method）。聚集法就是首先将每个个体各自看成一群，将最相似的两群合并，重新计算群间距离，再将最相似的两群合并，每步减少一群，直至所有个体聚为一群。分解法正好相反，它首先将所有个体看成一群，再将最不相似的个体分为两群，每步增加一群，直至所有个体各自成为一群。

每一个群之间含有若干个体，对于定义群与群之间的相似性，有很多方法，Stata 支持七种，分别是最短距离法、最长距离法、未加权的类间平均法、加权的类间平均法、未加权的类间重心法、加权的类间重心法和离差平方和法。

7.2.2 最短距离法

最短距离法将两变量间的距离定义为一个群中所有个体与另一个群中所有个体间距离的最小者。设 x_i 表示群 G_p 中的任一个体，d_{ij} 表示个体 x_i 与 x_j 间的距离，D_{pq} 表示群 G_p 与群 G_q 间的距离，则最短距离法把群间距离 D_{pq} 定义为

$$D_{pq} = \min_{x_i \in G_p, x_j \in G_q} d_{ij}$$

下面以一个具体的例子来说明最短距离法的算法。

例 7.1 设抽取 5 个样品 $\{X_1, X_2, X_3, X_4, X_5\}$，每个样品只测一个指标，它们是 1、2、3.5、7、9，用最短距离法对 5 个样品进行分类。

（1）采用曼哈顿距离计算两两样品间的距离，得距离阵 $D_{(0)}$，如表 7.2.1 所示。

表 7.2.1 距离阵 $D_{(0)}$（一）

样品集合	$G_1 = \{X_1\}$	$G_2 = \{X_2\}$	$G_3 = \{X_3\}$	$G_4 = \{X_4\}$	$G_5 = \{X_5\}$
$G_1 = \{X_1\}$	0				
$G_2 = \{X_2\}$	1	0			
$G_3 = \{X_3\}$	2.5	1.5	0		
$G_4 = \{X_4\}$	6	5	3.5	0	
$G_5 = \{X_5\}$	8	7	5.5	2	0

（2）找出 $D_{(0)}$ 中非对角线的最小元素，为 1，即 $D_{12} = d_{12} = 1$，将 G_1 与 G_2 合并成一个新类，记为 $G_6 = \{X_1, X_2\}$。

（3）按如下公式计算新类 G_6 与其他类的距离：
$$G_{i6} = \min(D_{i1}, D_{i2}), \quad i = 3, 4, 5$$
即选择 $D_{(0)}$ 的前两列中较小的一列，得距离阵 $D_{(1)}$，如表 7.2.2 所示。

表 7.2.2 距离阵 $D_{(1)}$（一）

样品集合	$G_6 = \{X_1, X_2\}$	$G_3 = \{X_3\}$	$G_4 = \{X_4\}$	$G_5 = \{X_5\}$
$G_6 = \{X_1, X_2\}$	0			
$G_3 = \{X_3\}$	1.5	0		
$G_4 = \{X_4\}$	5	3.5	0	
$G_5 = \{X_5\}$	7	5.5	2	0

（4）找出 $D_{(1)}$ 中非对角线的最小元素，为 1.5，则将相应的两类 G_3 与 G_6 合并为 $G_7 = \{X_1, X_2, X_3\}$，然后再按公式计算各类与 G_7 的距离，即将 G_3、G_6 相应的两行两列并为一行一列，新的行列由原来的两行（列）中取值较小的行（列）组成，得如表 7.2.3 所示的距离阵 $D_{(2)}$。

表 7.2.3 距离阵 $D_{(2)}$（一）

样品集合	$G_7 = \{X_1, X_2, X_3\}$	$G_4 = \{X_4\}$	$G_5 = \{X_5\}$
$G_7 = \{X_1, X_2, X_3\}$	0		
$G_4 = \{X_4\}$	3.5	0	
$G_5 = \{X_5\}$	5.5	2	0

（5）找出 $D_{(2)}$ 中非对角线的最小元素，为 2，则将 G_4 和 G_5 合并成 $G_8 = \{X_4, X_5\}$，然后再按公式计算 G_7 与 G_8 的距离，即将 G_4、G_5 相应的两行两列合并成一行一列，新的行列由原来的两行（列）中取值较小的行（列）组成，得如表 7.2.4 所示的距离阵 $D_{(3)}$。

表 7.2.4 距离阵 $D_{(3)}$（一）

样品集合	$G_7 = \{X_1, X_2, X_3\}$	$G_8 = \{X_4, X_5\}$
$G_7 = \{X_1, X_2, X_3\}$	0	
$G_8 = \{X_4, X_5\}$	3.5	0

最后将 G_7 和 G_8 合并成 G_9。

由表 7.2.4 可以看出 5 个样品分成两类 $\{X_1, X_2, X_3\}$ 及 $\{X_4, X_5\}$ 比较合适，在实际问题中有时会给出一个阈值 T，要求类与类之间的距离小于 T，因此有些样品可能无法分类。

7.2.3　最长距离法

最长距离法将两变量间的距离定义为一个群中所有个体与另一个群中所有个体间距离的最大者，即 $D_{pq} = \max\limits_{x_i \in G_p, x_i \in G_q} d_{ij}$。

最长距离法克服了最短距离法连接聚合的缺陷，但是当数据有较大的离散程度时，易产生较多群。

例 7.2　应用最长距离法重新做例 7.1。

距离阵 $D_{(0)}$ 如表 7.2.5 所示。

表 7.2.5　距离阵 $D_{(0)}$（二）

样品集合	$G_1 = \{X_1\}$	$G_2 = \{X_2\}$	$G_3 = \{X_3\}$	$G_4 = \{X_4\}$	$G_5 = \{X_5\}$
$G_1 = \{X_1\}$	0				
$G_2 = \{X_2\}$	1	0			
$G_3 = \{X_3\}$	2.5	1.5	0		
$G_4 = \{X_4\}$	6	5	3.5	0	
$G_5 = \{X_5\}$	8	7	5.5	2	0

距离阵 $D_{(1)}$ 如表 7.2.6 所示。

表 7.2.6　距离阵 $D_{(1)}$（二）

样品集合	$G_6 = \{X_1, X_2\}$	$G_3 = \{X_3\}$	$G_4 = \{X_4\}$	$G_5 = \{X_5\}$
$G_6 = \{X_1, X_2\}$	0			
$G_3 = \{X_3\}$	2.5	0		
$G_4 = \{X_4\}$	6	3.5	0	
$G_5 = \{X_5\}$	8	5.5	2	0

距离阵 $D_{(2)}$ 如表 7.2.7 所示。

表 7.2.7　距离阵 $D_{(2)}$（二）

样品集合	$G_6 = \{X_1, X_2\}$	$G_7 = \{X_4, X_5\}$	$G_3 = \{X_3\}$
$G_6 = \{X_1, X_2\}$	0		
$G_7 = \{X_4, X_5\}$	8	0	
$G_3 = \{X_3\}$	2.5	5.5	0

距离阵 $D_{(3)}$ 如表 7.2.8 所示。

表 7.2.8　距离阵 $D_{(3)}$（二）

样品集合	$G_7=\{X_4,X_5\}$	$G_8=\{X_1,X_2,X_3\}$
$G_7=\{X_4,X_5\}$	0	
$G_8=\{X_1,X_2,X_3\}$	8	0

最后将 G_7 和 G_8 合并成 G_9。

7.2.4　类间平均法

未加权的类间平均法将变量间的距离定义为一个群中所有个体与另一个群中所有个体间距离的平均值，即 $D_{pq}=\dfrac{\sum\limits_{x\in G_p,x\in G_q}d_{ij}}{n_p n_q}$。

加权的类间平均法将各自群中的规模作为权数，其余与未加权的类间平均法相同。当群间的资料变异性较大时，加权的类间平均法比未加权的类间平均法更优。

类间平均法充分利用已知信息，考虑了所有的个体，克服了最短（长）距离法受异常值影响的最大的缺陷，是一种聚类效果较好、应用较广的聚类方法。

7.2.5　类间重心法

从物理观点看，一个群用它的重心（该群个体的均值）来代表是比较合理的。未加权的类间重心法就是将变量间的距离定义为两群重心间的距离。设 G_p 和 G_q 的重心分别是 $\overline{x}_p$ 和 $\overline{x}_q$，则两群间的距离为 $D_{pq}=d(\overline{x}_p,\overline{x}_q)$。

加权的类间重心法将各自群中的规模作为权数，其余的与未加权的类间重心法相同。当群间的资料变异性较大时，群的规模有显著差异，加权的类间重心法比未加权的类间重心法更优。

类间重心法要求用欧氏距离，每聚一次类，都要重新计算重心。它也较少受到异常值的影响，但因为群间距离没有单调递增的趋势，在树状聚类图上可能会出现图像逆转的情况，这限制了它的使用。

7.2.6　离差平方和法

这种方法与前几种方法明显不同，它是利用变异数分析的思想进行聚类的。好的聚类方法是使群内的差异尽量小，而群间的差异尽量大，也就是说，类内的离差平方和尽量小，类间的离差平方和尽量大。当类数固定时，使整个类内离差平方和达到最小的分类即为最优。离差平方和法要求采用平方欧氏距离。以前计算烦琐限制了它的应用，现在随着计算机技术的发展，计算已不再困难，离差平方和法被认为是一种在理论上和实际上都非常有效的聚类方法，应用较为广泛。

■ 7.3　基于划分的聚类方法

划分聚类法的基本思想是将观测到的样本划分到一系列事先设定好的不重合的分组

中去。划分聚类法在计算上相比层次聚类法要简单而且计算速度也更快一些，但是它也有自己的缺点，它要求事先指定样本聚类的精确数目，这与聚类分析的探索性本质是不适应的。划分聚类法中最常用的是 K 均值聚类法（K-means clustering），此方法的操作流程是通过迭代过程将观测案例分配到最接近的平均数的组，然后找出这些聚类，本节主要介绍 K 均值聚类法。

7.3.1　K 均值聚类法概述

K 均值聚类法首先根据事先确定的类数 K 确定 K 个起始点，然后将其他个体逐一输入，同时改变凝聚点，不断迭代，直至找到合理的分群。一般来说，当两次迭代间的结果相差不多或到达规定的迭代次数时，迭代停止。所以采用 K 均值聚类法需要事先知道：要分的类数、初始点的选择原则、修改分类的原则（迭代的最多次数）。

K 均值聚类法的计算步骤如下。

（1）把样品粗略地分成 K 个初始类。

（2）进行修改，逐个分派样品到其最近的均值的类中去（通常用标准化数据或非标准化数据计算欧氏距离）。重新计算接受新样品的类和失去样品的类的均值。

（3）重复（2），直到各类元素无进出。

7.3.2　K 均值聚类法实例

例 7.3　表 7.3.1 是我国各地区能源消耗的情况。根据不同省区市的能源消耗情况，对其进行划分聚类分析，以便了解我国不同地区的能源消耗情况。

表 7.3.1　2006 年各地区能源消耗统计表

地区	单位地区生产总值煤消耗量/吨	单位地区生产总值电消耗量/千瓦时	单位工业增加值煤消耗量/吨
北京	0.8	828.5	1.5
天津	1.1	1040.8	1.5
河北	2.0	1487.6	4.4
山西	2.9	2264.2	6.6
内蒙古	2.5	1714.1	5.7
辽宁	1.8	1386.6	3.1
吉林	1.7	1044.7	3.3
黑龙江	1.5	1008.5	2.3
上海	0.9	1007.2	1.2
江苏	0.9	1198.2	1.7
浙江	0.9	1222.2	1.5
安徽	1.2	1082.9	3.1
福建	0.9	1151.8	1.5
江西	1.1	966.3	3.1
山东	1.3	1032.4	2.2

续表

地区	单位地区生产总值煤消耗量/吨	单位地区生产总值电消耗量/千瓦时	单位工业增加值煤消耗量/吨
河南	1.4	1277.7	4.0
湖北	1.5	1210	3.5
湖南	1.4	1035.8	2.9
广东	0.8	1195.3	1.1
广西	1.2	1251.7	3.2
海南	0.9	912.3	3.7
重庆	1.4	1132.3	2.8
四川	1.5	1276.3	3.5
贵州	3.3	2460.6	5.4
云南	1.7	1604.6	3.6
陕西	1.5	1405	2.6
甘肃	2.3	2351	5.0
青海	3.1	3801.8	3.4
宁夏	4.1	4997.7	9.0
新疆	2.1	1190.9	3.0

本例中有 4 个变量，分别是地区、单位地区生产总值煤消耗量、单位地区生产总值电消耗量、单位工业增加值煤消耗量。将这些变量分别定义为 V_1, V_2, V_3, V_4，然后录入相关数据。

进行数据标准化处理：

```
egen zv2=std(v2)
egen zv3=std(v3)
egen zv4=std(v4)
```

之所以这样做是因为我们进行聚类分析的变量都是以不可比的单位进行测度的，它们具有极为不同的方差，对数据进行标准化处理可以避免结果受具有较大方差的变量的影响。

进行 K 均值聚类分析，设定聚类数为 2。

```
cluster kmeans zv2 zv3 zv4,k(2)
```

命令运行后，可以看到系统产生了一个新的变量，即聚类变量_clus_1。选择"Data"|"Data Editor"|"Data Editor（Browse）"命令，进入数据查看界面即可看到如图 7.3.1 所示的_clus_1 数据。

由图 7.3.1 可知，所有的观测样本被分为两类：其中，山西、内蒙古、贵州、甘肃、青海、宁夏被分为第一类；其他省区市被分为第二类。可以看出第一类的特征是单位地区生产总值煤消耗量、单位地区生产总值电消耗量及单位工业增加值煤消耗量都相对较高。因此可以把第一类称为高能耗省区市，把第二类称为低能耗省区市。

	V1	V2	V3	V4	zv2	zv3	zv4	_clus_1
1	北京	.8	828.5	1.5	-1.042182	-.7707154	-1.039574	2
2	天津	1.11	1040.8	1.45	-.6641672	-.5354447	-1.068408	2
3	河北	1.96	1487.6	4.41	.3723239	-.0403015	.6385841	2
4	山西	2.95	2264.2	6.57	1.579531	.8203257	1.884227	1
5	内蒙古	2.48	1714.1	5.67	1.006413	.2107055	1.365209	1
6	辽宁	1.83	1386.6	3.11	.2138018	-.1522296	-.1111083	2
7	吉林	1.65	1044.7	3.25	-.0056906	-.5311229	-.0303722	2
8	黑龙江	1.46	1008.5	2.34	-.2373767	-.5712396	-.5551569	2
9	上海	.88	1007.2	1.18	-.9446295	-.5726802	-1.224113	2
10	江苏	.92	1198.2	1.67	-.8958535	-.3610143	-.9415369	2
11	浙江	.9	1222.2	1.49	-.9202415	-.3344176	-1.04534	2
12	安徽	1.21	1082.9	3.13	-.5422271	-.4887896	-.0995745	2
13	福建	.94	1151.8	1.45	-.8714655	-.4124346	-1.068408	2
14	江西	1.06	966.3	3.11	-.7251374	-.6180056	-.1111083	2
15	山东	1.28	1032.4	2.15	-.4568691	-.5447536	-.6647273	2
16	河南	1.38	1277.7	4.02	-.3349289	-.2729125	.4136765	2
17	湖北	1.51	1210	3.5	-.1764067	-.3479375	.1137995	2
18	湖南	1.4	1035.8	2.88	-.3105409	-.5409857	-.2437461	2
19	广东	.79	1195.3	1.08	-1.054376	-.364228	-1.281782	2
20	广西	1.22	1251.7	3.19	-.5300331	-.3017257	-.0649733	2
21	海南	.92	912.3	3.65	-.8958535	-.6778483	.2003025	2
22	重庆	1.42	1132.5	2.75	-.2861529	-.4340445	-.3187154	2
23	四川	1.53	1276.3	3.52	-.1520187	-.2744639	.1253332	2
24	贵州	3.25	2460.6	5.38	1.945352	1.037976	1.19797	1
25	云南	1.73	1604.6	3.55	.0918616	.0893577	.1426338	2
26	陕西	1.48	1405	2.62	-.2129887	-.1318387	-.3936847	2
27	甘肃	2.26	2531	4.99	.7381443	1.115993	.9730623	1
28	青海	3.07	3801.8	3.44	1.725859	2.524292	.0791983	1
29	宁夏	4.14	4997.7	9.03	3.030619	3.849588	3.302876	1
30	新疆	2.11	1190.9	3	.555234	-.3691041	-.1745438	2

图 7.3.1　_clus_1 数据

设定聚类数为 3，然后进行 K 均值聚类分析。输入以下命令：

```
cluster kmeans zv2 zv3 zv4,k(3)
```

命令运行后，可以看到系统产生了一个新的变量，即聚类变量_clus_2。选择"Data"|"Data Editor"|"Data Editor（Browse）"命令，进入数据查看界面，可以看到如图 7.3.2 所示的_clus_2 数据情况。

所有观测样本被分为三类，其中，北京、天津、上海、江苏、浙江、福建、山东、广东被分到第一类；山西、内蒙古、贵州、甘肃、青海、宁夏被分到第二类；其他省区市被分到第三类。我们可以看到第一类的特征是单位地区生产总值煤消耗量、单位地区生产总值电消耗量及单位工业增加值煤消耗量都较低；第二类的特征是单位地区生产总值煤消耗量、单位地区生产总值电消耗量及单位工业增加值煤消耗量都较高；第三类的特征是单位地区生产总值煤消耗量、单位地区生产总值电消耗量及单位工业增加值煤消耗量都处于中间。因此我们可以把第一类称为低能耗省区市，把第二类称为高能耗省区市，把第三类称为中能耗省区市。

	V1	V2	V3	V4	zv2	zv3	zv4	_clus_1	_clus_2
1	北京	.8	828.5	1.5	-1.042182	-.7707154	-1.039574	1	1
2	天津	1.11	1040.8	1.45	-.6641672	-.5354447	-1.068408	1	1
3	河北	1.96	1487.6	4.41	.3723239	-.0403015	.6385841	1	3
4	山西	2.95	2264.2	6.57	1.579531	.8203257	1.884227	2	2
5	内蒙古	2.48	1714.1	5.67	1.006413	.2107055	1.365209	2	2
6	辽宁	1.83	1386.6	3.11	.2138018	-.1522296	-.1111083	1	3
7	吉林	1.65	1044.7	3.25	-.0056906	-.5311229	-.0303722	1	3
8	黑龙江	1.46	1008.5	2.34	-.2373767	-.5712396	-.5551569	1	3
9	上海	.88	1007.2	1.18	-.9446295	-.5726802	-1.224113	1	1
10	江苏	.92	1198.2	1.67	-.8958535	-.3610143	-.9415369	1	1
11	浙江	.9	1222.2	1.49	-.9202415	-.3344176	-1.04534	1	1
12	安徽	1.21	1082.9	3.13	-.5422271	-.4887896	-.0995745	1	3
13	福建	.94	1151.8	1.45	-.8714655	-.4124346	-1.068408	1	1
14	江西	1.06	966.3	3.11	-.7251374	-.6180056	-.1111083	1	3
15	山东	1.28	1032.4	2.15	-.4568691	-.5447536	-.6647273	1	1
16	河南	1.38	1277.7	4.02	-.3349289	-.2729125	.4136765	1	3
17	湖北	1.51	1210	3.5	-.1764067	-.3479375	.1137995	1	3
18	湖南	1.4	1035.8	2.88	-.3105409	-.5409857	-.2437461	1	3
19	广东	.79	1195.3	1.08	-1.054376	-.364228	-1.281782	1	1
20	广西	1.22	1251.7	3.19	-.5300331	-.3017257	-.0649733	1	3
21	海南	.92	912.3	3.65	-.8958535	-.6778483	.2003025	1	3
22	重庆	1.42	1132.3	2.75	-.2861529	-.4340445	-.3187154	1	3
23	四川	1.53	1276.3	3.52	-.1520187	-.2744639	.1253332	1	3
24	贵州	3.25	2460.6	5.38	1.945352	1.037976	1.19797	2	2
25	云南	1.73	1604.6	3.55	.0918616	.0893577	.1426338	1	3
26	陕西	1.48	1405	2.62	-.2129887	-.1318387	-.3936847	1	3
27	甘肃	2.26	2531	4.99	.7381443	1.115993	.9730623	2	2
28	青海	3.07	3801.8	3.44	1.725859	2.524292	.0791983	2	2
29	宁夏	4.14	4997.7	9.03	3.030619	3.849588	3.302876	2	2
30	新疆	2.11	1190.9	3	.555234	-.3691041	-.1745438	1	3

图 7.3.2 _clus_2 数据

划分聚类分析的特点是需要事先确定分类的数量。究竟分成多少类是合理的，这是没有定论的。用户需要根据自己的研究、需要及数据的实际特点加入自己的判断。在上面的分析中，我们尝试着把这三十个样本分别分为两类、三类进行了研究，可以看出把数据分成两类是有点粗糙的，而且这两个类别所包含的样本数量的差别也是比较大的，而把数据分成三类是比较合适的。读者可以再把数据分为四类、五类或者其他数量的类别进行研究，观察分类情况，选出自己认为最优的分类。

7.4 案例分析

党的十八大报告指出要千方百计增加居民收入，提高居民收入在国民收入分配中的比重，提高劳动报酬在初次分配中的比重。表 7.4.1 是我国某年各地区城镇居民平均每人全年家庭收入统计表。按照相关统计口径，各地区城镇居民家庭收入来源分为工薪收入、经营净收入、财产性收入和转移性收入四个方面。用层次聚类法进行分析。

表 7.4.1 我国各地区城镇居民平均每人全年家庭收入统计表（单位：元）

地区	工薪收入	经营净收入	财产性收入	转移性收入
北京	13 666	214	190	5 463
天津	8 175	666	148	4 575

地区	工薪收入	经营净收入	财产性收入	转移性收入
河北	6 347	644	117	2 509
山西	7 103	351	136	1 948
内蒙古	6 669	858	161	1 877
辽宁	6 103	486	66	3 152
吉林	5 906	73	81	2 424
黑龙江	5 478	859	73	2 313
上海	14 281	798	292	5 232
江苏	8 397	1 029	240	3 664
浙江	11 941	1 922	553	3 462
安徽	6 426	621	125	2 014
福建	8 792	839	448	3 329
江西	6 223	533	81	2 206
山东	9 027	492	152	1 937
河南	6 095	661	96	2 294
湖北	6 577	420	112	2 286
湖南	6 805	872	196	2 233
广东	12 265	1 044	417	2 524
海南	6 071	662	198	1 739
重庆	7 849	492	188	2 550
四川	5 838	515	211	2 348
贵州	5 516	791	90	1 988
云南	6 171	595	428	2 800
西藏	10 402	43	10	204
陕西	6 348	179	135	2 240
甘肃	6 487	374	40	1 838
青海	5 614	513	62	2 577
宁夏	5 772	957	64	1 952
新疆	6 553	522	55	1 564

在利用 Stata 进行分析之前，先把数据录入到 Stata 中。本例中有 5 个变量，分别为地区、工薪收入、经营净收入、财产性收入和转移性收入，我们把这些变量分别定义为 V1、V2、V3、V4、V5，然后录入相关数据。

对变量进行标准化处理：

```
egen zv2=std(V2)
egen zv3=std(V3)
egen zv4=std(V4)
egen zv5=std(V5)
```

对变量进行描述性统计分析：

`summ zv2 zv3 zv4 zv5`

从图 7.4.1 可以看出，有效观测样本个数为 31，各变量的均值基本上为 0，标准差为 1，这说明标准化起到了一定的效果。

Variable	Obs	Mean	Std. Dev.	Min	Max
zv2	31	2.40e-09	1	-.8764872	2.744534
zv3	31	1.56e-09	1	-1.808074	3.779561
zv4	31	1.08e-09	1	-1.23813	2.909354
zv5	31	-5.86e-10	1	-2.248093	2.74791

图 7.4.1 描述性统计分析结果

使用最短距离法对变量进行层次聚类分析。

`cluster singlelinkage zv2 zv3 zv4 zv5`

命令运行后，可以看到系统产生了一个新的变量，即聚类变量_clus_1，进入数据查看界面，得到如图 7.4.2 所示的_clus_1 数据。

	V1	V2	V3	V4	V5	zv2	zv3	zv4	zv5	_clus_1_id	_clus_1_ord	_clus_1_hgt
1	北京	13666.34	213.7	190.44	5462.85	2.491832	-1.300932	.1381473	2.74791	1	11	2.9514342
2	天津	8174.64	665.53	148.15	4574.99	.2327827	.0430095	-.1851475	1.904427	2	1	1.9333945
3	河北	6346.53	643.84	117.46	2508.96	-.5192236	-.0215061	-.4197636	-.0583391	3	9	2.7794725
4	山西	7103.45	350.96	136.38	1947.77	-.2078589	-.8926602	-.2751256	-.5914798	4	26	2.4461742
5	内蒙古	6669.48	857.63	161.25	1876.78	-.3863757	.6143994	-.0850018	-.6589216	5	19	1.7463687
6	辽宁	6103.41	486.0	65.6	3152.17	-.6192325	-.4909025	-.8162181	.552722	6	13	1.4013262
7	吉林	5905.86	712.86	80.7	2423.57	-.7004963	.1837896	-.7007831	-.1394611	7	25	1.7136991
8	黑龙江	5478.03	858.68	72.97	2312.8	-.8764872	.6175225	-.7598766	-.2446946	8	2	1.556306
9	上海	14280.65	798.07	292.17	5232	2.744534	.4372417	.9158435	2.528599	9	10	1.6155965
10	江苏	8397.15	1028.69	240.4	3663.68	.3243138	1.123207	.5200769	1.038666	10	15	.80677284
11	浙江	11941.09	1921.75	552.94	3461.58	1.782139	3.779561	2.909354	.8466673	11	5	.43407789
12	安徽	6425.54	620.71	124.59	2013.71	-.4867221	-.0903049	-.3652568	-.5288357	12	18	.70515268
13	福建	8791.56	839.36	447.98	3328.7	.4865569	.560563	2.106966	.7204288	13	27	.65904896
14	江西	6222.55	532.56	81.19	2206.16	-.5702236	-.3525019	-.6970371	-.3460047	14	21	.64828178
15	山东	9026.55	492.12	151.86	1937.29	.5832218	-.4727882	-.1567856	-.601436	15	20	.42418311
16	河南	6095.49	660.88	95.77	2293.83	-.6224905	.0291783	-.5855773	-.2627164	16	22	.54645054
17	湖北	6576.92	419.74	112.34	2286.09	-.4244509	-.6880782	-.4589045	-.2700696	17	23	.59764691
18	湖南	6805.3	872.3	195.6	2232.87	-.3305052	.6580344	.177594	-.3206295	18	6	.58828898
19	广东	12265.04	1043.51	417.25	2524.09	1.915398	1.167288	1.872044	-.0439652	19	4	.47523163
20	广西	6975.39	519.87	176.13	2351	-.2605374	-.3902475	.0287515	-.208404	20	14	.40959957
21	海南	6071.2	661.59	198.15	1739.21	-.6324823	.0312902	.1970879	-.7896517	21	12	.38996133
22	重庆	7848.52	492.44	188.22	2549.97	.0986308	-.4718364	.121176	-.0193707	22	3	.28722333
23	四川	5838.27	515.49	211.41	2438.41	-.7282998	-.4032756	.2984568	-.125363	23	7	.24177225
24	贵州	5516.18	790.84	90.25	1987.8	-.8607938	.4157366	-.6277761	-.5534505	24	16	.44309643
25	云南	6170.93	595.45	428.07	2800.2	-.5914577	-.1654393	1.954759	.2183442	25	17	.46008964
26	西藏	10401.71	43.2	10.41	204	1.148904	-1.808074	-1.23813	-2.248093	26	29	.48338714
27	陕西	6347.81	179.34	135.15	2239.96	-.5186969	-1.403134	-.2845287	-.313894	27	8	.39210278
28	甘肃	6486.84	373.84	39.58	1837.84	-.461506	-.824605	-1.015133	-.6959153	28	24	.47022339
29	青海	5613.79	513.41	62.08	2577.4	-.8206413	-.4094625	-.8431275	.0066801	29	30	.65863648
30	宁夏	5771.58	956.65	64.44	1952.2	-.7557332	.9089285	-.825086	-.5872713	30	28	.52560714
31	新疆	6553.47	522.14	54.51	1563.54	-.4340971	-.3834955	-.9009979	-.9565053	31	31	.

图 7.4.2 _clus_1 数据

在图 7.4.2 中，可以看到层次聚类分析方法产生的聚类变量与划分聚类分析方法不同，它包括三个组成部分：_clus_1_id、_clus_1_ord、_clus_1_hgt。其中，_clus_1_id 表示的是系统对该观测样本的初始编号；_clus_1_ord 表示的是系统对该观测样本进行聚类处理后的编号；_clus_1_hgt 表示的是系统对该观测样本进行聚类计算后的值。

为了使聚类分析的结果可视化，绘制了聚类分析树状图。

```
cluster dendrogram
```

命令运行后得到的结果如图 7.4.3 所示。

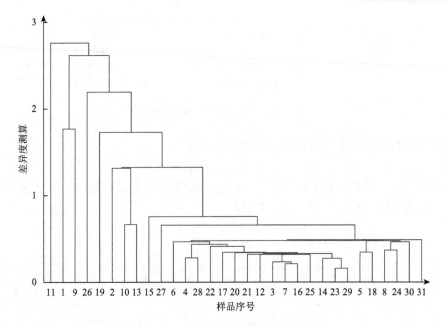

图 7.4.3　最短距离法聚类分析树状图

观察图 7.4.3，能够直观地看到具体的聚类情况：7 号样本和 16 号样本首先聚合在一起，查看数据发现，7 号样本代表的是吉林，16 号样本代表的是河南。7 号样本与 16 号样本聚合后又与 3 号样本（河北）聚合在一起，以此类推，最后 11 号样本（浙江）与所有样本聚为一类。那么，到底分了多少类呢？答案是不确定的，因为这取决于研究的需要和实际的情况，需要用户加入自己的判断。例如，可分成两类，即 11 号样本（浙江）单独一类，其他的样本属于一类。要分成三类的话又是另外的分法。由此可见层次聚类分析法非常好地满足了聚类分析的探索性的特点。

我们还可以使用最长距离法进行分析。

```
cluster completelinkage zv2 zv3 zv4 zv5
cluster dendrogram
```

命令运行后得到的结果如图 7.4.4 所示。

再试试未加权的类间平均法。

```
cluster averagelinkage zv2 zv3 zv4 zv5
cluster dendrogram
```

命令运行后得到的结果如图 7.4.5 所示。

加权的类间平均法：

```
cluster waveragelinkage zv2 zv3 zv4 zv5
```

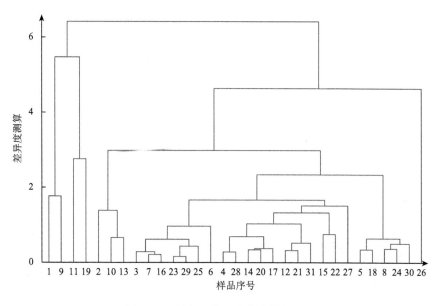

图 7.4.4 最长距离法聚类分析树状图

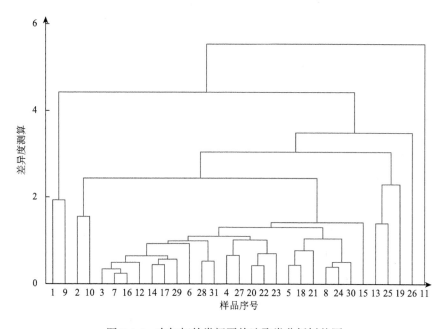

图 7.4.5 未加权的类间平均法聚类分析树状图

```
cluster dendrogram
```
命令运行后得到的结果如图 7.4.6 所示。
加权的类间重心法：
```
cluster medianlinkage zv2 zv3 zv4 zv5
cluster dendrogram
```
命令运行后得到的结果如图 7.4.7 所示。

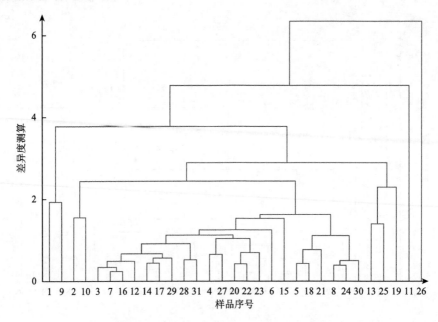

图 7.4.6 加权的类间平均法聚类分析树状图

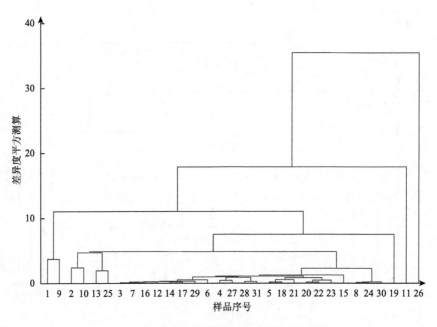

图 7.4.7 加权的类间重心聚类分析树状图

未加权的类间重心法：

```
cluster medianlinkage zv2 zv3 zv4 zv5
```

与其他层次聚类分析方法不同的是，未加权的类间重心法无法绘制树状图。

离差平方和法：

```
cluster wardslinkage zv2 zv3 zv4 zv5
cluster dendrogram
```

命令运行后得到的结果如图 7.4.8 所示。

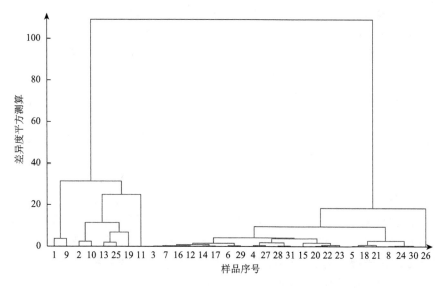

图 7.4.8　离差平方和法聚类分析树状图

基于聚类方法的用户画像，可能比你更了解你

　　当下的年轻人将大部分时间都花费在移动互联网与智能手机上。每个人每天使用智能手机的时间基本超过 3 小时，浏览手机已经成为工作和睡觉之外的第三大生活习惯，移动 APP 也成为各大领域、各大企业的用户入口、消费入口和数据入口。在过去的一段时间中，从阿里飞猪、携程、滴滴等一系列"大数据杀熟"的行为，到腾讯微信被指根据文字聊天精准推送广告，美团、饿了么的"偷听门"风波，再到"微信被指监控用户聊天记录"登上微博热搜榜，这些 APP 似乎都被质疑"窥探用户隐私"。

　　2019 年初，微信曾发布《2018 微信数据报告》，对不同年龄层的用户进行了画像描述，部分用户就曾质疑微信"监控"聊天数据，表示"微信不读取聊天内容，怎么统计表情使用画像？"而微信当时则回应，所有数据均已脱敏。随着大数据、AI 的迅速发展，隐私泄露早已成为普遍问题，这也是当下大多数互联网用户频遇信息骚扰、产生安全隐私焦虑的源头。

　　用户画像作为大数据的根基，可以抽象出一个用户的信息全貌，精准、快速地分析用户的行为习惯、消费习惯等信息，为用户打上"标签"。而这样的标签通常是具体且精炼的特征标识，如年龄、性别、地域、用户偏好等，最后将用户的所有标签综合起来，就可以勾勒出该用户的立体"画像"。比如：李某，男，32 岁，北京人，已婚，有孩子，月收入 1 万元以上，团购达人，喜欢红酒和手表。这样的一串描述即为用户画像的典型案例。如果用一句话来描述，即用户信息标签化。"打上标签"之后就可以做出分类统计：喜欢红酒的用户有多少？喜欢红酒的人群中，男、女比例是多少？同时也可以做数据挖掘工作：利用关联规则计算，喜欢红酒的人通常喜欢什么手表品牌？利用聚类方法分析，喜欢红酒的人的年龄分布情况如何？

　　完成对用户画像的分析后，就可以为用户画像的标签建模。对原始数据进行统计分析，得到事实标签；再进行建模分析，得到模型标签；再进行模型预测, 得到预测标签。于是搜索引擎、推荐引擎、广告投放等各种应用领域都能精准地掌握用户的喜好。

某知名社交软件的广告平台也解释道, 用户使用软件的一切行为, 如消费记录、打车频率、手机理财习惯、是否有房贷或车贷、发过多少红包, 都可以成为标签被记录下来, 成为大数据算法的一部分, 在用户画像完成之后, 广告投送方可以自由地组合目标受众的特征标签, 最后选定广告位和投放时间, 当符合广告投送方需求的用户出现时, 通过算法得出的让用户看到后"最想买"的那个广告, 就会自动弹出。

大数据下的用户画像已经为移动端提供了一个"标签化的你", 移动端也会在各大平台反馈一个"猜测标签"给你。这种时候, 我就想感叹:"我并不是用户, 我只是一个活体互联网大数据。"在微信里聊完旅游就能看到机票广告; 日常聊天时, 和朋友聊完家具, 电商平台就会推荐家具; 提到鳗鱼饭, 外卖平台就会出现鳗鱼饭, 这样的情况, 让人不禁会想, 我的手机 APP 是否窃听了对话? 真的"隔屏有耳"吗?

而此前, 知名互联网科技博主梓泉曾表示:APP 安装的时候都会咨询是否给予录音权限, 像电话、微信这样的 APP 会要求长期具有录音权限, 就是以后录音时不需要弹出提示。但是绝大多数软件像外卖、小红书, 这些都是每次使用录音前都必须询问的, 你可以看一下后台那个设置, 绝大多数都是使用录音权限前必须要点允许的。即便 APP 绕过了系统限制, 或者用户赋予了录音权限, 通过录音的方式获取用户日常信息的效率实在太低了, 因为绝大多数时间, 手机都没法录到用户的对话, 捕捉对商家有用的有效信息更为困难。以各大外卖 APP、小红书等软件动辄上亿的安装量, 得不偿失, 对大量录音进行语意分析, 从商业上来说并没有价值。这在一定程度上否定了某些 APP"偷听"的可能, 但是, 除了这些 APP 呢?

据悉, 在腾讯广告平台的推广上, 它们自己可以筛选出 2019 年 3 月 1 日到 15 日, 去过上海虹桥机场 3 次以上的人, 再加上电商购买记录、搜索记录, 和手机唯一的手机识别码 IMEI(international mobile equipment identity, 国际移动设备识别码)绑定在一起, 即便不注册、不登录账户, 用户的行为数据一样会被采集。那么, 在一些拥有长期语音权限的软件和手机本身上是否也会出现语音记录被识别与绑定的情况呢?

"隔屏有耳"的隐患不只是隐私信息的可被盗取, 更恐怖的是它全天候在线的特性。在离不开手机的移动互联网时代, 身边随时跟着一只耳朵, 而且它还能通过算法分析你语音中的关键信息。比如, 你打了一通电话, 这"耳朵"能从你的一通电话里提取到哪些信息呢, 你是谁? 你从哪里来? 你身居何处? 讲什么语言? 你的健康状况、有无疾病、情绪状态如何? 甚至, 能够通过收集背景声掌握你周围环境的动态。

简而言之, 通话 5 分钟就能获取你的大部分特征标识。音频数据被添上指示标签, 算法通过处理数据建立音频特征与标签之间的关联性, 这样就能给出一个大致的用户画像。精准的用户画像是基于用户的言行举止被分析出来的, 这些累积起来的数据信息、特征标签, 难道不算是隐私的一部分? 在用户不知情的情况下信息被记录收集, 是否已经涉嫌侵犯隐私? 北京志霖律师事务所律师赵占领表示：未告知用户收集个人信息属违法，但个人信息的判断标准为身份识别性，能够直接或者间接识别个人身份的信息即为个人信息。而如今企业"打擦边球"的方式有很多，如不一次性收集所有信息，而是"东拼西凑"出用户画像，这导致判断和监管都比较困难。

缺乏更细化的法律和规定，客观上也造成了当下各类 APP 在获取、使用用户隐私等方面"打擦边球"的现象。但目前隐私安全保护已得到用户、行业协会、有关部门的多方重视。2018 年 3 月 28 日，中国消费者协会官方公众号发文表示，目前已经初步建成"APP 个人信息举报"微信公众号，公众号受理对 APP 违法违规收集使用个人信息的举报，发布对 APP 隐私政策和个人信息收集情况的评估及处置结果。根据 2019 年的数据，在举报问题上，"超范围收集与业务功能无关个人信息"占所有举报信息的 20%，排行首位。

用户画像给我们贴了太多标签，可谓是"人为信息刀俎，我为数据鱼肉"，在大数据面前，你我早已无处遁形，这"变态"的精准投放，好像真的比我自己还了解我自己。

本 章 小 结

（1）聚类分析是通过建立一种分类的方法，将一批样本数据（或者变量），按照它们在性质上的亲疏程度在没有前提假设的情况下自动进行分类。

（2）聚类分析的相似性测度包含数值变量的相似性测度、名义变量的相似性测度。

（3）层次聚类法试图在不同的层次上对数据集进行划分，从而形成树形的聚类结构。定义群与群之间的相似性的方法有很多，Stata 支持 7 种，分别是含最短距离法、最长距离法、未加权的类间平均法、加权的类间平均法、未加权的类间重心法、加权的类间重心法和离差平方和法。

（4）划分聚类法的基本思想是将观测到的样本划分到一系列事先设定好的不重合的分组中去。K 均值聚类法是划分聚类法中最常用的。

（5）运用 Stata 软件实现聚类分析。

第8章

神 经 网 络

神经网络方面的研究很早就已经出现了，今天神经网络已经是一个相当大、多学科交叉的学科领域。各相关学科对神经网络的定义多种多样，本书采用目前使用得最广泛的一种，即"神经网络是由具有适应性的简单单元组成的广泛并行互连的网络，它的组织能够模拟生物神经系统对真实世界物体所做出的交互反应"。在机器学习中神经网络指的是"神经网络学习"，或者说，是机器学习与神经网络这两个学科领域的交叉部分。

■ 8.1 神经元网络

8.1.1 神经元模型概述

神经网络中最基本的单元是神经元模型。在生物神经网络的原始机制中，通常每个神经元都有多个树突、一个轴突和一个细胞体，树突短而多分支，轴突长而只有一个；在功能上，树突用于传入其他神经元传递的神经冲动，而轴突用于将神经冲动传入其他神经元，当树突或细胞体传入的神经冲动使得神经元兴奋时，该神经元就会通过轴突向其他神经元传递兴奋。神经元的生物结构如图 8.1.1 所示。

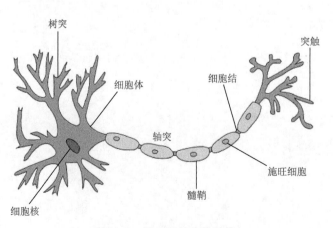

图 8.1.1 神经元的生物结构

1943 年，心理学家 McCulloch 和数学家 Pitts 将上述结构抽象为如图 8.1.2 所示的简单模型，这就是一直沿用至今的 M-P 神经元模型。每个神经元收到 n 个其他神经元传递过来的信号，这些信号通过带权重的连接进行传递，神经元接收到的总输入值将与神经元的阈值进行比较，然后通过激活函数的处理产生神经元的输出，从轴突传送给其他神经元。

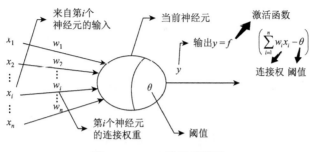

图 8.1.2 M-P 神经元模型

8.1.2 激活函数

激活函数是神经网络中极为重要的概念。它决定了某个神经元是否被激活，这个神经元接收到的信息是否是有用的，是否该留下或者抛弃。理想中的激活函数是如图 8.1.3 所示的阶跃函数，它将神经元输出值与阈值的差值映射为输出值 0 或 1，若差值大于或等于零，输出 1，对应兴奋；若差值小于零，输出 0，对应抑制。

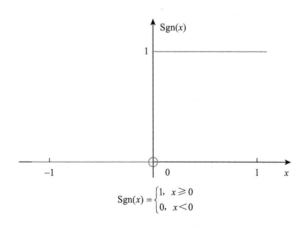

$$Sgn(x) = \begin{cases} 1, & x \geqslant 0 \\ 0, & x < 0 \end{cases}$$

图 8.1.3 阶跃函数

但因为阶跃函数不连续、不光滑，因此实际经常采用 Sigmoid 函数作为激活函数，典型的 Sigmoid 函数如图 8.1.4 所示，它把可能在较大范围内变化的输入值挤压到（0,1）输出值范围内，所以也称为挤压函数。

此外，根据因变量取值类型的不同，激活函数也会有所不同。特别地，当因变量为定序变量（$1,2,\cdots,K$）时，其激活函数有以下两种情形。

（1）忽略因变量取值之间的顺序，将因变量看作定类变量。输出层含有 K 个输出单元，每个输出单元的输出值为 μ_k（$k=1,2,\cdots,K$），对应的因变量为 $I(Y=k)$（当观测属

于第 k 个类别时取值为 1，否则为 0)。输出层采用 Softmax 激活函数，从而保证各输出单元的输出值加和为 1。

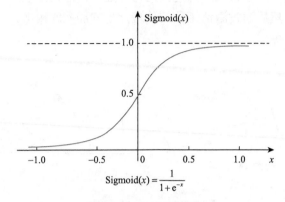

$$Sigmoid(x) = \frac{1}{1+e^{-x}}$$

图 8.1.4　Sigmoid 函数

（2）输出层含有 K 个输出单元，当 $Y=k$ 时，前 k 个输出单元对应的因变量取值为 1，后 $K-k$ 个输出单元对应的因变量取值为 0，每个输出单元采用 Logistic 激活函数，输出值 t_k 为第 k 个输出单元取值为 1 的概率。

将多个神经元按一定的层次结构连接起来，就得到了神经网络。事实上，从计算机科学的角度看，我们可以先不考虑神经网络是否真的模拟了生物神经网络，只需将一个神经网络视为包含了许多参数的数学模型，如 10 个神经元两两连接，则有 100 个参数、90 个连接权和 10 个阈值。若将每个神经元都看作一个函数，则整个神经网络就是由这些函数相互嵌套而成的。

■ 8.2　感知机与多层网络

8.2.1　感知机

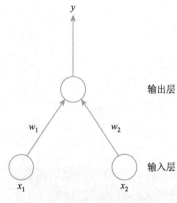

图 8.2.1　两个输入神经元的
感知机网络结构示意图

感知机是由两层神经元组成的一个简单模型，如图 8.2.1 所示，输入层接收外界信号后传递给输出层，输出层是 M-P 神经元，也称阈值逻辑单元（threshold logic unit）。

感知机能够很容易地实现逻辑"与""或""非"运算。注意到 $y = f\left(\sum_{i=1}^{n} w_i x_i - \theta\right)$，假定 f 是图 8.1.3 的阶跃函数，有以下内容。

"与" $(x_1 \wedge x_2)$：令 $w_1 = w_2 = 1, \theta = 2$，则 $y = f(1 \cdot x_1 + 1 \cdot x_2 - 2)$，仅在 $x_1 = x_2 = 1$ 时，$y=1$。

"或" $(x_1 \vee x_2)$：令 $w_1 = w_2 = 1, \theta = 0.5$，则 $y = f(1 \cdot x_1 + 1 \cdot x_2 - 0.5)$，当 $x_1 = 1$ 或 $x_2 = 1$ 时，$y=1$。

"非" $(\neg x_1)$：令 $w_1 = 0.6, w_2 = 0, \theta = -0.5$，则 $y = f(-0.6 \cdot x_1 + 0 \cdot x_2 + 0.5)$，当 $x_1 = 1$ 时，$y=0$；当 $x_1 = 0$ 时，$y=1$。

更一般地，给定训练数据集，权重 w_i（$i=1,2,\cdots,n$）及阈值 θ 可通过学习得到。阈

值 θ 可看作一个固定输入为 -1 的哑节点（dummy node）所对应的连接权重 w_{n+1}，这样，权重和阈值的学习就可统一为权重的学习。感知机的学习规则非常简单，对训练样例 (x, y)，若当前感知机的输出为 $\hat{y}$，则感知机权重将这样调整：

$$w_i \leftarrow w_i + \Delta w_i \tag{8.2.1}$$

$$\Delta w_i = \eta(y - \hat{y})x_i \tag{8.2.2}$$

其中，x_i 为 x 对应于第 i 个输入神经元的分量；$\eta \in (0,1)$ 称为学习率（learning rate），η 通常设置为一个小正数，如 0.1。从式（8.2.1）可知，若感知机对训练样例 (x, y) 预测正确，即 $\hat{y} = y$，则感知机不会发生变化；否则将根据错误的程度进行权重调整。

需要注意的是，感知机只有输入神经元需要进行激活函数处理，即只拥有一层功能神经元（functional neuron），其学习能力非常有限。事实上，上述"与""或""非"问题都是线性可分（linearly separable）的问题。可以证明，若两类模式是线性可分的，即存在一个线性超平面能将它们分开，如图 8.2.2（a）～图 8.2.2（c）所示，则感知机的学习过程一定会收敛（convergence）而求得适当的权向量 $w = (w_1; w_2; \cdots; w_{n+1})$；否则感知机的学习过程将会发生振荡（fluctuation），w 难以稳定下来，不能求得合适解，如感知机甚至不能解决图 8.2.2（d）中"异或"这样简单的非线性可分问题。

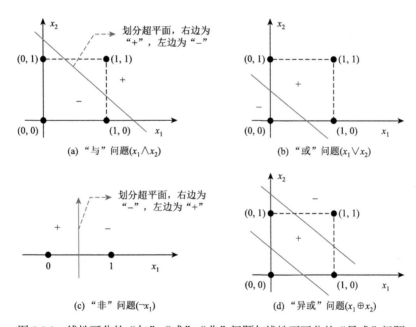

(a) "与"问题 $(x_1 \wedge x_2)$　　　　　　　　(b) "或"问题 $(x_1 \vee x_2)$

(c) "非"问题 $(\neg x_1)$　　　　　　　　(d) "异或"问题 $(x_1 \oplus x_2)$

图 8.2.2　线性可分的"与""或""非"问题与线性不可分的"异或"问题

8.2.2　多层网络

要解决线性不可分问题，需考虑使用多层功能神经元。例如，图 8.2.3 中这个简单的两层感知机就能解决"异或"问题。在图 8.2.3 中，输出层与输入层之间的一层神经元，被称为隐层或隐含层（hidden layer），隐含层和输出层神经元都是拥有激活函数的功能神经元。

更一般地，常见的神经网络是如图 8.2.4 所示的层级

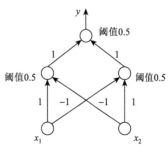

图 8.2.3　能解决"异或"问题的两层感知机

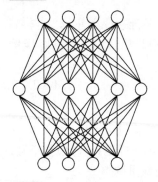

图 8.2.4 多层前馈神经网络结构示意图

结构，每层神经元与下一层神经元全互连，神经元之间不存在同层连接，这样的神经网络结构通常称为多层前馈神经网络（multi-layer feed forward neural networks），其中输入层神经元接收外界输入，隐层与输出层神经元对信号进行加工，最终结果由输出层神经元输出；换言之，输出层神经元仅是接收输入，而不进行函数处理，隐层与输出层包含功能神经元。因此图 8.2.4 通常被称为两层网络，为避免歧义，本书称为单隐层网络。只需包含隐层，即可称为多层网络。神经网络的学习过程，就是根据训练数据调整神经元之间的连接权（connection weight）及每个功能神经元的阈值；换言之，神经网络"学"到的东西，蕴含在连接权和阈值中。

8.3 误差逆传播算法

8.3.1 误差逆传播算法概述

多层网络的学习能力比单层感知机强得多。欲训练多层网络，式（8.2.1）的简单感知机学习规则显然不够，需要更强大的学习算法。误差逆传播（back propagation，BP）算法就是其中最杰出的代表，它是迄今最成功的神经网络学习算法。现实任务中使用神经网络时，大多是在使用 BP 算法进行培训。值得指出的是，BP 算法不仅可用于多层前馈神经网络，还可用于其他类型的神经网络，如训练递归神经网络。但通常说"BP 网络"时，一般是指用 BP 算法训练的多层前馈神经网络。

8.3.2 误差逆传播算法公式推导

给定训练集 $D = \{(x_1, y_1), (x_2, y_2), \cdots, (x_m, y_m)\}$，$x_i \in R^d$，$y_i \in R^l$，即输入示例由 d 个属性描述，输出 l 维实值向量。为便于讨论，图 8.3.1 给出了一个拥有 d 个输入神经元、l 个

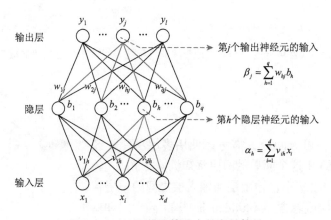

图 8.3.1 BP 网络及算法中的变量符号

输出神经元、q 个隐层神经元的多层前馈神经网络结构，其中输出层第 j 个神经元的阈值用 θ_j 表示，隐层第 h 个神经元的阈值用 γ_h 表示。输入层第 i 个神经元与隐层第 h 个神经元之间的连接权为 v_{ih}，隐层第 h 个神经元与输出层第 j 个神经元之间的连接权为 w_{hj}。记隐层第 h 个神经元接收的输入为 $\alpha_h = \sum_{i=1}^{d} v_{ih} x_i$，输出层第 j 个神经元接收的输入为 $\beta_j = \sum_{h=1}^{q} w_{hj} b_h$，其中，$b_h$ 为隐层第 h 个神经元的输出。假设隐层和输出层神经元都使用图 8.1.4 中的 Sigmoid 函数。

对训练集 (x_k, y_k)，假定神经网络的输出为 $\hat{y}_k = (\hat{y}_1^k, \hat{y}_2^k, \cdots, \hat{y}_l^k)$，即

$$\hat{y}_j^k = f(\beta_j - \theta_j) \tag{8.3.1}$$

则网络在 (x_k, y_k) 上的均方误差为

$$E_k = \frac{1}{2} \sum_{j=1}^{l} (\hat{y}_j^k - y_j^k)^2 \tag{8.3.2}$$

图 8.3.1 的网络中有 $(d + l + 1)q + l$ 个参数需确定：输入层到隐层的 $d \times q$ 个权值、隐层到输出层的 $q \times l$ 个权值、q 个隐层神经元的阈值、l 个输出层神经元的阈值。BP 算法是一个迭代学习算法，在迭代的每一轮中采用广义的感知机学习规则对参数进行更新估计。与式（8.3.2）类似，任意参数 v 的更新估计式为

$$v \leftarrow v + \Delta v \tag{8.3.3}$$

下面我们以图 8.3.1 中隐层到输出层的连接权 w_{hj} 为例来进行推导。

BP 算法基于梯度下降（gradient descent）策略，按目标的负梯度方向对参数进行调整。对式（8.3.2）的均方误差 E_k，给定学习率 η，有

$$\Delta w_{hj} = -\eta \frac{\partial E_k}{\partial w_{hj}} \tag{8.3.4}$$

注意到 w_{hj} 先影响第 j 个输出层神经元的输入值 β_j，再影响其输出值 $\hat{y}_j^k$，然后影响 E_k，有

$$\frac{\partial E_k}{\partial w_{hj}} = \frac{\partial E_k}{\partial \hat{y}_j^k} \cdot \frac{\partial \hat{y}_j^k}{\partial \beta_j} \cdot \frac{\partial \beta_j}{\partial w_{hj}} \tag{8.3.5}$$

根据 β_j 的定义，显然有

$$\frac{\partial \beta_j}{\partial w_{hj}} = b_h \tag{8.3.6}$$

图 8.1.4 中的 Sigmoid 函数有一个很好的性质：

$$f'(x) = f(x)(1 - f(x)) \tag{8.3.7}$$

于是根据式（8.3.6）和式（8.3.7），有

$$g_i = -\frac{\partial E_k}{\partial \hat{y}_j^k} \cdot \frac{\partial \hat{y}_j^k}{\partial \beta_j}$$

$$= -(\hat{y}_j^k - y_j^k)f'(\beta_j - \theta_j) \qquad (8.3.8)$$

$$= \hat{y}_j^k(1 - \hat{y}_j^k)(y_j^k - \hat{y}_j^k)$$

将式（8.3.8）和式（8.3.6）代入式（8.3.5），再代入式（8.3.4），就得到了 BP 算法中关于 w_{hj} 的更新公式

$$\Delta w_{hj} = \eta g_j b_h \qquad (8.3.9)$$

类似可得

$$\Delta \theta_j = -\eta g_j \qquad (8.3.10)$$

$$\Delta v_{ih} = \eta e_h x_i \qquad (8.3.11)$$

$$\Delta \gamma_h = -\eta e_h \qquad (8.3.12)$$

式（8.3.11）和式（8.3.12）中

$$e_h = -\frac{\partial E_k}{\partial b_h} \cdot \frac{\partial b_h}{\partial \alpha_h}$$

$$= -\sum_{j=1}^{l} \frac{\partial E_k}{\partial \beta_j} \cdot \frac{\partial \beta_j}{\partial b_h} f'(\alpha_h - \gamma_h)$$

$$= \sum_{j=1}^{l} w_{hj} g_j f'(\alpha_h - \gamma_h) \qquad (8.3.13)$$

$$= b_h(1 - b_h) \sum_{j=1}^{l} w_{hj} g_j$$

学习率 $\eta \in (0,1)$ 控制着算法每一轮迭代中的更新步长，若太大则容易振荡，太小则收敛速度过慢。有时为了精细调节，可令式（8.3.9）与式（8.3.10）使用 η_1，式（8.3.11）与式（8.3.12）使用 η_2，两者未必相等。

8.3.3　误差逆传播算法工作流程

对每个训练样例，BP 算法执行以下操作：先将输入示例提供给输入神经元，然后逐层将信号前传，直到产生输出层的结果；然后计算输出层的误差 E_k，再将误差逆向传播至隐层神经元；最后根据隐层神经元的误差来对连接权和阈值进行调整。该迭代过程循环进行，直到达到某些停止条件或实现 BP 算法的目标。例如，训练累积误差已经达到了一个很小的值。BP 算法的具体流程如下。

输入：训练集 $D = \{(x_k, y_k)\}_{k=1}^{m}$；学习率 η。

过程：

（1）在（0,1）范围内随机初始化网络中的所有连接权和阈值。

（2）repeat。

（3）for all $(x_k, y_k) \in D$ do。

（4）根据当前参数和式（8.3.1）计算当前样本的输出 $\hat{y}_k$。

（5）根据式（8.3.8）计算输出层神经元的梯度项 g_i。

（6）根据式（8.3.13）计算隐层神经元的梯度项 e_h。

（7）根据式（8.3.9）～式（8.3.12）更新连接权 w_{hj}, v_{ih} 与阈值 θ_j, r_h。

（8）end for。

（9）until 达到停止条件。

输出：连接权与阈值确定的多层前馈神经网络。

需要注意的是，BP 算法的目标是最小化训练集 D 上的累积误差。

但我们上面介绍的标准 BP 算法每次仅针对一个训练样例更新连接权和阈值，也就是说，如上的更新规则是基于单个的 E_k 推导而得的。如果类似地推导出基于累积误差最小法的更新规则，就得到了累积 BP 算法。累积 BP 算法与标准 BP 算法都很常用。一般来说，标准 BP 算法每次更新只针对单个样例，参数更新得非常频繁，而且对不同样例进行更新时有可能出现参数"抵消"的现象。因此，为了达到同样的累积误差最小化，标准 BP 算法往往需要进行更多次的迭代。累积 BP 算法直接针对累积误差最小化，它在读取整个训练集 D 一遍后才对参数进行更新，其参数更新的频率低得多。但在许多任务中，累积误差下降到一定程度后，进一步下降会非常缓慢，这时标准 BP 算法往往会更快地获得较好的解，在训练集 D 非常大时效果更明显。另外，对于如何设置隐层神经元个数的问题，至今仍然没有好的解决方案，常使用试错法进行调整。

8.3.4　过拟合问题

正是由于 BP 神经网络强大的表示能力，从而经常遭遇过拟合，其训练误差持续降低，但测试误差却可能上升。有以下两种策略常用来缓解 BP 神经网络的过拟合。

（1）早停（early stopping）：将数据分成训练集和测试集，训练集用来计算梯度、更新连接权和阈值，测试集用来估计误差。若训练集误差降低但测试集误差升高，则停止训练，同时返回具有最小测试集的连接权和阈值。

（2）权衰减（weight decay）法：在训练时不直接使用误差函数作为目标函数，而是使用

$$E + \delta \sum_i w_i^2 \qquad (8.3.14)$$

作为目标函数。其中，δ 称为权衰减常数。加了惩罚项 $\delta \sum_i w_i^2$ 后，可以使那些对误差函数没什么影响的参数的取值更接近于 0，以限制模型的复杂度。可选取 δ 的几个不同取值分别进行训练，挑选对测试集预测误差最小的模型。

■ 8.4　全局最小与局部最小

若用 E 表示神经网络在训练集上的误差，则它显然是关于连接权 w 和阈值 θ 的函数。此时，神经网络的训练过程可看作一个参数寻优过程，即在参数空间中，寻找一组最优参数使得 E 最小。我们常会谈到两种最优：局部最小（local minimum）和全局最小（global minimum）。

对 w^* 和 θ^*，若存在 $\varepsilon > 0$ 使得

$$\forall(\omega;\theta)\in\{(\omega;\theta)\,|\,\|\,(\omega;\theta)-(\omega^*;\theta^*)\,\|\leqslant\varepsilon\} \tag{8.4.1}$$

都有 $E(\omega;\theta)\geqslant E(\omega^*;\theta^*)$ 成立，则 $(\omega^*;\theta^*)$ 为局部最小解；若对参数空间中的任意 $(\omega;\theta)$，都有 $E(\omega;\theta)\geqslant E(\omega^*;\theta^*)$，则 $(\omega^*;\theta^*)$ 为全局最小解。直观地看，局部最小解是参数空间中的某个点，其邻域点的误差函数值均不小于该点的误差函数值；全局最小解是指参数空间中所有点的误差函数值均不小于该点的误差函数值。两者对应的 $E(\omega^*;\theta^*)$ 分别称为误差函数的局部最小值和全局最小值。

显然，参数空间内梯度为零的点，只要其误差函数值小于邻点的误差函数值，就是局部最小点；可能存在多个局部最小值，但却只有一个全局最小值。也就是说，全局最小一定是局部最小，反之则不成立。例如，图 8.4.1 中有两个局部最小，但只有其中之一是全局最小。显然，我们在参数寻优过程中是希望找到全局最小。

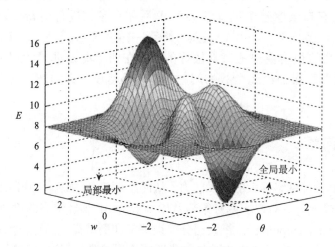

图 8.4.1　全局最小和局部最小

基于梯度的搜索是使用最为广泛的参数寻优方法。在此类方法中，我们从某些初始解出发，迭代寻找最优参数值。每次迭代中，我们先计算误差函数在当前点的梯度，然后根据梯度确定搜索方向。例如，由于负梯度方向是函数值下降最快的方向，因此梯度下降法就是沿着负梯度方向去搜索最优解。若是误差函数在当前点的梯度为零，则已达到局部最小，更新量将为零，这意味着参数的迭代更新将在此停止。显然，如果误差函数仅有一个局部最小，那么此时找到的局部最小就是全局最小；然而，如果误差函数具有多个局部最小，则不能保证找到的解是全局最小，对后一种情形，我们称参数寻优陷入了局部最小，这显然不是我们所希望的。因此在现实任务中，通常使用以下策略尽可能去接近全局最小。

（1）以多组不同参数值初始化多个神经网络。按标准方法训练后，取其中误差最小的解作为最终参数。这相当于从多个不同的初始点开始搜索，这样就可能陷入不同的局部最小，从中进行选择便有可能获得更接近全局最小的结果。

（2）使用模拟退火（simulated annealing）技术。模拟退火在每一步都以一定的概率接受比当前解更差的结果，从而有助于跳出局部最小。在每步迭代过程中，接受次优解的概率随着时间的推移而逐渐降低，从而保证算法稳定。

（3）使用随机梯度下降法。与标准梯度下降法精确计算梯度不同，随机梯度下降法在计算梯度时加入了随机因素。于是，即便陷入局部最小点，它计算出的梯度仍不可能为零，这样就有机会跳出局部最小继续搜索。

8.5 深度学习

理论上来说，参数越多的模型复杂度越高、容量（capacity）越大，这意味着它能完成更复杂的学习任务。但一般情形下，复杂模型的训练效率低，易陷入过拟合，因此难以受到人们的青睐。而随着云计算、大数据的到来，计算能力的大幅提高可缓解训练的低效性，训练数据的大幅增加可降低过拟合的风险，因此，以深度学习为代表的复杂模型开始受到人们的关注。

典型的深度学习模型就是很深层的神经网络。显然，对神经网络模型，提高容量的一个简单办法就是增加隐层的数目。隐层多了，相应的神经元连接权、阈值等参数就会更多。模型复杂度也可通过单纯增加隐层神经元的数目来实现，前面我们谈到过，单隐层网络已具有强大的学习能力；但从增加模型复杂度的角度看，增加隐层的数目显然比增加神经元的数目更有效，因为增加隐层数不仅增加了拥有激活函数的神经元的数目，还增加了激活函数嵌套的层数。然而，多隐层神经网络难以直接用经典算法（如标准 BP 算法）进行训练，因为误差在多隐层内逆传播时，往往会"发散"（diverge）而不能收敛到稳定状态。

无监督逐层训练（unsupervised layer-wise training）是多隐层网络训练的有效手段，其基本思想是每次训练一层隐节点，训练时将上一层隐节点的输出作为输入，而本层隐节点的输出作为下一层隐节点的输入，这称为预训练（pre-training）；在预训练全部完成后，再对整个网络进行"微调"（fine-tuning）；如在深度信念网络（deep belief network，DBN）中，每层都是一个受限玻尔兹曼机（restricted Boltzmann machine，RBM），即整个网络可视为若干个 RBM 堆叠而得。在使用无监督逐层训练时，首先训练第一层，这是关于训练样本的 RBM 模型，可按标准的 RBM 训练；然后，将第一层训练好的隐节点视为第二层的输入节点，对第二层进行预训练……各层预训练完成后，再利用 BP 算法对整个网络进行训练。

事实上，"预训练+微调"的做法可视为大量参数分组，每组先找到局部看来比较好的设置，然后再将这些局部较优的结果联合起来进行全局寻优。这样就在利用了模型大量参数所提供的自由度的同时，有效地节省了训练开销。

另一种节省训练开销的策略是"权共享"（weight sharing），即让一组神经元使用相同的连接权。这个策略在卷积神经网络（convolutional neural network，CNN）中发挥了重要作用。以 CNN 进行手写数字识别任务为例，如图 8.5.1 所示，网络输入是一个 32×32 的手写数字图像，输出是其识别结果，CNN 复合多个卷积层和采样层对输入信号进行加工，然后在连接层实现与输出目标之间的映射。每个卷积层都包含多个特征映射（feature map），每个特征映射都是一个由多个神经元构成的"平面"，通过一种卷积滤波器提取输入的一种特征。例如，图 8.5.1 中第一个卷积层由 6 个特征映射构成，每个特征映射是一个 28×28 的神经元阵列，其中每个神经元负责从 5×5 的区域通过卷积滤波器提取局部特征。采样层也称为汇合（pooling）层，其作用是基于局部相关性原理进行亚采样，从而在减少数据量的同时保留有用信息。例如，图 8.5.1 中第一个采样层有 6 个 14×14

的特征映射，其中每个神经元与上一层中对应特征映射的 2×2 领域相连，并据此计算输出。通过复合卷积层和采样层，图 8.5.1 中的 CNN 将原始图像映射成 120 维的特征向量，最后通过一个由 84 个神经元构成的连接层与输出层连接完成识别任务。CNN 可由 BP 算法进行训练，但在训练中，无论是卷积层还是采样层，其每一组神经元（即图 8.5.1 中的每个"平面"）都使用相同的连接权，从而大幅减少了需要训练的参数的数目。

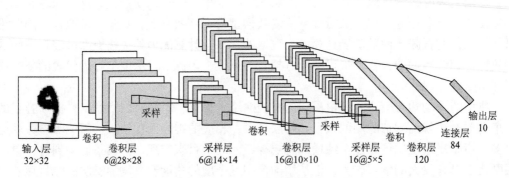

图 8.5.1　CNN 用于手写数字识别

深度学习可以理解为一种特征学习或者表示学习，无论是 DBN 还是 CNN，都是通过多个隐层把与输出目标联系不大的初始输入转化为与输出目标更加密切的表示，使原来只通过单层映射难以完成的任务变得可能，即通过多层处理，逐渐将初始的"低层"特征转化为"高层"特征表示，从而使得最后可以用简单的模型来完成复杂的学习任务。

以往在机器学习用于现实任务时，描述样本的特征通常需由人类专家来设计，这称为特征工程（feature engineering）。特征的好坏对泛化性能有至关重要的影响，人类专家设计出好特征也并非易事。特征学习则通过机器学习技术自身来产生好特征，这使机器学习向"全自动数据分析"又前进了一步。

8.6　案　例　分　析

假设 wine.csv 数据集记录了 4898 种红葡萄酒 12 个变量的信息（表 8.6.1）。因变量 quality 是定序变量，我们将采用 8.1 节提及的针对定序变量的两种方案对 quality 进行建模。我们将数据集划分为训练数据集和验证数据集，使用训练数据集建立多个神经网络模型，并使用验证数据集比较各个模型的预测效果。

表 8.6.1　wine 数据集说明

变量名称	变量说明
fixed.acidity	固定酸度
volatile.acidity	挥发性酸度
citric.acid	柠檬酸
residual.sugar	残糖
chlorides	氯化物
free.sulfur.dioxide	游离二氧化硫

变量名称	变量说明
total.sulfur.dioxide	总二氧化硫
density	密度
pH	酸碱度
sulphates	硫酸盐
alcohol	酒精
quality	因变量：品质等级，取值 3, 4, ⋯, 9

令 N_v 表示验证数据集的观测数，Y_i 表示验证数据集中第 i 个观测的因变量的真实值，$\hat{Y}_i$ 表示模型对验证数据集中第 i 个因变量的预测值。模型对验证数据集的分类准确率为

$$\frac{1}{N_v}\sum_{i=1}^{N_v}\Gamma(Y_i=\hat{Y}_i) \tag{8.6.1}$$

其中，$\Gamma()$ 为示性函数，当括号中的条件得到满足时取值为 1，否则取值为 0。

因为因变量是定序变量，还可以计算模型对验证数据集按序数距离加权的分类准确率：

$$\frac{1}{N_v}\sum_{i=1}^{v}\left(1-\frac{|Y_i-\hat{Y}_i|}{9-3}\right) \tag{8.6.2}$$

其中，"9–3" 为 $|Y_i-\hat{Y}_i|$ 的最大可能取值。若 $Y_i=3$ 且 $\hat{Y}_i=9$，或 $Y_i=9$ 且 $\hat{Y}_i=3$，观测 i 对按序数距离加权的分类准确率的贡献为最小值 0；若 $Y_i=\hat{Y}_i$，观测 i 对按序数距离加权的分类准确率的贡献为最大值 $\frac{1}{N_v}$。一般而言，因变量的预测值离真实值越近，观测 i 对按序数距离加权的分类准确率的贡献越大。

相关 R 语言程序如下。

\#\#\#加载程序包

```
library(RSNNS)
```

#RSNNS 包是 R 到 Stuttgart Neural Network Simulator(SNNS) 的接口，含有许多神经网络的常规程序

```
library(dplyr)
```

#dplyr 是数据处理的程序包,我们将调用其中的管道函数

```
library(sampling)
```

#sampling 包有各种抽象函数,这里我们将调用其中的 strata() 函数

\#\#\#设置随机数种子

```
Set.seed(12345)
```

\#\#\#读入数据,生成 R 数据框

```
setwd("D:/dma_Rbook")
```

#设置基本路径

```
wine<-read.csv("data/wine.csv",colClasses=rep("numeric",12))
```

#读入基本路径下的 data 子目录下的 wine.csv 文件,生成 wine 数据集

###对数据集中的自变量进行标准化,使其均值为 0,标准差为 1
```
wine<-[,c(1:11)]<-scale(wine[,c(1:11)])
```

###将数据集按照品质等级分层随机划分为训练数据集和验证数据集
```
wine<-wine[order(wine$quality),]
```
#分层抽样需要将数据集按照分层变量 quality 的取值进行排列
```
train_sample<-strata(wine,stratanames=("quality"),size=round
(0.7*table(wine$quality)),method="srswor")
```
#使用 strata 函数进行分层抽样
#stratanames 给出分层变量的名字
#size 给出每层分层抽样的观测数:使用 table()函数获取 quality 的每层观测数,乘以 0.7 后取整
#method="srswor"说明在每层中使用无放回的简单随机抽样
```
wine_train<-wine[train_sample$ID_unit,]
```
#将训练数据集记录在 wine_train 中
#train_sample$ID_unit 给出了前面分层抽样得到的各观测的 ID
wine[train_sample$ID_unit,]取出这些 ID 对应的观测
```
wine_valid<-wine[-train_sample$ID_unit,]
```
#将验证数据集记录在 wine_valid 中
wine[-train_sample$ID_unit,]取出前面分层抽样没有取出的 ID 对应的观测

###获取训练数据集的自变量矩阵和因变量矩阵
```
x_train<-as.matrix(wine_train[,1:11])
```
#训练数据集中自变量的矩阵
```
y_train.nom<-decodeClassLabels(wine_train$quality)
```
#使用 decodeClassLabels()函数获取将因变量看作定类变量时训练数据集的矩阵
#一个观测的 quality 取值为 3 时,y_train 中相应行的取值为 (1,0,0,0,0,0,0)
#一个观测的 quality 取值为 4 时,y_train 中相应行的取值为 (0,1,0,0,0,0,0)
#一个观测的 quality 取值为 5 时,y_train 中相应行的取值为 (0,0,1,0,0,0,0)
#一个观测的 quality 取值为 6 时,y_train 中相应行的取值为 (0,0,0,1,0,0,0)
#一个观测的 quality 取值为 7 时,y_train 中相应行的取值为 (0,0,0,0,1,0,0)
#一个观测的 quality 取值为 8 时,y_train 中相应行的取值为 (0,0,0,0,0,1,0)
#一个观测的 quality 取值为 3 时,y_train 中相应行的取值为 (0,0,0,0,0,0,1)
#之后调用命令 mlp()函数要求因变量采取这样的格式
```
y_train.ord<-y_train.nom
y_train.ord[y_train.nom[,1]==1,1]<-1
y_train.ord[y_train.nom[,2]==1,1:2]<-1
y_train.ord[y_train.nom[,3]==1,1:3]<-1
```

```
y_train.ord[y_train.nom[,4]==1,1:4]<-1
y_train.ord[y_train.nom[,5]==1,1:5]<-1
y_train.ord[y_train.nom[,6]==1,1:6]<-1
y_train.ord[y_train.nom[,7]==1,1:7]<-1
#将因变量看作定序变量时训练数据集因变量的矩阵
#一个观测的quality取值为3时,y_train中相应行的取值为(1,0,0,0,0,0,0)
#一个观测的quality取值为4时,y_train中相应行的取值为(1,1,0,0,0,0,0)
#一个观测的quality取值为5时,y_train中相应行的取值为(1,1,1,0,0,0,0)
#一个观测的quality取值为6时,y_train中相应行的取值为(1,1,1,1,0,0,0)
#一个观测的quality取值为7时,y_train中相应行的取值为(1,1,1,1,1,0,0)
#一个观测的quality取值为8时,y_train中相应行的取值为(1,1,1,1,1,1,0)
#一个观测的quality取值为9时,y_train中相应行的取值为(1,1,1,1,1,1,1)


###获取验证数据集的自变量矩阵和因变量矩阵
x_valid<-as.matrix(wine_valid[,1:11])
y_valid.nom<-decodeClassLabels(wine_valid$quality)
y_valid.ord<-y_valid.nom
y_valid.ord[y_valid.nom[,1]==1,1]<-1
y_valid.ord[y_valid.nom[,2]==1,1:2]<-1
y_valid.ord[y_valid.nom[,3]==1,1:3]<-1
y_valid.ord[y_valid.nom[,4]==1,1:4]<-1
y_valid.ord[y_valid.nom[,5]==1,1:5]<-1
y_valid.ord[y_valid.nom[,6]==1,1:6]<-1
y_valid.ord[y_valid.nom[,7]==1,1:7]<-1


###记录将因变量看作定类变量时各模型的结果
results.nom<-as.data.frame(matrix(0,nrow=5*5*5*2,ncol=6))
colnames(results.nom)<-c("size1","size2","size3","cdecay",
"accu","weighted.accu")
#使用matrix()函数产生一个行数为5×5×5×2=250,列数为6的矩阵
#矩阵中元素初始化为0。使用as.data.frame()函数将该矩阵转换为数据框
#变量size1记录第一层隐藏层隐藏单元数,可取5个值:2、4、6、8、10
#变量size2记录第二层隐藏层隐藏单元数,可取5个值:2、4、6、8、10
#变量size3记录第三层隐藏层隐藏单元数,可取5个值:2、4、6、8、10
#变量cdecay记录权衰减常数,可取两个值:0、0.005
#变量accu记录模型对验证数据集的分类准确率
#变量weighted.accu记录模型对验证数据集的按序数距离加权的分类准确率


###记录将因变量看作定序变量时各模型的结果
results.ord<-as.data.frame(matrix(0,nrow=5*5*5*2,ncol=6))
colnames(results.ord)<-c("size1","size2","size3","cdecay",
```

```
"accu","weighted.accu")
```

###编写函数：将因变量看作定类变量时，根据输出层的输出向量得到因变量的预测类别

```
class.func.nom<-function(prob){
which.max(prob)+2
# which.max()函数求解 prob 向量中最大值所在位置，取值为 1-7
#加上 2 转换为类别 3-9
}
```

###编写函数：将因变量看作定序变量时，根据输出层的输出向量得到因变量的预测类别

```
class.fun.ord<-function(prob){
flag<-0
for(i in 1:length(prob)){
if(prob[i]<0.5){
flag<-1
break
}
}
#暗示变量 flag 记录 prob 向量是否存在小于 0.5 的元素
#flag=1 表示存在；flag=0 表示不存在
#i 表示 prob 向量中第一个小于 0.5 的元素所在位置
if(flag==1){
if(i>1)
return(i+1)
else 3
}
else 9
#若 prob 向量存在小于 0.5 的元素且 $i$=1，则返回预测类别为 3
#若 prob 向量存在小于 0.5 的元素且 1>1 则返回预测类别为位置(i-1)所对应的类别，即(i-1)+2=i+1
#若 prob 向量不存在小于 0.5 的元素，则返回预测类别为 9
}
   index<-0
#index 记录 size1、size2、size3、cdecay 参数的不同取值组合的编号，初始化为 0
for(size1 in seq(2,10,2))
for(size2 in seq(2,10,2))
for(size3 in seq(2,10,2)){
#seq()函数用于生成从 2 到 10 间隔为 2 的数列，即 2、4、6、8、10
```

```
print(paste0("size1=",size1,"size2=",size2,"size3=",size3))
#在屏幕上打印 size1、size2、size3 的值
```

第一组模型:将因变量看作定类变量,不使用权衰减

```
mlp.nom.nodecay<-mlp(x_train.y_train.nom,
size=c(size1,size2,size3),
inputsTest=x_valid,
targetsTest=y_valid.nom,
maxit=300,
learnFuncParams=c(0.1))
#mlp()函数可用于建立多层感知器模型
#x_train 指定训练模型所用的自变量矩阵
#y_train.nom 指定训练模型所用的因变量矩阵
#size 参数指定模型有 3 层隐藏层,隐层单元数分别为 size1、size2 和 size3
#inputsTest 给出验证数据集的自变量矩阵
#targetsTest 给出验证数据集的真实因变量矩阵
#maxit 指定模型的最大迭代次数为 300 次
#learnFuncParams 的第一个元素为学习速率,这里指定为 0.1
```

第二组模型:将因变量看作定序变量,不使用权衰减

```
mlp.ord.nodecay<-mlp(x_train.y_train.ord,
size=c(size1,size2,size3),
inputsTest=x_valid,
targetsTest=y_valid.ord,
maxit=300,
learnFuncParams=c(0.1))
```

第三组模型:将因变量看作定类变量,使用权衰减

```
mlp.nom.decay<-mlp(x_train.y_train.nom,
size=c(size1,size2,size3),
inputsTest=x_valid,
targetsTest=y_valid.nom,
maxit=300,
learnFunc="BackpropWeightDecay",
learnFuncParams=c(0.1,0.005))
# learnFunc 指定使用的学习函数为"BackpropWeightDecay"
# learnFuncParams 的第 2 个元素为权衰减常数,这里指定为 0.005
```

第四组模型:将因变量看作定序变量,使用权衰减

```
mlp.ord.decay<-mlp(x_train.y_train.ord,
size=c(size1,size2,size3),
```

```
inputsTest=x_valid,
targetsTest=y_valid.ord,
maxit=300,
learnFunc="BackpropWeightDecay",
learnFuncParams=c(0.1,0.005))
```

###将第一组模型应用于验证数据,获得其中各观测对应的输出向量,再将 class.
func.nom()函数应用于每个观测,获得预测类别
```
prob.pred.nom.nodecay<-mlp.nom.nodecay$fittedTestValues
```
prob.pred.nom.nodecay 是一个矩阵,它的行表示各个观测,列表示输出层各
个输出单元的输出值
```
class.pred.nom.nodecay<-apply(prob.pred,nom.nodecay,1,class.
func.nom)
```
apply()函数可对矩阵各行或各列应用相同函数,1 表示按行操作,2 表示按列
操作。这里被用来将 class.func.nom()函数应用于 prob.pred,nom.nodecay 的
每行

###获得第二组模型对验证数据每个观测的预测类别
```
prob.pred.ord.nodecay<-mlp.ord.nodecay$fittedTestValues
class.pred.ord.nodecay<-apply(prob.pred,ord.nodecay,1,class.
func.ord)
```

###获得第三组模型对验证数据每个观测的预测类别
```
prob.pred.nom.decay<-mlp.nom.decay$fittedTestValues
class.pred.nom.decay<-apply(prob.pred,nom.decay,1,class.func.nom)
```

###获得第四组模型对验证数据每个观测的预测类别
```
prob.pred.ord.decay<-mlp.ord.decay$fittedTestValues
class.pred.ord.decay<-apply(prob.pred,ord.decay,1,
class.func.ord)
index<-index+1
```
#第一、二组模型的参数值一样
#将 index 值增加 1,以便进行记录

###记录第一组数据的参数值及对验证数据集的预测效果
```
results.nom[index,1]<-size1
results.nom[index,2]<-size2
results.nom[index,3]<-size3
results.nom[index,4]<-0
results.nom[index,5]<-(length(which(class.pred.nom.nodecay==
wine_valid$quality)))/length(wine_valid$quality)
```

#记录模型的分类准确率

#which()函数得到满足给定条件(class.pred.nom.nodecay 中的因变量预测值等于 wine_valid$quality 中的因变量真实值)的观察序号组成的向量

#用 length()函数计算该向量的长度,除以 wine_valid$quality 向量的长度,就得到正确分类的观测数与总观测数之比,即分类准确率

```
result.nom[index,6]<-
mean(1-abs(class.pred.nom.nodecay-wine_valid$quality)/(9-3))
```

#记录模型按序数距离加权的分类准确率

###记录第二组模型的参数值及对验证数据集的预测效果

```
results.ord[index,1]<-size1
results.ord[index,2]<-size2
results.ord[index,3]<-size3
results.ord[index,4]<-0
results.ord[index,5]<-
(length(which(class.pred.ord.nodecay==wine_valid$quality)))/
length(wine_valid$quality)
result.ord[index,6]<-
mean(1-abs(class.pred.ord.nodecay-wine_valid$quality)/(9-3))
index<-index+1
```

#第三四组模型的参数值一样

#将 index 值增加 1,以便进行记录

###记录第三组模型的参数值及对验证数据集的预测效果

```
results.nom[index,1]<-size1
results.nom[index,2]<-size2
results.nom[index,3]<-size3
results.nom[index,4]<-0
results.nom[index,5]<-
(length(which(class.pred.nom.decay==wine_valid$quality)))/
length(wine_valid$quality)
result.nom[index,6]<-
mean(1-abs(class.pred.nom.decay-wine_valid$quality)/(9-3))
```

###记录第四组模型的参数值及对验证数据集的预测效果

```
results.ord[index,1]<-size1
results.ord[index,2]<-size2
results.ord[index,3]<-size3
results.ord[index,4]<-0
results.ord[index,5]<-
(length(which(class.pred.ord.decay==wine_valid$quality)))/
```

```
length(wine_valid$quality)
result.ord[index,6]<-
mean(1-abs(class.pred.ord.decay-wine_valid$quality)/(9-3))
}
```

###将各模型的参数值及对验证数据集的预测效果输出到.csv 文件中,不写行名
```
write.csv(results.nom,"out/ch_8_wine_neuralnet_accu_nom.csv",
row.name=FALSE)
write.csv(results.ord,"out/ch_8_wine_neuralnet_accu_ord.csv",
row.name=FALSE)
```

###将因变量看作定类变量时分类准确率最高的模型的结果
```
results.nom[which.max(results.nom[,5]),]
#输出结果如下:
```

#	size1	size2	size3	cdecay	accu	weighted.accu
#237	10	8	8	0	0.5834	0.921

#说明是第 237 种参数设置,第 1 层隐藏单元数为 10,第 2 层隐藏单元数为 8,第 3 层隐藏单元数为 8
#权衰减常数为 0 (即不使用权衰减)
#模型对验证数据集的分类准确率为 0.5834
#模型对验证数据集的按序数距离加权的分类准确率为 0.921

###将因变量看作定序变量时分类准确率最高的模型的结果
```
results.ord[which.max(results.ord[,5]),]
```

#	size1	size2	size3	cdecay	accu	weighted.accu
#147	6	10	8	0	0.5759	0.9198

###将因变量看作定类变量时按序数距离加权的分类准确率最高的模型的结果
```
results.nom[which.max(results.nom[,6]),]
```

#	size1	size2	size3	cdecay	accu	weighted.accu
#237	10	8	8	0	0.5834	0.921

###将因变量看作定序变量时按序数距离加权的分类准确率的模型的结果
```
Results.ord[which.max(results.ord[,6]),]
```

#	size1	size2	size3	cdecay	accu	weighted.accu
#217	10	4	8	0	0.565	0.9205

电脑赢棋靠"悟性"——爱学习的人工神经网络崛起了

AlphaGo 系统战胜欧洲冠军，并挑战李世石，让围棋爱好者吃了一惊。实际上，机器深度学习的论文和成果最近几年飞速增加，Google 和 Facebook 等巨头也在投资布局。这次只是"IT 男"小小地炫耀了一下新技能。

20 世纪 90 年代的深蓝是一本棋步大辞典，囊括了最可能发生的对局。AlphaGo 不同，它是个打谱学棋的小孩儿，只不过从菜鸟到大师至少十年的训练，它十天就搞定了。AlphaGo 系统不拼计算速度，一共只用了几百个 CPU 和几百个 GPU，依靠的是 20 世纪 40 年代开始发展的神经网络技术。

认脸、切菜、骑车、寒暄……这些人类下意识的技能，源于一次次的奖励和惩罚让大脑有了"感觉"，或者说"悟性"。参与工作的神经元之间的铰链，或者说"突触"，会被新快感加固，使大脑更容易重复这个动作。想一想小孩子学说话，婴儿随意发出一些声音，喃喃中有那么几声在大人听起来有意义，妈妈就会惊喜地笑起来，奖励婴儿。如此重复，婴儿建立了"词感"，以及更后期的"句感"，越来越轻松地吐出旨在交流的声音。人工神经网络也是同理，一开始，许多机器神经元组成的大脑是块白板，像婴儿说话一样输出低质量的信息。当它某次恰巧说对了一句，参与的神经元之间的连接强度就会被调高。训练多了，人工大脑慢慢变得不均匀了，成熟了，开始做出高质量的反应。

败给 AlphaGo 的欧洲冠军和监赛者认为：AlphaGo 的棋步稳健，像人一样。过去的围棋软件则像机器人，不时来一招高手绝对不考虑的臭棋。大师和 AlphaGo 是通过海量的对局和阅读棋谱，培养出了"围棋感觉"——高手或许算不出二十步以后的局势，但能感觉出棋局大概该是什么模样。

曾有一项心理学研究发现，国际象棋大师超出常人的能力，是将复杂局势"模块化"，化繁为简，化新局面为熟悉套路，从而将计算力投放在关键部位。模块化或曰"模式识别"，这正是计算机的传统弱项。人类能轻松辨认出人脸或笔迹，电脑却做不到。哪些细节是关键？哪些无关紧要？电脑一头雾水。但依仗更高级的学习算法的 AlphaGo 有这个本事。在大量的培训后，它能判断出棋局上的关键部位，减少没必要的"深蓝"式蛮算。如果 AlphaGo 的"悟性"用在游戏以外那它的前途将不可限量。我们几乎可以肯定，一些枯燥的识别任务，几年后将由机器代劳。

顺便一提，即使哪天电脑的"悟性"反超人类，也不等于它更智慧。电脑能赢棋、能编辑财经新闻，但它不会发明围棋，也写不出莎士比亚的剧本。

■ 本 章 小 结

（1）神经网络是由具有适应性的简单单元组成的广泛并行互连的网络，它的组织能够模拟生物神经系统对真实世界物体所做出的交互反应。

（2）M-P 神经元模型是通过模拟生物神经元抽象而成的。

（3）神经网络常采用 Sigmoid 函数作为激活函数，它把可能在较大范围内的变化的输入值挤压到（0，1）输出值范围内。

（4）本章介绍了感知机和多层网络的结构、作用。

（5）误差逆传播算法的工作流程，用早停和权衰减法来缓解过拟合问题。

（6）基于梯度的搜索参数使得神经网络在训练集上的误差全局最小。

（7）深度学习可以理解为一种特征学习或者表示学习，通过多层处理，逐渐将初始的"低层"特征转化为"高层"特征表示，从而使得最后可以用简单的模型来完成复杂的学习任务。

（8）本章介绍了如何运用 R 语言实现对神经网络模型的构建。

## 第 9 章

决 策 树

在灾难发生后，某些人（如妇女和孩子）可能会被优先照顾，因此他们活下来的可能性会更大。在这种情况下，可以使用决策树来判断某人是否会活下来。

决策树（decision tree）是在已知各种情况的发生概率的基础上，通过构成决策树来求解净现值的期望值大于等于零的概率，并以此判断其可行性的决策分析方法，是直观运用概率分析的一种图解法。由于这种决策分支画成图形很像一棵树的枝干，故称决策树。在机器学习中，决策树是一个预测模型，它代表的是对象属性与对象值之间的一种映射关系。

本章首先介绍决策树的基本概念，其次介绍特征值的选择及决策树的剪枝，最后介绍 ID3、C4.5 及 CART 算法。

9.1 决策树模型与学习

9.1.1 决策树模型

决策树是一种常见的机器学习方法。以二分类任务为例，我们希望从给定的训练数据集中学得一个模型用以对新示例进行分类，这个对样本进行分类的任务，可看作对"当前样本属于正类吗？"这个问题的"决策"或"判定"过程。顾名思义，决策树是基于树结构来进行决策的，这恰是人类在面临决策问题时一种很自然的处理机制。

一般地，一棵决策树包括一个根节点、若干个内部节点和若干个叶节点。叶节点对应于决策结果，其他每个节点则对应于一个属性测试；每个节点包含的样本集合根据属性测试的结果被划分到叶节点中；根节点包含样本全集，是样本数据的聚集地，也是第一次划分数据集的地方。从根节点到每个叶节点的路径对应了一个判定测试序列。

图 9.1.1 是一个决策树的示意图，图中的三角形、圆和方框分别代表根节点、内部节点和叶节点。

9.1.2 决策树与 if-then 规则①

可以将决策树看成一个 if-then 规则的合集。将决策树转换成 if-then 规则的过程如下。

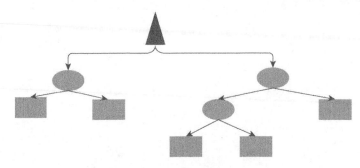

图 9.1.1 决策树模型

（1）根据决策树的根节点到叶节点的每一条路径构建一条规则。

（2）路径上内部节点的特征对应着规则的条件，而叶节点的类对应着规则的结论。

决策树的路径或其对应的 if-then 规则集合具有一个重要的性质：互斥并且完备。也就是说，每一个实例都被一条路径或一条规则所覆盖，而且只被一条路径或一条规则所覆盖。这里所谓的覆盖是指实例的特征与路径上的特征一致或实例满足规则的条件。

9.1.3 决策树与条件概率分布

决策树还表示给定特征条件下的条件概率分布，这一条件概率分布定义在特征空间的一个划分上。将特征空间划分为互不相交的单元或区域，并在每个单元定义一个类的概率分布，这样就构成了一个条件概率分布。决策树的一条路径对应于划分中的一个单元。决策树所表示的条件概率分布由各个单元给定条件下类的条件概率分布组成。假设 X 为表示特征的随机变量，Y 为表示类的随机变量，那么这个条件概率分布就可以表示为 $P(Y|X)$。X 取值于给定划分下单元的集合，Y 取值于类的集合。各节点（单元）上的条件概率往往偏向某一个类，即属于某一类的概率较大。决策树分类时将该节点的实例强行分到条件概率大的那类去。

图 9.1.2 表示了特征空间的一个划分。图 9.1.2 中的边长为 1 的大正方形表示特征空间，这个大正方形被若干个小矩形分割，每个小矩形表示一个单元。特征空间划分上的单元构成了一个集合，X 取值为单元的集合。为简单起见，假设只有两类：正类和负类，即 Y 的取值为 +1 或 −1。小矩形中的数字表示单元的类。

图 9.1.3 表示特征空间划分确定时，特征（单元）给定条件下类的条件概率分布。图 9.1.3 中的条件概率分布对应于图 9.1.2 中的划分。当某个单元 c 的条件概率满足 $P(Y=+1|X=c)>0.5$ 时，则认为这个单元属于正类，即落在这个单元的实例都被视为正例。图 9.1.4 是对应于图 9.1.3 中条件概率分布的决策树。

---

① 基于规则的分类器使用一组 if-then 规则进行分类。if-then 规则的表达式如下：

if 条件　then 规则

if 部分是规则的前件或前提，由一个或多个用逻辑连接词 AND 连接的属性测试（如 age=youth AND student=yes）组成；then 部分是规则的结论，包含一个类预测。

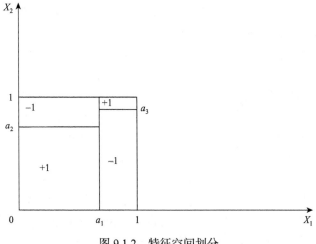

图 9.1.2　特征空间划分

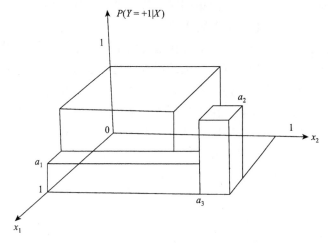

图 9.1.3　条件概率分布

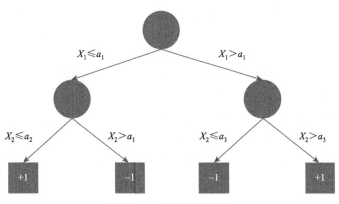

图 9.1.4　对应的决策树

9.1.4　决策树学习

假设给定数据集

$$D = \{(x_1, y_1), (x_2, y_2), \cdots, (x_N, y_N)\}$$

其中，$x_i = (x_i^{(1)}, x_i^{(2)}, \cdots, x_i^{(n)})^{\mathrm{T}}$ 为输入实例（特征向量）；n 为特征个数；$y_i \in \{1, 2, \cdots, K\}$ 为

类标记；$i = 1, 2, \cdots, N$，N 为样本容量。决策树学习的目标是根据给定的数据集构建一个决策树模型，使它能够对实例进行正确的分类。

决策树学习本质上是从数据集中归纳出一组分类规则。与训练数据集不相矛盾的决策树（即能对训练数据进行正确分类的决策树）可能有多个，也可能一个都没有。我们需要的是一个与训练数据矛盾较小的决策树，同时具有较好的泛化能力。从另一个角度看，决策树学习是由训练数据集估计条件概率模型。基于特征空间划分的条件概率模型有无穷多个，我们选择的条件概率模型不仅应该对训练数据有很好的拟合，而且应该对训练数据有很好的预测。

决策树学习用损失函数表示这一目标。决策树学习的损失函数通常是正则化的极大似然函数，决策树学习的策略是以损失函数为目标，使得损失函数最小化。

当损失函数确定以后，学习问题就变为在损失函数意义下选择最优决策树的问题。因为从所有可能的决策树中选取最优决策树是 NP（non-deterministic polynomial，非确定性多项式）完全问题，所以现实中决策树学习算法通常采用启发式方法，近似求解这一最优化问题，这样得到的决策树是次最优的。

决策树学习算法通常是一个递归地选择最优特征，并根据该特征对训练数据进行分割，使得各个子数据集有一个最好的分类的过程。这一过程对应着对特征空间的划分，也对应着决策树的构建。开始，构建根节点，将所有训练数据都放在根节点。选择一个最优特征，按照这一特征将训练数据集分割成子集，使得各个子集有一个在当前条件下最好的分类。如果这些子集已经能够被基本正确分类，那么构建叶节点，并将这些子集分到所对应的叶节点中去；如果还有子集不能被基本正确分类，那么就对这些子集选择新的最优特征，然后对其继续进行分割，构建相应的节点。如此递归地进行下去，直至所有训练数据子集被基本正确分类，或者没有合适的特征为止。最后每个子集都被分到叶节点上，即都有了明确的类，这样就生成了一棵决策树。

如果特征数量很多，也可以在决策树学习开始的时候，对特征进行选择，只留下对训练数据有足够分类能力的特征。

以上方法生成的决策树可能对训练数据有很好的分类能力，但对未知的测试数据却未必有很好的分类能力，即可能发生过拟合现象。我们需要对已生成的树自下而上地进行剪枝，将树变得更为简单，从而使它具有更好的泛化能力。具体地，就是去掉过于细分的叶节点，使其回退到父节点，甚至更高的节点，然后将父节点或更高的节点改为新的叶节点。

可以看出，决策树学习算法包含特征选择、决策树的生成与决策树的剪枝。由于决策树表示一个条件概率分布，所以深浅不同的决策树对应着复杂度不同的概率模型。决策树的生成对应于模型的局部选择，决策树的剪枝对应于模型的全局选择。决策树的生成只考虑局部最优，相对地，决策树的剪枝则考虑全局最优。

■ 9.2 决策树的特征选择

9.2.1 特征选择问题

特征选择的目的在于选取对训练数据具有分类能力的特征，这样可以提高决策树学习的效率。如果利用一个特征进行分类的结果与随机分类的结果没有很大差别，则称这个特征是没有分类能力的。经验上来说扔掉这样的特征对决策树学习的精度影响不大。

首先通过一个例子来说明特征选择的问题。

例 9.1 表 9.2.1 是一个由 15 个样本组成的贷款申请训练数据。数据包括贷款申请人的 4 个特征（属性）：第 1 个特征是年龄，有 3 个可能值，即青年、中年、老年；第 2 个特征是有工作，有 2 个可能值，即是、否；第 3 个特征是有自己的房子，有 2 个可能值，即是、否；第 4 个特征是信贷情况，有 3 个可能值，即非常好、好、一般。表 9.2.1 的最后一列是同意贷款，有 2 个可能值，即是、否。

表 9.2.1 贷款申请样本数据表

ID	年龄	有工作	有自己的房子	信贷情况	同意贷款
1	青年	否	否	一般	否
2	青年	否	否	好	否
3	青年	是	否	好	是
4	青年	是	是	一般	是
5	青年	否	否	一般	否
6	中年	否	否	一般	否
7	中年	否	否	好	否
8	中年	是	是	好	是
9	中年	否	是	非常好	是
10	中年	否	是	非常好	是
11	老年	否	是	非常好	是
12	老年	否	是	好	是
13	老年	是	否	好	是
14	老年	是	否	非常好	是
15	老年	否	否	一般	否

希望通过所给的训练数据学习一个贷款申请的决策树，用以对未来的贷款申请进行分类，即当新的客户提出贷款申请时，根据申请人的特征利用决策树决定是否批准贷款申请。特征选择是决定用哪个特征来划分特征空间。

图 9.2.1 与图 9.2.2 表示从表 9.2.1 的数据学习到的两个可能的决策树，分别由两个不同特征的根节点构成。图 9.2.1 所示的根节点的特征是年龄，有 3 个取值，不同的取值对应不同的叶节点。图 9.2.2 所示的根节点的特征是有工作，有 2 个取值，不同的取值对应

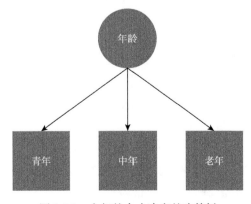

图 9.2.1 由年龄大小决定的决策树

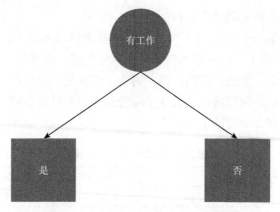

图 9.2.2　由是否有工作决定的决策树

不同的叶节点。以上两个决策树都可以从此延续下去。问题是：究竟选择哪个特征更好？这就要求确定选择特征的准则。直观上，如果一个特征具有更好的分类能力，或者说，按照这一特征将训练集分割成子集，可以使得各个子集在当前条件下有最好的分类，那么就应该选择这个特征。信息增益能够很好地表达这一直观的准则。

9.2.2　信息增益

在信息论与概率统计中，熵表示随机变量不确定性的度量。设 X 是一个取有限个值的离散型随机变量，n 为其总共的类别数量，其概率分布为

$$P(X = x_i) = p_i, \quad i = 1, 2, \cdots, n$$

则随机变量 X 的熵定义为

$$H(X) = -\sum_{i=1}^{n} p_i \log_a p_i \tag{9.2.1}$$

在式（9.2.1）中，若 $p_i = 0$，则定义 $0\log 0 = 0$。通常，式（9.2.1）中的对数以 2 为底或以 e 为底（自然对数），即 a 为 2 或 e，这时熵的单位分别称为比特（bit）或者纳特（nat）。由定义可知，熵只依赖于 X 的分布，而与 X 的取值无关，所以也可将 X 的熵记作 $H(p)$，即

$$H(p) = -\sum_{i=1}^{n} p_i \log_a p_i \tag{9.2.2}$$

熵越大，随机变量的不确定性就越大。从定义可以验证

$$0 \leqslant H(p) \leqslant \log_a n \tag{9.2.3}$$

例如，抛硬币时，结果基本上就是对半开，正反各占 50%，这也是一个二分类任务最不确定的时候，其熵值必然最大。但是如果非常确定一件事发生或者不发生的概率，其熵值就很小。当随机变量只取两个值，如 1 和 0 时，X 的分布为

$$P\{X = 1\} = p, \quad P\{X = 0\} = 1 - p, \quad 0 \leqslant p \leqslant 1$$

熵为

$$H(p) = -p \log_2 p - (1-p) \log_2 (1-p) \tag{9.2.4}$$

这时，熵 $H(p)$ 随概率 p 变化的曲线如图 9.2.3 所示（单位：bit）。

设有随机变量 (X, Y)，其联合概率分布为

$$P(X = x_i, Y = y_i) = p_{ij}, \quad i = 1, 2, \cdots, n; \quad j = 1, 2, \cdots, m$$

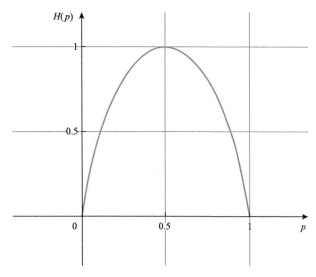

图 9.2.3　分布为伯努利分布时熵与概率的关系

当 $p=0$ 或 $p=1$ 时，$H(p)=0$，随机变量完全没有不确定性。当 $p=0.5$ 时，$H(p)=1$，熵取最大值，随机变量的不确定性最大

　　条件熵 $H(Y|X)$ 表示在已知随机变量 X 的条件下随机变量 Y 的不确定性。随机变量 X 给定的条件下随机变量 Y 的条件熵 $H(Y|X)$ 定义为 X 给定的条件下 Y 的条件概率分布的熵对 X 的数学期望

$$H(Y|X) = \sum_{i=1}^{n} p_i H(Y|X=x_i) \qquad (9.2.5)$$

其中，$p_i = P(X=x_i)$，$i=1,2,\cdots,n$。

　　当熵和条件熵中的概率由数据估计（特别是最大似然估计）得到的时候，所对应的熵与条件熵分别称为经验熵和经验条件熵。此时，如果有 0 概率，则令 0log0=0。

　　信息增益表示得知特征 X 的信息而使得类 Y 的信息的不确定性减少的程度。令特征 A 对训练数据集 D 的信息增益为 $g(D,A)$，定义为集合 D 的经验熵 $H(D)$ 与特征 A 给定条件下 D 的经验条件熵 $H(D|A)$ 之差，即

$$g(D,A) = H(D) - H(D|A)$$

　　一般地，熵 $H(Y)$ 与条件熵 $H(Y|X)$ 之差称为交互信息。决策树学习中的信息增益等价于训练数据集中类与特征的交互信息。数据没有进行划分前，可以得到其本身的熵值，在划分成左右节点后，照样能够分别对其节点求熵值。比较数据划分前后的熵值，目标是希望熵值能够降低，所以如果划分之后的熵值比之前小，就说明这次划分是有价值的。

　　决策树学习应用信息增益选择特征。给定训练数据集 D 和特征 A，经验熵 $H(D)$ 表示对数据集 D 进行分类的不确定性；而条件经验熵 $H(D|A)$ 表示在特征 A 给定的条件下对数据集 D 进行分类的不确定性。那么它们的差，即信息增益，就表示由于特征 A 给定而使得对数据集 D 的分类的不确定性减少的程度。显然，对于数据集 D 而言，信息增益依赖于特征，不同的特征往往具有不同的信息增益。信息增益大的特征往往具有更强的分类能力。

　　根据信息增益准则进行特征选择的方法是：对训练数据集（或子集）D，计算其每个特征的信息增益，并比较它们的大小，选择信息增益最大的特征。

　　设训练数据集为 D，$|D|$ 表示其样本容量，即样本个数。设有 K 个类 C_k，$k=1,2,\cdots,$

K ，$|C_k|$ 为属于类 C_k 的样本个数，$\sum_{k=1}^{K}|C_k|=|D|$ 。设特征 A 有 n 个不同的取值 $\{a_1,a_2,\cdots,a_n\}$ ，根据特征 A 的取值将 D 划分为 n 个子集 $D_1,D_2,\cdots,D_n$ ，$|D_i|$ 为 D_i 的样本个数，$\sum_{i=1}^{n}|D_i|=|D|$ 。记子集 D_i 中属于类 C_k 的样本的集合为 D_{ik} ，即 $D_{ik}=D_i \cap C_k$ ，$|D_{ik}|$ 为 D_{ik} 的样本个数。于是信息增益的算法如下。

（1）计算数据集 D 的经验熵 $H(D)$

$$H(D)=-\sum_{k=1}^{K}\frac{C_k}{|D|}\log_2\frac{C_k}{|D|} \tag{9.2.6}$$

（2）计算特征 A 对数据集 D 的经验条件熵 $H(D|A)$

$$H(D|A)=\sum_{i=1}^{n}\frac{|D_i|}{|D|}H(D_i)=-\sum_{i=1}^{n}\frac{|D_{ik}|}{|D|}\sum_{k=1}^{K}\frac{C_k}{|D|}\log_2\frac{|D_{ik}|}{|D|} \tag{9.2.7}$$

（3）计算信息增益

$$g(D,A)=H(D)-H(D|A) \tag{9.2.8}$$

例 9.2 对表 9.2.1 所给的训练数据集 D，根据信息增益准则选择最优特征。

解 首先，计算经验熵 $H(D)$

$$H(D)=-\frac{9}{15}\log_2\frac{9}{15}-\frac{6}{15}\log_2\frac{6}{15}=0.971$$

其次，计算各特征对数据集 D 的信息增益。分别以 A_1、A_2、A_3、A_4 表示年龄、有工作、有自己的房子和信贷情况这 4 个特征，则有以下计算结果。

$$g(D,A_1)=H(D)-\left[\frac{5}{15}H(D_1)+\frac{5}{15}H(D_2)+\frac{5}{15}H(D_3)\right]$$

$$=0.0971-\left[\frac{5}{15}\left(-\frac{2}{5}\log_2\frac{2}{5}-\frac{3}{5}\log_2\frac{3}{5}\right)+\frac{5}{15}\left(-\frac{3}{5}\log_2\frac{3}{5}-\frac{2}{5}\log_2\frac{2}{5}\right)\right.$$

$$\left.+\frac{5}{15}\left(-\frac{4}{5}\log_2\frac{4}{5}-\frac{1}{5}\log_2\frac{1}{5}\right)\right]$$

$$=0.971-0.888=0.083$$

$$g(D,A_2)=H(D)-\left[\frac{5}{15}H(D_1)+\frac{10}{15}H(D_2)\right]$$

$$=0.971-\left[\frac{5}{15}\times0+\frac{10}{15}\left(-\frac{4}{10}\log_2\frac{4}{10}-\frac{6}{10}\log_2\frac{6}{10}\right)\right]=0.324$$

$$g(D,A_3)=H(D)-\left[\frac{6}{15}H(D_1)+\frac{9}{15}H(D_2)\right]=0.971-0.551=0.420$$

$$g(D,A_4)=0.971-0.608=0.363$$

最后，比较各特征的信息增益值。由于特征 A_3（有自己的房子）的信息增益值最大，所以选择 A_3 作为最优特征。

9.2.3 信息增益比

以信息增益作为划分训练数据集的特征，容易存在这样的问题：偏向于选择取值较多的特征。使用信息增益比作为选择特征的准则，可以对这一问题进行校正。

信息增益比：特征 A 对训练数据集 D 的信息增益比 $g_R(D,A)$ 定义为其信息增益 $g(D,A)$ 与训练数据集 D 关于特征 A 的值的熵 H_A 之比，即

$$g_R(D,A) = \frac{g(D,A)}{H_A(D)} \tag{9.2.9}$$

其中，$H_A(D) = -\sum_{i=1}^{n} \frac{|D_i|}{|D|} \log_2 \frac{|D_i|}{|D|}$；$n$ 为特征 A 取值的个数。

9.2.4 基尼指数

基尼指数：分类问题中，假设有 K 个类，样本点属于第 k 类的概率为 p_k，则概率分布的基尼指数定义为

$$\text{Gini}(p) = \sum_{k=1}^{K} p_k(1-p_k) = 1 - \sum_{k=1}^{K} p_k^2 \tag{9.2.10}$$

对于二类分类问题，若样本点属于第一个类的概率是 p，则概率分布的基尼指数为

$$\text{Gini}(p) = 2p(1-P) \tag{9.2.11}$$

对于给定的样本集合 D，其基尼指数为

$$\text{Gini}(p) = 1 - \sum_{k=1}^{K} \left(\frac{|C_k|}{|D|}\right)^2 \tag{9.2.12}$$

其中，C_k 为 D 中属于第 k 类的样本子集；K 为类的个数。

如果样本集合 D 根据特征 A 是否取某一可能值 a 被分割为 D_1 和 D_2 两部分，即

$$D_1 = \{(x,y) \in D \mid A(x) = a\}, \quad D_2 = D - D_1$$

则在特征 A 的条件下，集合 D 的基尼指数定义为

$$\text{Gini}(D,A) = \frac{|D_1|}{|D|}\text{Gini}(D_1) + \frac{|D_2|}{|D|}\text{Gini}(D_2) \tag{9.2.13}$$

基尼指数 $\text{Gini}(D)$ 表示集合 D 的不确定性，基尼指数 $\text{Gini}(D,A)$ 表示经 $A=a$ 分割后集合 D 的不确定性。基尼指数值越大，样本集合的不确定性也就越大，这一点与熵类似。

9.3 决策树的剪枝

决策树生成算法递归地产生决策树，直到不能继续下去。这样产生的树往往对训练数据的分类很准确，但对未知的测试数据的分类却没那么准确，即会出现过拟合现象。过拟合的原因在于学习时过多地考虑如何提高对训练数据的正确分类的能力，从而构建出过于复杂的决策树。解决过拟合问题的办法就是降低决策树的复杂度，对已经生成的决策树进行简化。

在决策树学习中对已生成的树进行简化的过程称为剪枝。具体地，剪枝表示从已经生成的树上裁掉一些子树或叶节点，并将其根节点或父节点作为新的叶节点，进而简化决策树模型。

9.3.1 预剪枝

预剪枝是指在决策树的生成过程中，对每个节点进行事先估计，如果当前节点的划分不能提升决策树的泛化能力，则停止划分并将当前节点标记为叶节点。此时不同类别的样本可能同时存在于节点中，我们可以按照多数投票的原则判断该节点的所属类别。预剪枝对于何时停止决策树的生长有以下几种方法。

（1）当树到达一定深度的时候，停止树的生长。

（2）当前节点的样本数量小于某个阈值的时候，停止树的生长。

（3）计算每次分裂对测试集的准确度的提升程度，当小于某个阈值的时候，不再继续扩展。

预剪枝具有思想直接、算法简单、效率高等特点，适合解决大规模问题。预剪枝会使得决策树的很多分支都没有"展开"，这不仅降低了过拟合的风险，还显著减少了决策树训练时间的开销和测试时间的开销。另外，有些分支的当前划分虽不能提升泛化性能，甚至可能导致泛化性能暂时下降，但在其基础上进行的后续划分却能使性能显著提高。然而，预剪枝基于"贪心"本质禁止这些分支展开，也就是能剪枝就剪枝，这给预剪枝决策树带来了欠拟合的风险。

9.3.2 后剪枝

后剪枝，是在已经生成的过拟合的决策树上进行剪枝，得到简化版的剪枝决策树。其核心思想是让算法生成一棵完全生长的决策树，然后从最底层向上计算是否剪枝。剪枝过程将子树删除，用一个叶节点替代，该节点的类别同样按照多数投票的原则进行判断。同样地，后剪枝也可以通过在测试集上的准确率进行判断，如果剪枝过后准确率有所提升，则进行剪枝。

相比预剪枝，后剪枝决策树通常保留了更多的分支。一般情形下，后剪枝决策树的欠拟合风险很小，泛化性能往往优于预剪枝决策树。但后剪枝过程是在完全生成决策树之后进行的，并且要自底向上地对树中的所有非叶节点进行逐一考察，因此其训练时间的开销比未剪枝决策树和预剪枝决策树都要大得多。

以下主要介绍一种简单的后剪枝算法。

决策树的后剪枝往往通过极小化决策树整体的损失函数或代价函数来实现。设树 T 的叶节点个数为 $|T|$，t 是树 T 的叶节点，该叶节点有 N_t 个样本点，其中第 k 类的样本点有 N_{tk} 个，$k = 1, 2, \cdots, K$，$H_t(T)$ 为叶节点 t 上的经验熵，$\alpha \geq 0$ 为参数，则决策树学习的损失函数可以定义为

$$C_\alpha(T) = \sum_{t=1}^{|T|} N_t H_t(T) + \alpha |T| \tag{9.3.1}$$

其中经验熵为

$$H_t(T) = -\sum_k \frac{N_{tk}}{N_t} \log \frac{N_{tk}}{N_t} \tag{9.3.2}$$

在损失函数中，将式（9.3.1）右端第一项记作

$$C(T) = \sum_{t=1}^{|T|} N_t H_t(T) = -\sum_{t=1}^{|T|} \sum_{k=1}^{K} N_{tk} \log \frac{N_{tk}}{N_t} \tag{9.3.3}$$

这时有，

$$C_\alpha(T) = C(T) + \alpha|T| \qquad (9.3.4)$$

其中，$C(T)$ 为模型对训练数据的预测误差，即模型与训练数据的拟合程度；$|T|$ 为模型复杂度；参数 $\alpha \geq 0$ 控制两者之间的影响。较大的 α 促使选择较为简单的模型（树）；较小的 α 促使选择较为复杂的模型（树）；$\alpha = 0$ 意味着只考虑模型与训练数据的拟合程度，不考虑模型的复杂度。

剪枝，就是当 α 确定时，选择损失函数最小的模型，即损失函数最小的子树。当 α 值确定时，子树越大，往往与训练数据的拟合越好，但是模型的复杂程度也越高；相反，子树越小，模型的复杂度就越低，但是往往与训练数据的拟合不好。损失函数正好表示两者的平衡。

可以看出，决策树的生成只考虑了通过提高信息增益（或信息增益比）对训练数据进行更好的拟合，而决策树剪枝通过优化损失函数还考虑了减小模型复杂度。决策树生成学习局部的模型，而决策树剪枝学习整体的模型。

式（9.3.4）定义的损失函数的极小化等价于正则化的极大似然估计。所以，利用损失函数最小原则进行剪枝就是用正则化的极大似然估计进行模型选择。图 9.3.1 就是决策树后剪枝过程的示意图。

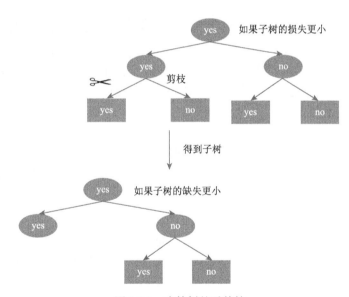

图 9.3.1　决策树的后剪枝

树的后剪枝算法的具体流程如下。

输入：生成算法产生的整棵树，参数 α。

输出：修剪后的子树 T_α。

（1）计算每个节点的经验熵。

（2）递归地从树的叶节点向上回缩。

设一组叶节点回缩到其父节点之前与之后的整体树分别为 T_B 与 T_A，其对应的损失函数分别为 $C_\alpha(T_B)$ 与 $C_\alpha(T_A)$，如果

$$C_\alpha(T_A) \leqslant C_\alpha(T_B) \qquad (9.3.5)$$

则进行剪枝，即将父节点变为新的叶节点。

（3）返回（2），直至不能继续，得到损失函数最小的子树 T_α。式（9.3.5）只需要考虑两个树的损失函数的差，其计算可以在局部进行。

9.4 决策树的生成

9.4.1 ID3 算法

ID3 算法的核心是在决策树的各个节点上应用信息增益准则选择特征，递归地构建决策树。具体方法是：从根节点开始，对节点计算所有可能的特征的信息增益，选择信息增益最大的特征作为节点的特征，由该特征的不同取值建立叶节点，再对叶节点递归地调用以上方法，构建决策树；直到所有特征的信息增益均很小或者没有特征可以选择；最后得到一棵决策树。ID3 算法相当于用极大似然法进行概率模型的选择。

ID3 算法的具体流程如下。

输入：训练数据集 D，特征 A 阈值 ε。

输出：决策树 T。

（1）若 D 中所有实例属于同一类 C_k，则 T 为单节点树，并将类 C_k 作为该节点的类标记，返回 T。

（2）若 $A = \varnothing$，则 T 为单节点树，并将 D 中实例数最大的类 C_k 作为该节点的类标记，返回 T。

（3）否则，计算 A 中各特征对 D 的信息增益，选择信息增益最大的特征 A_g。

（4）如果 A_g 的信息增益小于阈值 ε，则 T 为单节点树，并将 D 中实例数最大的类 C_k 作为该节点的类标记，返回 T。

（5）否则，对 A_g 的每一可能值 a_i，依 $A_g = a_i$ 将 D 分割为若干非空子集 D_i，将 D_i 中实例数最大的类作为标记，构建叶节点，由节点及其叶节点构成树 T，返回 T。

（6）对第 i 个叶节点，以 D_i 为训练集，以 $A - \{A_g\}$ 为特征集，递归地用（1）～（5），得到子树 T_i，返回 T_i。

例 9.3 对表 9.2.1 的训练数据集，利用 ID3 算法建立决策树。

解 利用例 9.2 的结果，由于特征 A_3（有自己的房子）的信息增益值最大，所以选择特征 A_3 作为根节点的特征。它将训练数据集 D 划分为两个子集 D_1（A_3 取值为"是"）和 D_2（A_3 取值为"否"）。由于 D_1 只有同一类的样本点，所以它将成为一个叶节点，节点的类标记为"是"。

对 D_2 则需从特征 A_1（年龄）、A_2（有工作）、A_4（信贷情况）中选择新的特征。计算各个特征的信息增益。

$$g(D_2, A_1) = H(D_2) - H(D_2 \mid A_1) = 0.918 - 0.667 = 0.251$$
$$g(D_2, A_2) = H(D_2) - H(D_2 \mid A_2) = 0.918$$
$$g(D_2, A_4) = H(D_2) - H(D_2 \mid A_4) = 0.474$$

选择信息增益最大的特征 A_2（有工作）作为节点的特征。由于 A_2 有两个可能的取值，所以从这一节点引出两个叶节点，一个对应"是"（有工作）的叶节点，包含 3 个样本，它们属于同一类，所以这是一个叶节点，类标记为"是"；另一个对应"否"（无工作）的叶节点，包含 6 个样本，它们也属于同一类，所以这也是一个叶节点，类标记为"否"。

这样生成的决策树如图 9.4.1 所示，该决策树只用了两个特征（有两个内部节点）。

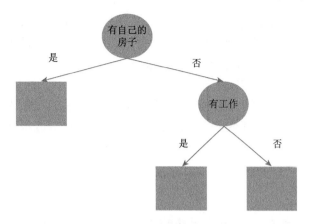

图 9.4.1 决策树的生成

ID3 算法只有树的生成，所以该算法生成的树容易产生拟合。

9.4.2 C4.5 算法

C4.5 算法与 ID3 算法相似，C4.5 算法对 ID3 算法进行了改进。C4.5 算法在生成过程中，用信息增益比来选择特征。

C4.5 算法的具体流程如下。

输入：训练数据集 D，特征 A 阈值 ε。

输出：决策树 T。

（1）若 D 中所有实例属于同一类 C_k，则 T 为单节点树，并将类 C_k 作为该节点的类标记，返回 T。

（2）若 $A = \varnothing$，则 T 为单节点树，并将 D 中实例数最大的类 C_k 作为该节点的类标记，返回 T。

（3）否则，按式（9.2.9）计算 A 中各特征对 D 的信息增益比，选择信息增益比最大的特征 A_g。

（4）如果 A_g 的信息增益比小于阈值 ε，则 T 为单节点树，并将 D 中实例数最大的类 C_k 作为该节点的类标记，返回 T。

（5）否则，对 A_g 的每一可能值 a_i，依 $A_g = a_i$ 将 D 分割为若干非空子集 D_i，将 D_i 中实例数最大的类作为标记，构建叶节点，由节点及其叶节点构成树 T，返回 T。

（6）对第 i 个叶节点，以 D_i 为训练集，以 $A - \{A_g\}$ 为特征集，递归地用（1）～（5），得到子树 T_i，返回 T_i。

9.4.3 CART 算法

分类与回归树（classification and regression tree，CART）模型是应用广泛的决策树学习方法。CART 同样由特征选择、树的生成及剪枝组成，既可以用于分类也可以用于回归。

CART 是在给定随机变量 X 的条件下输出随机变量 Y 的条件概率分布的学习方法。CART 假设决策树是二叉树，内部节点特征的取值为"是"和"否"，左分支是取值为

"是"的分支，右分支是取值为"否"的分支。这样的决策树等价于递归地二分每个特征，将输入空间即特征空间划分为有限个单元，并在这些单元上确定预测的概率分布，也就是在输入给定的条件下输出条件概率分布。

　　CART算法由以下两步构成。
　　（1）决策树生成：基于训练数据集生成决策树，生成的决策树要尽量大。
　　（2）决策树剪枝：用验证数据集对已生成的树进行剪枝并选择最优子树，这时用损失函数最小作为剪枝的标准。

9.4.4　CART 生成

决策树的生成就是递归地构建二叉决策树的过程。对回归树用平方误差最小化准则，对分类树用基尼指数最小化准则，进行特征选择，生成二叉树。

1. 回归树的生成

假设 X 与 Y 分别为输入和输出变量，并且 Y 是连续变量，给定训练数据集
$$D = \{(x_1, y_1), (x_2, y_2), \cdots, (x_N, y_N)\}$$
考虑如何生成回归树。

一棵回归树对应着输入空间（即特征空间）的一个划分及在划分的单元上的输出值。假设已将输入单元划分为 M 个单元 $R_1, R_2, \cdots, R_M$，并且在每个单元 R_m 上有一个固定的输出值 c_m，则回归树模型可以表示为

$$f(x) = \sum_{m=1}^{M} c_m I, \ x \in R_m \tag{9.4.1}$$

当输出空间的划分确定时，可以用平方误差 $\sum_{x_i \in R_m} (y_i - f(x_i))^2$ 来表示回归树对于训练数据的预测误差，用平方误差最小的准则求解每个单元上的最优输出值。可以很容易地知道，单元 R_m 上的 c_m 的最优值 $\hat{c}_m$ 是 R_m 上所有输入实例 x_i 对应的输出 y_i 的均值，即

$$\hat{c}_m = \text{ave}(y_i \mid x_i \in R_m) \tag{9.4.2}$$

问题是怎么对输入空间进行划分。这里采用启发式的方法，选择第 j 个变量 $x^{(j)}$ 和它取的值 s 作为切分变量和切分点，并定义两个区域：

$$R_1(j, s) = \{x \mid x^{(j)} \leqslant s\} \tag{9.4.3}$$
$$R_2(j, s) = \{x \mid x^{(j)} > s\} \tag{9.4.4}$$

然后寻找最优切分变量 j 和最优切分点 s。具体地，求解：

$$\min_{j,s} \left[\min_{c_1} \sum_{x_i \in R_1(j,s)} (y_i - c_1)^2 + \min_{c_2} \sum_{x_i \in R_2(j,s)} (y_i - c_2)^2 \right] \tag{9.4.5}$$

对固定输入变量 j 可以找到最优切分点 s

$$\hat{c}_1 = \text{ave}(y_i \mid x_i \in R_1(j,s)) \tag{9.4.6}$$
$$\hat{c}_2 = \text{ave}(y_i \mid x_i \in R_2(j,s)) \tag{9.4.7}$$

对所有输入变量，找到最优的切分变量 j，构成一个对 (j, s)，以此将输入空间划分为两个区域；接着，对每个区域重复上述划分过程，直到满足停止条件，这样就生成了一棵回归树。这样的回归树就成为最小二乘回归树，算法如下。

最小二乘回归树生成算法的具体流程如下。

输入：训练数据集 D 。

输出：回归树 $f(x)$ 。

在训练数据集所在的输出空间中，递归地将每个区域划分为两个子区域并决定每个子区域上的输出值，构建二叉决策树。

（1）选择最优切分变量 j 与切分点 s ，求解

$$\min_{j,s}\left[\min_{c_1}\sum_{x_i\in R_1(j,s)}(y_i-c_1)^2+\min_{c_2}\sum_{x_i\in R_2(j,s)}(y_i-c_2)^2\right] \tag{9.4.8}$$

对于固定的切分变量 j 扫描切分点 s ，选择使得式（9.4.8）达到最小值的对 (j,s) 。

（2）用选定的对 (j,s) 划分区域并决定相应的输出值：

$$R_1(j,s)=\{x\,|\,x^{(j)}\le s\},\;\; R_2(j,s)=\{x\,|\,x^{(j)}> s\}$$

$$\hat{c}_m=\frac{1}{N_m}\sum_{x_i\in R_m(j,s)}y_i,\;\; x\in R_m;\;\; m=1,2$$

（3）继续对两个子区域调用步骤（1）、（2），直至满足停止条件。

（4）将输出空间划分为 M 个区域 $R_1,R_2,\cdots,R_M$ ，生成决策树：

$$f(x)=\sum_{m=1}^{M}\hat{c}_m I,\;\; x\in R_m$$

2. 分类树的生成

分类树用基尼指数选择最优特征，同时决定该特征的最优二值切分点。

1）CART 算法的具体流程

输入：训练数据集 D ，停止计算的条件。

输出：CART 决策树。

根据训练数据集，从根节点开始，递归地对每个节点进行以下操作，构建二叉决策树。

（1）设节点的训练数据集为 D ，计算现有特征对该数据集的基尼指数。此时，对每一个特征 A ，对其可能取的每个值 a ，根据样本点对 $A=a$ 的测试为"是"或"否"将 D 分割成 D_1 和 D_2 两部分，利用式（9.2.13）计算 $A=a$ 时的基尼指数。

（2）在所有可能的特征 A 及它们所有可能的切分点 a 中，选择基尼指数最小的特征及其对应的切分点作为最优特征与最优切分点。依最优特征与最优切分点，从现节点生成两个叶节点，将训练数据集依特征分配到两个叶节点中去。

（3）对两个叶节点递归地调用（1）、（2），直至满足停止条件。

（4）生成 CART 决策树。

算法停止计算的条件是节点中的样本个数小于预定的阈值或样本的基尼指数小于预定的阈值（样本基本属于同一类），或者没有更多特征。

例 9.4 根据表 9.2.1 给出的训练数据集，应用 CART 算法生成决策树。

解 首先计算各特征的基尼指数，选择最优特征及其最优切分点。仍然用 A_1 、 A_2 、 A_3 、 A_4 分别表示年龄、有工作、有自己的房子和信贷情况这 4 个特征，并以 1、2、3 表示年龄的值为青年、中年和老年，以 1、2 表示有工作和有自己的房子的值为是和否，以 1、2、3 表示信贷情况的值为非常好、好和一般。

求特征 A_1 的基尼指数：

$$\text{Gini}(D, A_1 = 1) = \frac{5}{15}\left[2 \times \frac{2}{5} \times \left(1 - \frac{2}{5}\right)\right] + \frac{10}{15}\left[2 \times \frac{7}{10} \times \left(1 - \frac{7}{10}\right)\right] = 0.44$$

同理：

$$\text{Gini}(D, A_1 = 2) = 0.48$$
$$\text{Gini}(D, A_1 = 3) = 0.44$$

由于 $\text{Gini}(D, A_1 = 1)$ 和 $\text{Gini}(D, A_1 = 3)$ 相等，且最小，所以 $A_1 = 1$ 和 $A_1 = 3$ 都可以选作 A_1 的最优切分点。

求特征 A_2 和 A_3 的基尼指数：

$$\text{Gini}(D, A_2 = 1) = 0.32$$
$$\text{Gini}(D, A_3 = 1) = 0.27$$

由于特征 A_2 和 A_3 只有一个切分点，所以它们就是最优切分点。

求特征 A_4 的基尼指数：

$$\text{Gini}(D, A_4 = 1) = 0.36$$
$$\text{Gini}(D, A_4 = 2) = 0.47$$
$$\text{Gini}(D, A_4 = 3) = 0.32$$

由于 $\text{Gini}(D, A_4 = 3)$ 最小，所以 $A_4 = 3$ 为 A_4 的最优切分点。

在 A_1、A_2、A_3、A_4 这几个特征中，$\text{Gini}(D, A_3 = 1) = 0.27$ 最小，所以选择特征 A_3 为最优特征，$A_3 = 1$ 为其最优切分点。于是根节点生成两个内部节点、一个叶节点；对另一个节点继续使用以上方法在 A_1, A_2, A_4 中选择最优特征及其最优切分点，结果是 $A_2 = 1$。依次计算得知，所得节点都是叶节点。

对于本问题，按照 CART 算法所生成的决策树与按照 ID3 算法生成的决策树完全一致。

表 9.4.1 对上述三种决策树算法的使用场景和划分节点选择的情况进行了归纳总结。

表 9.4.1　常见决策树算法的对比

算法	数据集特征	预测值类型	划分节点指标	适用场景
ID3	离散值	离散值	信息增益	分类
C4.5	离散值、连续值	离散值	信息增益比	分类
CART	离散值、连续值	离散值、连续值	基尼指数、方差	分类、回归

2）CART 剪枝

CART 剪枝算法从完全生长的决策树底端减去一些子树，使决策树变小（模型变简单），从而能够对未知数据有更准确的预测。CART 剪枝算法由两部组成，首先从生成算法产生的决策树 T_0 底端开始不断剪枝，直至 T_0 的根节点，形成一个子树序列 $\{T_0, T_1, \cdots, T_n\}$；然后通过交叉验证法在独立的数据集上对子树序列进行测试，从中选择最优子树。

A. 剪枝，形成一个子树序列

在剪枝过程中，计算子树的损失函数：

$$C_\alpha(T) = C(T) + \alpha |T| \tag{9.4.9}$$

其中，T 为任意子树；$C(T)$ 为对训练数据的预测误差（如基尼指数）；$|T|$ 为子树的叶节点的个数；$\alpha \geq 0$ 为参数；$C_\alpha(T)$ 为参数是 α 时的子树 T 的整体损失。参数 α 权衡训练数据的拟合程度与模型的复杂度。

对固定的 α，一定存在使函数 $C_\alpha(T)$ 最小的子树，将其表示为 T_α。$C_\alpha(T)$ 在损失函数 $C_\alpha(T)$ 最小的意义下是最优的。容易验证这样的最优子树是唯一的。当 α 大的时候，最优子树 T_α 偏小；当 α 小的时候，最优子树 T_α 偏大。极端情况，当 $\alpha=0$ 的时候，整体树是最优的。当 $\alpha \to \infty$ 时，根节点组成的单节点树是最优的。

Breiman 等证明：可以用递归的方法对树进行剪枝。将 α 从小到大排列，$0=\alpha_0<\alpha_1<\cdots<\alpha_n<+\infty$，产生一系列区间 $[\alpha_i,\alpha_{i+1})$，$i=0,1,\cdots,n$；剪枝得到的子树序列对应着区间 $\alpha \in [\alpha_i,\alpha_{i+1})$，$i=0,1,\cdots,n$ 的最优子树序列 $\{T_0,T_1,\cdots,T_n\}$，序列中的子树是嵌套的。

具体地，从整体树 T_0 开始剪枝，对 T_0 的任意内部节点 t，以 t 为单节点树的损失函数是

$$C_\alpha(t)=C(t)+\alpha \qquad (9.4.10)$$

以 t 为根节点的子树 T_t 的损失函数是

$$C_\alpha(T_t)=C(T_t)+\alpha|T_t| \qquad (9.4.11)$$

当 $\alpha=0$ 及 α 充分小时，有不等式

$$C_\alpha(T_t)<C_\alpha(t) \qquad (9.4.12)$$

当 α 增大时，在某一 α 有

$$C_\alpha(T_t)=C_\alpha(t) \qquad (9.4.13)$$

当 α 再增大时，有

$$C_\alpha(T_t)>C_\alpha(t) \qquad (9.4.14)$$

只要 $\alpha=\dfrac{C(t)-C(T_t)}{|T_t|-1}$，$T_t$ 与 t 有相同的损失函数值，由于 t 的节点少，t 比 T_t 更可取，因此对 T_t 进行剪枝。

为此，对 T_0 中每一内部节点 t，计算

$$g(t)=\frac{C(t)-C(T_t)}{|T_t|-1} \qquad (9.4.15)$$

它表示剪枝后整体损失函数减少的程度。在 T_0 中减去 $g(t)$ 最小的子树 T_t，将得到的子树作为 T_1，同时将最小的 $g(t)$ 设为 α_1。T_1 为区间 $[\alpha_1,\alpha_2)$ 的最优子树。

如此剪枝下去，直至得到根节点。在这一过程中，不断增加 α 的值，产生新的区间。

B. 在剪枝得到的子树序列 $T_0,T_1,\cdots,T_n$ 中通过交叉验证法选取最优子树 T_α

具体地，利用独立的验证数据集，测试子树序列 $T_0,T_1,\cdots,T_n$ 中各棵子树的平方误差或基尼指数。平方误差或基尼指数最小的决策树被认为是最优的决策树。在子树序列中，每棵子树 $T_1,T_2,\cdots,T_n$ 都对应于一个参数 $\alpha_0,\alpha_1,\cdots,\alpha_n$。所以，当最优子树 T_k 确定时，对应的 α_k 也就确定了，即得到最优决策树 T_α。

3）CART 剪枝算法的具体流程

输入：CART 算法生成的决策树 T_0。

输出：最优决策树 T_α。

（1）设 $k=0$，$T=T_0$。

（2）设 $\alpha=+\infty$。

（3）自下而上地对各内部节点 t 计算 $C(T_t)$、$|T_t|$ 及

$$g(t)=\frac{C(t)-C(T_t)}{|T_t|-1}$$

$$\alpha=\min(\alpha,g(t))$$

其中，T_t 为以 t 为根节点的子树；$C(T_t)$ 为训练数据的预测误差；$|T_t|$ 为 T_t 的叶节点个数。

（4）对 $g(t) = \alpha$ 的内部节点 t 进行剪枝，并对叶节点 t 以多数表示法决定其类，得到树 T。

（5）设 $k = k+1$，$\alpha_k = \alpha$，$T_k = T$。

（6）如果 T_k 不是由根节点及两个叶节点构成的树，则回到步骤（2）；否则令 $T_k = T_n$。

（7）采用交叉验证法在子树序列 $T_0, T_1, \cdots, T_n$ 中选取最优子树 T_α。

■ 9.5 案例分析

例 9.5 泰坦尼克号数据集（可从网站 https://www.kaggle.com/heptapod/titanic 下载）为 1912 年泰坦尼克号撞击冰山沉没事件中一些乘客和船员的个人信息及是否幸存的状况。该数据集已经切分为训练集 train.csv 和测试集 testd.csv。其中训练集包含 891 个样本，12 个特征；测试集包含 418 个样本，11 个特征。这 2 个数据集的原始数据中包含很多缺失值、内容冗余等不能直接用于分析的信息。

9.5.1 数据处理

首先读取数据集，并计算训练集中幸存者和遇难者的数量，输入命令：

```
Ttrain<-read.csv("/Users/Desktop/train.csv")
Ttest<-read.csv("/Users/Desktop/test.csv")
```
组合数据集，并去除"是否存活"变量，输入命令：
```
Alldata<-rbind.data.frame(Ttrain[,-2],Ttest)
Survived<-Ttrain$Survived
table(Survived)
```

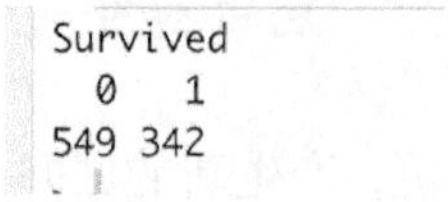

```
Survived
  0   1
549 342
```

图 9.5.1 样本统计结果

输出结果如图 9.5.1 所示。

从图 9.5.1 可以发现，训练集中存活下来的有 342 人，遇难的有 549 人。数据中的其他特征分别为：乘客 ID（PassengerId）、是否获救（Survived）、乘客分类（Pclass）、姓名（Name）、性别（Sex）、年龄（Age）、有多少兄弟姐妹或者配偶同船（SibSp）、有多少父母或子女同船（Parch）、票号（Ticket）、票价（Fare）、客舱号（Cabin）、出发港口（Embarked）。

为了对数据集进行缺失值处理和特征筛选，由于 Cabin 缺失值太多，可以直接剔除，Ticket 和 PassengerId 具有识别性所以也需要剔除，输入命令：

```
Alldata$Cabin<-NULL
Alldata$PassengerId<-NULL
Alldata$Ticket<-NULL
```
输出的数据结果部分如图 9.5.2 所示。

针对其他有缺失值的变量，可以用简单的缺失值填补方法（如中位数、平均值、众数等）进行填补。

（1）Age 变量的缺失值可以用中位数来填补，输入命令：

```
Alldata$Age[is.na(Alldata$Age)]<-median(Alldata$Age,na.rm=TRUE)
```

▲	Pclass	Name	Sex	Age	SibSp	Parch	Fare	Embarked ▼
1	3	Braund, Mr. Owen Harris	male	22.0	1	0	7.2500	S
2	1	Cumings, Mrs. John Bradley (Florence Briggs Thayer)	female	38.0	1	0	71.2833	C
3	3	Heikkinen, Miss. Laina	female	26.0	0	0	7.9250	S
4	1	Futrelle, Mrs. Jacques Heath (Lily May Peel)	female	35.0	1	0	53.1000	S
5	3	Allen, Mr. William Henry	male	35.0	0	0	8.0500	S
6	3	Moran, Mr. James	male	N/A	0	0	8.4583	Q

Showing 1 to 7 of 1,309 entries, 8 total columns

图 9.5.2　数据集输出结果

（2）Fare 变量的缺失值可以用平均值来填补，输入命令：

```
Alldata$Fare[is.na(Alldata$Fare)]<-mean(Alldata$Fare,na.rm=TRUE)
```

（3）Embarked 变量的缺失值可以用众数来填补，输入命令：

```
Embarked<-names(sort(table(Alldata$Embarked),decreasing=T)[1])
```

下面分析数据中的 Name 变量，该变量通常体现样本的社会地位、年龄阶段、性别等信息，针对 Name 变量，因为名称中主要包含的称呼为 Mr、Miss、Mrs、Master 等，所以可以将该特征转化为新的特征，即保留 Mr、Miss、Mrs、Master 这四种称呼，其余用 other 代替。输入命令：

```
newname<-strsplit(Alldata$Name,"")
newname<-sapply(newname,function(x)x[2])
sort(table(newname),decreasing=T)
newnamepart<-c("Mr.","Miss.","Mrs.","Master.")
newname[!(newname %in% newnamepart)]<-"other"
Alldata$Name<-as.factor(newname)
Alldata$Sex<-as.factor(Alldata$Sex)
Alldata$Embarked<-as.factor(Alldata$Embarked)
str(Alldata)
```

输出结果如图 9.5.3 所示。

```
> str(Alldata)
'data.frame':   1309 obs. of  8 variables:
 $ Pclass  : int  3 1 3 1 3 3 1 3 3 2 ...
 $ Name    : Factor w/ 1 level "other": 1 1 1 1 1 1 1 1 1 1 ...
 $ Sex     : Factor w/ 2 levels "female","male": 2 1 1 1 2 2 2 2 1 1 ...
 $ Age     : num  22 38 26 35 35 28 54 2 27 14 ...
 $ SibSp   : int  1 1 0 1 0 0 0 3 0 1 ...
 $ Parch   : int  0 0 0 0 0 0 0 1 2 0 ...
 $ Fare    : num  7.25 71.28 7.92 53.1 8.05 ...
 $ Embarked: Factor w/ 4 levels "","C","Q","S": 4 2 4 4 4 3 4 4 4 2 ...
>
```

图 9.5.3　变量转换输出结果

上面的程序处理好 Name 变量后，将 Name、Sex、Embarked 等变量转化为因子变量。最终数据集中就有 3 个因子变量和 5 个数值变量，输入命令：

```
#将处理好的训练数据和测试数据分开
Ttrainp<-Alldata[1:nrow(Ttrain),]
Ttrainp$Survived<-Survived
Ttestp<-Alldata[(nrow(Ttrain)+1):nrow(Alldata),]
write.csv(Ttrainp,file="mydata.csv",row.names=F)
```

9.5.2 决策树模型建立

我们使用 rpart（）对泰坦尼克号数据集建立决策树模型，先将数据集重新划分训练集和测试集，其中 80%的数据为训练集，剩下的数据作为测试集来验证决策树模型的泛化能力，输入命令：

```
set.seed(123)
CDP<-createDataPartition(Ttrainp$Survived,p=0.8)
train_data<-Ttrainp[CDP$Resample1,]
test_data<-Ttrainp[-CDP$Resample1,]
```

上面的程序使用 createDataPartition（）函数将数据集 Ttrainp 随机切分为两个部分，其中 80%的数据用于训练决策树模型，20%的数据用于验证决策树模型的效果。

使用训练集建立决策树分类器的程序如下：

```
MOD1<-rpart(Survived~.,data=train_data)
par(family="STKaiti")
rpart.plot(MOD1,type=2)
```

输出结果如图 9.5.4 所示。

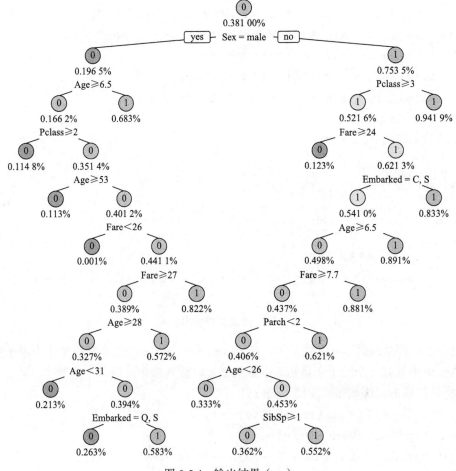

图 9.5.4　输出结果（一）

分析图 9.5.4 的决策树，可以发现根节点为 Sex 变量，如果 Sex=male，则更倾向于遇难的叶节点，这说明有更多的男性会将危险留给自己，去保护女性和儿童。

下面使用测试集来验证模型的预测精度，输入命令：

```
pre_train<-predict(MOD1,train_data,type="prob")
pre_train2<-as.factor(as.vector(ifelse(pre_train[,2]>0.5,1,0)))
pre_test<-predict(MOD1,test_data)
pre_test2<-as.factor(as.vector(ifelse(pre_test[,2]>0.5,1,0)))
sprintf("决策树模型在训练集精度为:%f",accuracy(train_data$Survived,
pre_train2))
sprintf("决策树模型在测试集精度为:%f",accuracy(test_data$Survived,
pre_test2))
```

输出结果如图 9.5.5 所示。

```
> pre_train<-predict(MOD1,train_data,type="prob")
> pre_train2<-as.factor(as.vector(ifelse(pre_train[,2]>0.5,1,0)))
> pre_test<-predict(MOD1,test_data)
> pre_test2<-as.factor(as.vector(ifelse(pre_test[,2]>0.5,1,0)))
> sprintf("决策树模型在训练集精度为: %f",accuracy(train_data$Survived,pre_train
2))
[1] "决策树模型在训练集精度为: 0.854137"
> sprintf("决策树模型在测试集精度为: %f",accuracy(test_data$Survived,pre_test2))
[1] "决策树模型在测试集精度为: 0.786517"
>
```

图 9.5.5　模型预测精度输出结果

为了计算混淆矩阵和模型的精度，输入命令：

```
cfm<-confusionMatrix(pre_test2,as.factor(test_data$Survived))
cfm$table
```

输出结果如图 9.5.6 所示。

```
> cfm<-confusionMatrix(pre_test2,as.factor(test_data$Survived))
> cfm$table
         Reference
Prediction  0  1
         0 93 22
         1 16 47
>
```

图 9.5.6　混淆矩阵的输出结果

上面为检验模型性能的程序，使用 predict（）函数预测决策树在训练集和测试集上的取值，利用参数 type＝"prob"输出样本存活的概率，并将概率大于 0.5 的样本判定为存活。使用 accuracy（）函数计算决策树在训练集和测试集上的精度，可以发现，在训练集上决策树模型的精度为 85.41%，在测试集上的精度为 78.65%。程序中还通过 confusionMatrix（）函数计算出了在测试集上的混淆矩阵，矩阵显示共有 38 个样本预测错误。

9.5.3　决策树剪枝

使用系统默认参数构建的决策树会使其随意生长，该模型的深度较深，从而更复杂，容易对数据造成过拟合，所以要对其进行优化，因此我们采用剪枝。

首先可视化 MOD1 决策树模型的复杂程度，plotcp（）函数可以可视化决策树模型的复杂程度，输入命令：

```
plotcp(MOD1)
```

输出结果如图 9.5.7 所示。

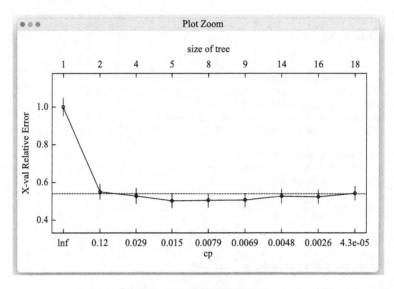

图 9.5.7　决策树的复杂程度

在图 9.5.7 中，每一个深度的决策树（上横坐标）都对应着一个复杂性程度的阈值（下横坐标），而且每一个 cp 取值会对应一个相对误差（纵坐标），所以可以通过设置参数 cp 的取值对决策树模型进行剪枝优化。根据图 9.5.7 中曲线的变化情况，发现 cp 值减小时，决策树的深度增大，相对误差是先减小后增大。

可以根据相对误差最小时所对应的 cp 取值，训练新的决策树分类器，输入命令：

```
bestcp<-MOD1$cptable[which.min(MOD1$cptable[,"xerror"]),"CP"]
bestcp
```

输出结果如图 9.5.8 所示。

```
> bestcp<-MOD1$cptable[which.min(MOD1$cptable[,"xerror"]),"CP"]
> bestcp
[1] 0.008547009
```

图 9.5.8　输出结果（二）

首先求得 xerror 取值最小的情况下 cp 的取值（0.008 547 009），然后通过该值利用 prune（）函数对决策树进行剪枝，并对新的决策树分类器可视化，输入命令：

```
MOD1.pruned<-prune(MOD1,cp=bestcp)
par(family="STKaiti")
par(family="STKaiti")
rpart.plot(MOD1.pruned,type=2)
```
输出结果如图 9.5.9 所示。

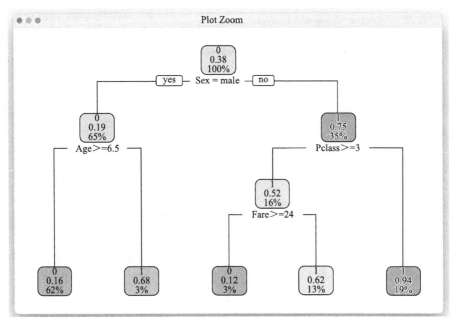

图 9.5.9　剪枝后的决策树模型

通过图 9.5.9 可以发现，剪枝后的决策树模型已经简化了许多，而且决策树的深度只有 4，模型更容易理解。剪枝后的决策树有如下几条规则。

（1）如果 Sex=male，且年龄≥6.5，则对应的人会被预测为遇难者。

（2）如果 Sex=male，且年龄<6.5，则对应的人会被预测为幸存者。

（3）如果 Sex=female，且 Pclass<3，则对应的人会被预测为幸存者。

（4）如果 Sex=female，且 Pclass≥3，Fare≥24，则对应的人会被预测为遇难者。

（5）如果 Sex=female，且 Pclass≥3，Fare<24，则对应的人会被预测为幸存者。

获得剪枝后更简洁的决策树分类器后，仍然需要计算新分类器在训练集和测试集上的预测精度来评价分类器的好坏，输入命令：

```
pre_train_p<-predict(MOD1.pruned,train_data)
pre_train_p2<-as.factor(as.vector(ifelse(pre_train_p[,2]>0.5,
1,0)))
pre_test_p<-predict(MOD1.pruned,test_data)
pre_test_p2<-as.factor(as.vector(ifelse(pre_test_p[,2]>0.5,
1,0)))
sprintf("剪枝后决策树模型在训练集精度为:%f",accuracy(train_data$
Survived,pre_train_p2))
sprintf("剪枝后决策树模型在测试集精度为:%f",accuracy(test_data$
Survived,pre_test_p2))
```

输出结果如图 9.5.10 所示。

```
> pre_train_p<-predict(MOD1.pruned,train_data)
> pre_train_p2<-as.factor(as.vector(ifelse(pre_train_p[,2]>0.5,1,0)))
> pre_test_p<-predict(MOD1.pruned,test_data)
> pre_test_p2<-as.factor(as.vector(ifelse(pre_test_p[,2]>0.5,1,0)))
> sprintf("剪枝后决策树模型在训练集精度为: %f",accuracy(train_data$Survived,pre_tr
ain_p2))
[1] "剪枝后决策树模型在训练集精度为: 0.824684"
> sprintf("剪枝后决策树模型在测试集精度为: %f",accuracy(test_data$Survived,pre_tes
t_p2))
[1] "剪枝后决策树模型在测试集精度为: 0.792135"
>
```

图 9.5.10　输出结果（三）

由图 9.5.10 可知，修剪后的决策树模型在训练集上的预测精度为 82.47%，相比剪枝前精度有所下降，但是在测试集上的精度为 79.21%，即在测试集上的预测精度得到了提升。

决策树的发展

决策树是一类树模型的统称，其最早可以追溯到 1948 年左右，当时克劳德·香农介绍了信息论，这是决策树学习的理论基础之一。随后，1963 年，Morgan 和 Sonquist 开发出第一个回归树，他们提出了一种分析调查数据的方法，这种方法不对交互影响施加任何限制，侧重于减少预测误差，顺序操作，并且不依赖于分类中的线性程度或解释变量的排列顺序，当时他们起名为 AID（automatic interaction detector，自动交互检测）模型。由于 AID 没有真正考虑到数据固有的抽样变异性，Messenger 和 Mandell 在 1972 提出了 THAID（theta automatic interaction detector，THETA 自动交互检测）树以弥补这一缺陷。1980 年，Gordon V. Kass 开发出 CHAID（chi-squared automatic interaction detector，卡方自动交互检测）算法，这是 AID 和 THAID 程序的正式扩展。随后出现的 CART——分类和回归树——是 Leo Breiman 引入的术语，指用来解决分类或回归预测建模问题的决策树算法。CART 模型包括选择输入变量和输入变量上的分割点，直到创建出适当的树，并使用贪婪算法选择使用哪个输入变量和分割点，以使成本函数最小化。

1986 年 Quinlan 应邀在 *Machine Learning* 创刊号上重新发表 ID3 算法，这掀起了决策树研究的热潮，短短几年间众多决策树算法问世，ID4、ID5 等名字迅速被其他研究者提出的算法占用，Quinlan 只好将自己的 ID3 后续算法命名为 C4.0，在此基础上进一步提出了著名的 C4.5（只是对 C4.0 做了些小改进）。根据谷歌趋势和谷歌学术的数据，C4.5 仍然是各种决策树学习算法中最受关注和相关论文数量最多的。因此我们可以将其看作单决策树学习应用中最流行的算法。过去几十年来，决策树已经在很多不同行业领域得到了应用，为管理和决策提供了支持，同时决策树也可以为欺诈检测和故障诊断提供帮助。为了提高它的运算效率，Loh 和 Shih 于 1997 年开发出 QUEST（quick, unbiased and efficient statistical tree，快速、无偏和高效统计树）。1999 年，Yoav Freund 和 Llew Mason 提出 AD-Tree（alternating decision tree，交替决策树），在此之前，决策树已经在正确率上取得了很不错的成绩，但是当时的决策树在结构上依旧太大，而且不容易理解，所以 AD-Tree 在节点上做了改变。该算法不仅对数进行投票，也对决策节点进行投票，使得每个决策节点都是有语义信息的，更容易理解。

此后决策树领域的发展比较稳定，直到深度学习崛起后，不少研究试图将决策树与神经网络结合起来。例如，2017 年，针对泛化能力强大的深度神经网络无法解释其具体决策的问题，深度学习殿堂级人物 Geoffrey Hinton 等发表 arXiv 论文提出了软决策树（soft decision tree）。相较于从训练数据中直接学习的决策树，软决策树的泛化能力更强，并且可以通过层级决策模型把神经网络所习得的知识表达出来，使得决策树的结果更容易解释，这最终缓解了泛化能力与可解释性之间的张力。2018 年，加利福尼亚大学洛杉矶分校的朱松纯教授等发布了一篇使用决策树对神经网络的表征和预测进行解释的论文。该论文借助决策树在语义层面上解释神经网络做出的每一个特定预测，即哪个卷积核（或物体部位）被用于预测最终的类别，以及其在预测中贡献了多少。

总之，决策树学习以其简单、易理解的优势受到了广大机器学习爱好者的欢迎。

本 章 小 结

本章讨论了基于决策树的机器学习模型。决策树就像把 if-then 语句用图形表示出来一样，只是使用了从上至下的建模方法。决策树的模型非常实用，因为它们能够处理缺失数据和异常值，而且它们非常紧凑。更重要的是，决策树的应用简单且直观。在白板上画一棵决策树远比写许多其他机器学习算法容易得多。

（1）决策树算法的原理是：根据信息增益、信息增益比或者基尼指数，对数据集中的特征进行排序。首先选择最重要的变量开始构建决策树，然后根据条件建立分支，再根据需要重复这个步骤。在一些情况下，我们可能需要修剪树，以防它们拥有太多的分支，过度拟合训练数据。

（2）决策树通过询问一系列二元选择题来做预测。

（3）若想生成决策树，就要不断地拆分数据样本以获得同质组，直到满足终止条件，这个过程被称为递归拆分。

（4）虽然决策树易于使用和理解，但是容易造成过拟合问题，导致出现不一致的结果。为了尽量避免出现这种情况，可以采用随机森林等方法替代。

第 10 章

随 机 森 林

随机森林（random forest, RF）是集成学习的一种组合分类方法，集成学习的核心思想是将若干个弱分类器组合起来，得到一个分类性能显著优越的强分类器。如果各弱分类器之间没有强依赖关系、可并行生成，就可以使用随机森林算法。随机森林利用自助抽样法从原数据集中有放回地抽取多个样本，对抽取的样本先用弱分类器——决策树进行训练，然后把这些决策树组合在一起，通过投票得出最终的分类或预测结果。

■ 10.1 集 成 学 习

10.1.1 集成学习概述

集成学习（ensemble learning）通过构建并结合多个学习器来完成学习任务，有时也被称为多分类器系统（multi-classifier system）、基于委员会的学习（committee-based learning）等。

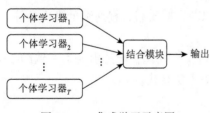

图 10.1.1 集成学习示意图

如图 10.1.1 所示，集成学习的一般结构是：先产生一组个体学习器（individual learner），再用某种策略将它们结合起来。个体学习器通常由一个现有的学习算法从训练数据产生，如决策树算法、神经网络算法等，此时集成中只包含同种类型的个体学习器，如决策树集成中全是决策树，神经网络集成中全是神经网络，这样的集成是"同质"的（homogeneous）。同质集成中的个体学习器也称基学习器（base learner），相应的学习算法称为基学习算法（base learning algorithm）。集成也可包含不同类型的个体学习器，如同时包含决策树和神经网络，这样的集成是"异质"的（heterogenous）。异质集成中的个体学习器由不同的学习算法生成，这时就不再有基学习算法；相应地，个体学习器一般也不称为基学习器，常称为组件学习器（component learner）或直接称为个体学习器。

集成学习通过对多个学习器进行结合，常可获得比单一学习器显著优越的泛化性能，这相较于弱学习器（常指泛化性能略优于随机猜测的学习器，如在二分类问题上精度略高于 50% 的分类器）尤为明显。因此集成学习的很多理论研究都是针对弱学习器进行的，而基学习器有时也被称为弱学习器。但需注意的是,虽然从理论上来说使用弱学习器集成足以获得好的性能,但在实践中出于种种考虑,如希望使用较少的个体学习器,或是重用关于常见学习器的一些经验等,人们往往会使用比较强的学习器。

在一般经验中,如果把好坏不等的东西掺到一起,那么通常结果会是比最坏的要好一些,比最好的要坏一些。集成学习把多个学习器结合起来,如何能获得比最好的单一学习器更好的性能呢?

考虑一个简单的例子:在二分类问题中,假定有三个分类器在三个测试样本中的表现如图 10.1.2 所示,其中√表示分类正确,×表示分类错误,集成学习的结果通过投票法(voting)产生,即少数服从多数。

(a) 集成提升性能

	测试例$_1$	测试例$_2$	测试例$_3$
h_1	√	√	×
h_2	×	√	√
h_3	√	×	√
集成	√	√	√

(b) 集成不起作用

	测试例$_1$	测试例$_2$	测试例$_3$
h_1	√	√	×
h_2	√	√	×
h_3	√	√	×
集成	√	√	×

(c) 集成起负作用

	测试例$_1$	测试例$_2$	测试例$_3$
h_1	√	×	×
h_2	×	√	×
h_3	×	×	√
集成	×	×	×

图 10.1.2　集成个体应"好而不同"

在图 10.1.2(a)中,每个分类器都只有 66.7%的精度,但集成学习的精度却达到了100%;在图 10.1.2(b)中,三个分类器没有差别,集成之后性能也没有提高;在图 10.1.2(c)中每个分类器的精度都只有 33.3%,集成学习的结果变得更糟。这个简单的例子显示出:要获得好的集成,个体学习器应"好而不同",即个体学习器要有一定的准确性(学习器不能太坏),并且要有多样性(学习器间具有差异)。

10.1.2　集成学习分类

根据个体学习器的生成方式,目前的集成学习方法大致可分为两大类,即个体学习器间存在强依赖关系、必须串行生成的序列化方法,以及个体学习器间不存在强依赖关系、可同时生成的并行化方法。前者的代表是 Boosting,后者的代表是 Bagging 算法和随机森林。下文将详细介绍 Bagging 算法和随机森林。

■ 10.2　Bagging 算法

10.2.1　自助法

自助法(bootstrapping)以自助抽样(bootstrap sampling)法为基础。给定包含 m 个样本的数据集 D,我们对其进行抽样产生数据集 D':每次随机从 D 中挑选一个样本,将其拷贝放入 D',然后再将该样本放回初始数据集 D 中,使得该样本在下次抽样时仍有可能被抽到;这个过程重复执行 m 次后,我们就得到了包含 m 个样本的数据集 D',这就是自助抽样的结果。显然,D 中有一部分样本会在 D' 中多次出现,而另一部分样本不出现。可以做一个简单的估计,样本在 m 次抽样中始终不被抽到的概率是 $\left(1-\dfrac{1}{m}\right)^m$,取极限得到

$$\lim_{m\to\infty}\left(1-\frac{1}{m}\right)^m=\frac{1}{e}\approx 0.368 \qquad (10.2.1)$$

即通过自助抽样法，初始数据集 D 中约有 36.8% 的样本未出现在抽样数据集 D' 中，于是我们可将 D' 用作训练集，$D\setminus D'$ 用作测试集；这样，实际评估的模型与期望评估的模型都使用 m 个训练样本，而我们仍有数据总量的 1/3 的、没在训练集出现的样本用于测试。这样的测试结果也称为包外估计（out-of-bag estimate）。

自助法在数据集较小、难以有效划分训练集、测试集时很有用；此外，自助法能从初始数据集中产生多个不同的训练集，这对集成学习等方法有很大的好处。

10.2.2 Bagging 算法的具体流程

Bagging 算法是并行式集成学习方法最著名的代表。它是在上文介绍的自助抽样法基础之上发展而来的。我们抽样出 T 个含有 m 个训练样本的抽样集，然后基于每个抽样集训练出一个基学习器，再将这些基学习器进行结合。这就是 Bagging 算法的基本流程。在对预测输出进行结合时，Bagging 算法通常对分类任务使用简单投票法，对回归任务使用简单平均法。若分类预测时出现两个类收到同样票数的情形，最简单的做法是随机选择一个，也可进一步考察学习器投票的置信度来确定最终获胜者。Bagging 算法的具体流程如下所示。

输入：训练集 $D=\{(x_1,y_1),(x_2,y_2),\cdots,(x_m,y_m)\}$；基学习算法 Σ；训练轮数 T。
过程：
（1）for t=1, 2, $\cdots$, T do。
（2）$h_t=\Sigma(D,D_{bs})$。
（3）end for。

输出：$H(x)=\arg\max\limits_{y\in Y}\sum\limits_{t=1}^{T}I(h_t(x)=y)$。

其中，D_{bs} 为自助抽样产生的样本分布。

假定基学习器的计算复杂度为 $O(m)$，则 Bagging 算法复杂度大致为 $T(O(m)+O(s))$，考虑到抽样与投票/平均过程的复杂度 $O(s)$ 很小，而 T 通常是一个不太大的常数，因此，训练一个 Bagging 算法集成与直接使用基学习算法训练一个学习器的复杂度同阶，这说明 Bagging 算法是一个很高效的集成算法。

值得一提的是，自助抽样过程还给 Bagging 算法带来了另一个优点：由于每个基学习器只使用了初始训练集 63.2% 的样本，剩下约 36.8% 的样本可用作测试集对泛化性能进行包外估计。为此需记录每个基学习器所使用的训练样本。不妨令 D_t 表示 h_t 实际使用的训练样本集；令 $H^{oob}(x)$ 表示对样本 x 的包外预测，即仅考虑那些未使用 x 训练的基学习器在 x 上的预测，有

$$H^{oob}(x)=\arg\max\limits_{y\in Y}I(h_t(x)=y)\cdot I\ (\ x\notin D_t\ ) \qquad (10.2.2)$$

其中，$I(h_t(x)=y)$ 为指示器，用来判断基学习器结果是否与 y 一致，y 的取值一般是-1和1。如果基学习器结果与 y 一致，则 $I(h_t(x)=y)=1$；如果样本不在训练集内，则 $I(x\notin D_t)=1$。综合起来看，就是对包外的数据，用投票法选择包外估计的结果，即 1 或-1。

则 Bagging 算法泛化误差的包外估计为

$$e^{\text{oob}} = \frac{1}{|D|} \sum_{(x,y) \in D} I(H^{\text{oob}}(x) \neq y) \qquad (10.2.3)$$

式（10.2.3）表示估计错误的个数除以总的个数，得到泛化误差的包外估计。

事实上，包外样本还有许多其他用途。例如，当基学习器是决策树时，可使用包外样本来辅助剪枝，或用于估计决策树中各节点的后验概率以辅助对零训练样本节点的处理；当基学习器是神经网络时，可使用包外样本来辅助早停以减少过拟合风险。

从偏差-方差分解的角度看，Bagging 算法主要关注降低方差，因此它在不剪枝决策树、神经网络等易受样本扰动的学习器上效用更为明显。

10.3 随机森林算法介绍

10.3.1 随机森林概述

随机森林是 Bagging 算法的一个拓展变体。随机森林在以决策树为基学习器构建 Bagging 集成的基础上，进一步在决策树的训练过程中引入了随机属性选择。具体来说，传统决策树在选择划分属性时是在当前节点的属性集合（假定有 d 个属性）中选择一个最优属性，而在随机森林中，对基决策树的每个节点，先从该节点的属性集合中随机选择一个包含 k 个属性的子集，然后再从这个子集中选择一个最优属性用于划分。这里的参数 k 控制了随机性的引入程度：若 $k = d$，则基决策树的构建与传统决策树相同；若 $k = 1$，则随机选择一个属性用于划分；一般情况下，推荐值 $k = \log_2 d$。

10.3.2 随机森林的优缺点

随机森林简单、容易实现、计算开销小，令人惊奇的是，它在很多现实任务中展现出了强大的性能，被誉为"代表集成学习技术水平的方法"。可以看出，随机森林对 Bagging 只做了小改动，但是与 Bagging 算法中基学习器的多样性仅通过样本扰动（通过对初始训练集抽样）而来不同，随机森林中基学习器的多样性不仅来自样本扰动，还来自属性扰动。这就使得最终集成的泛化性能可通过个体学习器之间的差异度的增加而进一步得到提升。

随机森林的起始性能往往相对较差，特别是在集成中只包含一个基学习器时。这很容易理解，因为通过引入属性扰动，随机森林中个体学习器的性能往往有所降低，然而，随着个体学习器数目的增加，随机森林通常会收敛到更低的泛化误差。值得一提的是，随机森林的训练效率常优于 Bagging 算法。因为在个体决策树的构建过程中，Bagging 算法使用的是确定型决策树，在选择划分属性时要对节点的所有属性进行考察；而随机森林使用的随机型决策树只需考察一个属性子集。

10.4 模 型 评 估

10.4.1 查准率、查全率与 F_1

对于二分类问题，可将样例根据真实类别与学习器预测类别的组合划分为真正例

（true positive）、假正例（false positive）、真反例（true negative）、假反例（false negative）四种情形，令 TP、FP、TN、FN 分别表示其对应的样例数，则显然有 TP + FP + TN + FN = 样例总数。分类结果的混淆矩阵如表 10.4.1 所示。

表 10.4.1　分类结果混淆矩阵

真正情况	预测结果	
	正例	反例
正例	TP（真正例）	FN（假反例）
反例	FP（假正例）	TN（真反例）

查准率 P 与查全率 R 分别定义为

$$P = \frac{TP}{TP + FP} \qquad (10.4.1)$$

$$R = \frac{TP}{TP + FN} \qquad (10.4.2)$$

查准率与查全率是一对矛盾的变量。一般来说，查准率高时，查全率往往偏低；而查全率高时，查准率往往偏低。以挑选西瓜的问题为例，若希望将好瓜尽可能多地选出来，则可通过增加选瓜的数量来实现，如果将所有西瓜都选上，那么所有的好瓜也必然都被选上了，但这样查准率就会较低；若希望选出的瓜中好瓜的比例尽可能高，则可只挑选最有把握的瓜，但这样就难免会漏掉不少好瓜，使得查全率较低。通常只有在一些简单的任务中，才可能使查全率和查准率都很高。

在很多的情形下，我们可根据学习器的预测结果对样例进行排序，排在前面的是学习器认为"最可能"是正例的样本，排在后面的则是学习器认为"最不可能"是正例的样本。按此顺序逐个把样本作为正例进行预测，则每次可以算出当前的查全率、查准率。以查准率为纵轴，查全率为横轴作图，就得到了查准率-查全率曲线，简称 P-R 曲线，显示该曲线的图称为 P-R 图，图 10.4.1 给出了一个示意图。

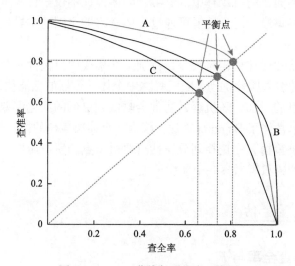

图 10.4.1　P-R 曲线与平衡点示意图

P-R 图可以直观地显示出学习器在样本总体上的查全率、查准率。在进行比较时，若一个学习器的 P-R 曲线被另一个学习器的 P-R 曲线完全包住，则可断言后者的性能优于前者；如图 10.4.1 中学习器 A 的性能优于学习器 C；如果两个学习器的 P-R 曲线发生了交叉，如图 10.4.1 所示的学习器 A 与学习器 B，则难以一般性地断言两种学习器孰优孰劣，只能在具体的查准率或查全率条件下进行比较。然而，在很多情况下，人们往往希望把学习器 A 和学习器 B 比出个高低。这时一个比较合理的判据是比较 P-R 曲线下面积的大小，它在一定程度下表示学习器的查准率和查全率取得"双高"的概率。但这个值不太容易估算，因此，人们设计了一些综合考虑查准率、查全率的性能度量。

平衡点（break-even point，BEP）就是这样一个度量，它是查准率=查全率时的取值，如图 10.4.1 中学习器 C 的 BEP 是 0.64，而基于 BEP 的比较，可认为学习器 A 优于学习器 C。

但 BEP 还是过于简化了些，更常用的是 F_1 度量。

$$F_1 = \frac{2 \times P \times R}{P + R} = \frac{2 \times TP}{样例总数 + TP - TN} \qquad (10.4.3)$$

在一些应用中，对查准率和查全率的重视程度有所不同。例如，在商品推荐系统中，为了尽可能少地打扰客户，更希望推荐内容的确是用户感兴趣的，此时查准率更重要；而在逃犯信息检索系统中，更希望尽可能少地漏掉逃犯，此时查全率更重要。F_1 度量的一般形式——F_β，能让我们表达出对查准率、查全率的不同偏好，它定义为

$$F_\beta = \frac{(1+\beta^2) \times R \times R}{(\beta^2 \times P) + R} \qquad (10.4.4)$$

其中，$\beta > 0$ 度量了查全率对查准率的相对重要性。$\beta = 1$ 时退化为标准的 F_1；$\beta > 1$ 时查全率有更大的影响；$\beta < 1$ 时查准率有更大的影响。

10.4.2 ROC 与 AUC

很多学习器是为测试样本产生一个实值或预测概率，然后将这个预测值与一个分类阈值（threshold）进行比较，若大于阈值则分为正例，否则为反例。例如，神经网络在一般情形下是对每个测试样本预测出一个[0,1]的实值，然后将这个值与阈值进行比较，若大于阈值则分为正例，否则为反例，这个实值或概率预测结果的好坏直接决定了学习器的泛化能力。实际上，根据这个实值或概率预测结果，我们可对测试样本进行排序，"最可能"是正例的排在最前面，"最不可能"是正例的排在最后面。这样，分类过程就相当于在这个排序中从某个"截断点"（cut point）将样本分为两部分，前一部分判作正例，后一部分则判作反例。

在不同的应用任务中，我们可根据任务需求采用不同的截断点，如若我们更重视查准率，则可选择排序中靠前的位置进行截断；若更重视查全率，则可选择靠后的位置进行截断。因此，排序本身质量的好坏，体现了综合考虑学习器在不同任务下的"期望泛化性能"的好坏，或者说，"一般情况下"泛化性能的好坏。ROC 曲线则是从这个角度出发来研究学习器泛化性能的有力工具。

ROC 曲线的全称是受试者操作特征（receiver operating characteristic）曲线，它源于第二次世界大战中用于敌机检测的雷达信号分析技术，20 世纪六七十年代开始被用于一些心理学、医学检测，此后被引入机器学习领域。与上文介绍的 P-R 曲线类似，我们根据学习器的预测结果对样例进行排序，按此顺序逐个把样本作为正例进行预测，每次计

算出两个重要量的值,分别以它们为横、纵坐标作图,就得到了 ROC 曲线,与 P-R 曲线使用查准率、查全率不同,ROC 曲线的纵轴是真正例率(true positive rate,TPR),横轴是假正例率(false positive rate,FPR),基于表 10.4.1 的符号,两者分别定义为

$$TPR = \frac{TP}{TP + FN} \tag{10.4.5}$$

$$FPR = \frac{FP}{TN + FP} \tag{10.4.6}$$

显示 ROC 曲线的图称为 ROC 图。图 10.4.1 给出了一个示意图,显然,对角线对应于随机猜测模型,而点 (0,1) 则对应于将所有正例排在所有反例之前的理想模型。

现实任务中通常是利用有限个测试样例来绘制 ROC 图,此时仅能获得有限个(真正例率、假正例率)坐标对,无法产生图 10.4.2 中的光滑的 ROC 曲线,只能绘制图 10.4.3 所示的近似 ROC 曲线。绘图过程很简单:给定 m^+ 个正例和 m^- 个反例,根据学习器预测结果对样例进行排序,然后把分类阈值设为最大,即把所有样例均预测为反例,此时真正例率和假正例率均为 0,在坐标 (0,0) 处标记一个点,然后,将分类阈值依次设为每个样例的预测值,即依次将每个样例划分为正例,设前一个标记点坐标为 (x, y),当前若为真正例,则对应标记点的坐标为 $\left(x, y + \frac{1}{m^+}\right)$;当前若为假正例,则对应标记点的坐标为 $\left(x + \frac{1}{m^-}, y\right)$,然后用线段连接相邻点即得。

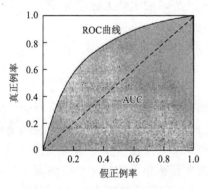
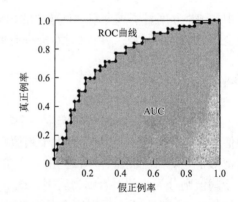

图 10.4.2   ROC 曲线与 AUC   图 10.4.3   基于有限样例绘制的 ROC 曲线与 AUC

进行学习器的比较时,与 P-R 图相似,若一个学习器的 ROC 曲线被另一个学习器的 ROC 曲线完全包住,则可断言后者的性能优于前者;若两个学习器的曲线发生交叉,则难以一般性地断言两者孰优孰劣。此时如果一定要进行比较,则较为合理的判据是比较 ROC 曲线下的面积,即 AUC(area under ROC curve),如图 10.4.2、图 10.4.3 所示。

从定义可知,AUC 可通过对 ROC 曲线下各部分的面积求和而得。假定 ROC 曲线是由坐标为 $\{(x_1, y_1), (x_2, y_2), \cdots, (x_m, y_m)\}$ 的点按序连接而形成 $(x_1 = 0, x_m = 1)$,参见图 10.4.2,则 AUC 可估算为

$$AUC = \frac{1}{2} \sum_{i=1}^{m-1} (x_{i+1} - x_i)(y_i + y_{i+1}) \tag{10.4.7}$$

形式化地看,AUC 考虑的是样本预测的排序质量,因此它与排序误差有紧密联系。

给定 m^+ 个正例和 m^- 个反例，令 D^+ 和 D^- 分别表示正、反例集合，则排序损失（lose）定义为

$$l_{rank} = \frac{1}{m^+ + m^-} \sum_{x^+ \in D^+} \sum_{x^- \in D^-} \left(I\left(f(x^+) < f(x^-) + \frac{1}{2} I(f(x^+) = f(x^-)) \right) \right) \qquad (10.4.8)$$

即考虑每一对正、反例，若正例的预测值小于反例，则记 1 个罚分，若相等，则记 0.5 个罚分。容易看出，l_{rank} 对应的是 ROC 曲线之上的面积：若一个正例在 ROC 曲线上的对应标记点为 (x, y)，则 x 恰是排序在其之前的反例所占的比例，即假正例率。因此有

$$AUC = 1 - l_{rank} \qquad (10.4.9)$$

■ 10.5 案 例 分 析

10.5.1 iris 数据集简介

iris 数据集是机器学习任务中常用的分类实验数据集，由 Fisher 在 1936 年收集整理。iris 数据集的中文名是安德森鸢尾花卉数据集，英文全称是 Anderson's iris data set。该数据集是一类多重变量分析的数据集。iris 一共包含 150 个样本，分为 3 类，每类 50 个数据，每个数据包含 4 个属性。可建立随机森林模型，通过花萼长度（sepal length）、花萼宽度（sepal width）、花瓣长度（petal length）、花瓣宽度（petal width）4 个属性来预测鸢尾花属于山鸢尾（setosa）、变色鸢尾（versicolor）、维吉尼鸢尾（virginica）3 个种类中的哪一类。

10.5.2 R 语言操作

```
####加载程序包
library(randomForest)
library(caret)
library(pROC)
#randomForest 包可建立随机森林模型,我们将调用其中的 randomForestes()
函数
#caret 包可计算混淆矩阵,我们将调用其中的 confusionMatrix()函数
#pROC 包用于 ROC 曲线对象的生成和绘制,我们将调用其中的 roc()函数

####设置随机种子
set.seed(12345)

####设置工作空间
setwd("D:/dma_Rbook")

####导入数据
data("iris")
```

####将数据集分为训练数据集和测试数据集

```
trainlist<-createDataPartition(iris$Species,p=0.8,list=FALSE)
trainset<-iris[trainlist,]
testset<-iris[-trainlist,]
```

#将 iris 中 80%的数据当作训练集,其余 20%的数据当作测试集

```
dim(trainset)
[1] 120    5
dim(testset)
[1] 30    5
```

#可知训练集有 120 行 5 列,测试集有 30 行 5 列

####开始建模

```
rf.train<-randomForest(as.factor(Species) ~ .,data=trainset,
importance=TRUE,na.action=na.pass)
```

#使用randomForest()函数建立随机森林模型进行分类,指定分类变量为Species,对应的数据集为训练集

#建模完毕后,看一下分类的准确性(图 10.5.1)

```
print(rf.train)
```

```
Call:
 randomForest(formula = as.factor(Species) ~ ., data = trainset,      import
ance = TRUE, na.action = na.pass)
                Type of random forest: classification
                      Number of trees: 500
No. of variables tried at each split: 2

        OOB estimate of  error rate: 5%
Confusion matrix:
          setosa versicolor virginica class.error
setosa       40          0         0        0.00
versicolor    0         38         2        0.05
virginica     0          4        36        0.10
```

图 10.5.1   输出结果(一)

#print 的结果中,OOB estimate of error rate 表明了包外预测的错误率为 5%,Confusion matrix 表明了每个分类的具体分类情况。对于 setosa 这个种类而言,有 40 个样本分到了 setosa 这个组,预测完全正确;对于 versicolor 这个种类而言,有 4 个本属于 versicolor 种类的样本被错分到 virginica 种类中;对于 virginica 这个种类而言,有 2 个原本属于 virginica 的样本被错分到 versicolor 种类中。

```
plot(rf.train,main="random forest")
```

#通过画图,更加直观地看训练的效果(图 10.5.2)

#可看出,在决策树的数量大于 100 时就基本稳定了,模型训练效果不错

####用模型进行预测

```
rf.test<-predict(rf.train,newdata=testset,type="class")
rf.cf<-confusionMatrix(as.factor(rf.test),as.factor(testset$
Species))
```

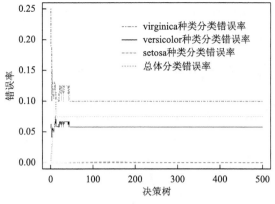

图 10.5.2　模型训练效果图

#调用 confusionMatrix() 函数计算混淆矩阵,将预测的结果与测试集原本的种
类进行对比(图 10.5.3)

```
print(rf.cf)
```

```
Confusion Matrix and Statistics

          Reference
Prediction setosa versicolor virginica
  setosa       10         0         0
  versicolor    0        10         1
  virginica     0         0         9

Overall Statistics

               Accuracy : 0.9667
                 95% CI : (0.8278, 0.9992)
    No Information Rate : 0.3333
    P-Value [Acc > NIR] : 2.963e-13

                  Kappa : 0.95

 Mcnemar's Test P-Value : NA

Statistics by Class:

                     Class: setosa Class: versicolor Class: virginica
Sensitivity                 1.0000            1.0000           0.9000
Specificity                 1.0000            0.9500           1.0000
Pos Pred Value              1.0000            0.9091           1.0000
Neg Pred Value              1.0000            1.0000           0.9524
Prevalence                  0.3333            0.3333           0.3333
Detection Rate              0.3333            0.3333           0.3000
Detection Prevalence        0.3333            0.3667           0.3000
Balanced Accuracy           1.0000            0.9750           0.9500
```

图 10.5.3　输出结果 (二)

#种类 setosa 和种类 versicolor 预测全部正确,种类 virginica 预测错了一个;
预测的准确率为 0.9667

####用 AUC 进行模型评价

```
rf.test2<-predict(rf.train,newdata=testset,type="prob")
roc.rf<-multiclass.roc(testset$Species,rf.test2)
print(roc.rf)
```

```
Call:
multiclass.roc.default(response = testset$Species, predictor = rf.test2)

Data: multivariate predictor rf.test2 with 3 levels of testset$Species: seto
sa, versicolor, virginica.
Multi-class area under the curve: 1
```

图 10.5.4　输出结果 (三)

\#Multi-class area under the curve:1,AUC=1,模型预测的效果非常好（图 10.5.4）

如何用随机森林算法，在深海养肥一群鱼

爱吃生鱼片的朋友们对黄尾鰤鱼（Yellowtail Kingfish）肯定有所耳闻。在餐馆里，黄尾鰤鱼也常被写作黄狮鱼、黄条鰤。这种大型深海鱼肉质绵密、富含 Omega-3 且没有腥味、口感一流，被视为刺身极品。野生黄尾鰤鱼由于捕捞、钓期较短、捕捞困难等因素，价格也一直居高不下。

黄尾鰤鱼生长速度较快，但是野生种群数量不多，所以很难形成商业化捕捞。随着海洋养殖技术的发展，也可通过养殖黄尾鰤鱼，供应日益增长的消费需求。对于海洋养殖业，如何全面掌握黄尾鰤鱼的生活习性及产卵繁殖特点，有针对性地保护成熟期的黄尾鰤鱼，成为提高养殖生产效率和盈利水平的关键。

黄尾鰤鱼是一种随季节和温度变化做周期性洄游的鱼类，主要分布在我国各大沿海、日本、朝鲜半岛和澳大利亚周边远离岸边的外海岩礁区水域。2010～2020 年，得益于观测设备的发展，生物追踪领域有了显著发展，对物种的远程监测也获得了诸多突破，越来越多的科学家开始大规模使用三轴加速器对海洋生物进行行为观测和数据收集。三轴加速器通过测量三个轴的加速度，可以产生描述生物运动、活动的时间序列，进而根据环境中加速度的特征，推演动物行为。此外加速器数据可以与时空数据（深度、地理位置、季节等）结合，以确定产卵、进食等生态学上的重要行为。三轴加速器收集的数据量巨大，甚至多达数百万行（包括加速度、身体位置等），因此需要借助半自动分析系统来对生物行为进行分类。

黄尾鰤鱼的移动行为也很复杂，平均时速在三四十公里，瞬间加速追捕猎物甚至能超过时速 100 公里。这类突然的高振幅"爆发"行为，使得自动化分析技术的发展受到阻碍。面对包含运动速度、时间、深度、地理位置等多维度、数量庞杂的时空数据，机器学习成为科研人员的首选。福林德斯大学科学与工程学院的博士生 Thomas Clarke，基于 6 条养殖黄尾鰤鱼在产卵期 624 个小时的加速器数据，训练了一个随机森林机器学习算法，确定了黄尾鰤鱼的 5 种不同的行为（游泳、进食、受伤、逃跑和求偶）。这是第一个用机器学习技术识别野生黄尾鰤鱼产卵行为的研究，对利用 AI 更好地理解深海鱼类的生殖模式具有重要意义。

Thomas Clarke 和同事在这项研究中，通过描述和量化养殖黄尾鰤鱼的行为，在基准真相加速器数据的基础上，研发了一个有监督机器学习算法（RF 模型）。随后这一模型被用于分析野生黄尾鰤鱼的数据，进而预测自然发生的产卵行为。

■ 本 章 小 结

（1）随机森林是不同决策树的集合，它利用自助抽样法从原数据集中有放回地抽取

多个样本，对抽取的样本先用决策树进行培训，然后把这些决策树组合在一起，通过投票得出最终的分类或预测结果。

（2）集成学习通过对多个学习器进行结合，常可获得比单一学习器显著优越的泛化性能。

（3）Bagging 算法自助抽样产生不同的数据集，训练出具有差异性的模型，最后通过平权投票，多数表决，其输出类别由个别树输出类别的众数决定。

（4）本章介绍了随机森林的优缺点评价。

（5）本章介绍了如何运用 R 语言实现对随机森林模型的构建。

常国珍，赵仁乾，张秋剑. 2018. Python 数据科学：技术详解与商业实践. 北京：机械工业出版社.

朝乐门. 2017. 数据科学理论与实践. 北京：清华大学出版社.

陈强. 2014. 高级计量经济学及 Stata 应用. 2 版. 北京：高等教育出版社.

陈强. 2015. 计量经济学及 Stata 应用. 北京：高等教育出版社.

陈强. 2020. 机器学习及 R 应用. 北京：高等教育出版社.

陈强. 2021. 机器学习及 Python 应用. 北京：高等教育出版社.

陈仲铭，彭凌西. 2018. 深度学习原理与实践. 北京：人民邮电出版社.

戴璞微，潘斌. 2019. 机器学习入门：基于数学原理的 Python 实战. 北京：北京大学出版社.

段小手. 2018. 深入浅出 Python 机器学习. 北京：清华大学出版社.

方匡南. 2018. 数据科学. 北京：电子工业出版社.

方匡南，朱建平，姜叶飞. 2015. R 数据分析——方法与案例详解. 北京：电子工业出版社.

高扬，卫峥，尹会生. 2016. 白话大数据与机器学习. 北京：机械工业出版社.

华校专，王正林. 2017. Python 大战机器学习：数据科学家的第一个小目标. 北京：电子工业出版社.

黄莉婷，苏川集. 2019. 白话机器学习算法. 武传海，译. 北京：人民邮电出版社.

焦李成，赵进，杨淑媛，等. 2017. 深度学习、优化与识别. 北京：清华大学出版社.

雷明. 2019. 机器学习与应用. 北京：清华大学出版社.

李刚. 2019. 疯狂 Python 讲义. 北京：电子工业出版社.

李航. 2019. 统计学习方法. 2 版. 北京：清华大学出版社.

李子奈，潘文卿. 2020. 计量经济学. 5 版. 北京：高等教育出版社.

林荟. 2017. 套路！机器学习：北美数据科学家的私房课. 北京：电子工业出版社.

刘廷元. 1994. 文献计量学、科学计量学和信息计量学的联系与区别. 图书与情报，（1）：19-24.

马慧慧. 2016. Stata 统计分析与应用. 3 版. 北京：电子工业出版社.

明日科技. 2018. 零基础学 Python. 长春：吉林大学出版社.

莫凡. 2020. 机器学习算法的数学解析与 Python 实现. 北京：机械工业出版社.

彭伟. 2018. 揭秘深度强化学习. 北京：中国水利水电出版社.

乔霓丹. 2020. 深度学习与医学大数据. 上海：上海科学技术出版社.

邱均平. 1995. 中国文献计量学、科学计量学教育的兴起和发展. 中国图书馆学报，（4）：3-8，48.

斯科特 V B. 2018. 基于 R 语言的机器学习. 马晶慧，译. 北京：中国电力出版社.

嵩天，礼欣，黄天羽. 2017. Python 语言程序设计基础. 2 版. 北京：高等教育出版社.

孙江伟，王韵章，宁铮，等. 2021. 玩转大数据：SAS+R+Stata+Python. 北京：清华大学出版社.

唐亘. 2018. 精通数据科学：从线性回归到深度学习. 北京：人民邮电出版社.

唐宇迪. 2019. 跟着迪哥学 Python 数据分析与机器学习实战. 北京：人民邮电出版社.

王国辉，李磊，冯春龙. 2018. Python 从入门到项目实践. 长春：吉林大学出版社.

王汉生. 2017. 数据思维：从数据分析到商业价值. 北京：中国人民大学出版社.

吴岸城. 2016. 神经网络与深度学习. 北京：电子工业出版社.

吴礼斌，李柏年. 2017. MATLAB 数据分析方法. 北京：机械工业出版社.

吴喜之. 2018. Python——统计人的视角. 北京：中国人民大学出版社.

薛震，孙玉林. 2020. R 语言统计分析与机器学习. 北京：中国水利水电出版社.

杨维忠，张甜. 2021. Stata 统计分析商用建模与综合案例精解. 北京：清华大学出版社.

于剑. 2017. 机器学习：从公理到算法. 北京：清华大学出版社.

袁军鹏. 2010. 科学计量学高级教程. 北京：科学技术文献出版社.

袁梅宇. 2018. 机器学习基础——原理、算法与实践. 北京：清华大学出版社.

张 A，李沐，立顿 Z C，等. 2019. 动手学深度学习. 北京：人民邮电出版社.

张俊妮. 2021. 数据挖掘：基于 R 语言的实战. 北京：人民邮电出版社.

张甜，李爽. 2017. Stata 统计分析与行业应用案例详解. 2 版. 北京：清华大学出版社.

张威. 2020. 机器学习从入门到入职：用 Sklearn 与 Keras 搭建人工智能模型. 北京：电子工业出版社.

张宪超. 2017. 数据聚类. 北京：科学出版社.

张玉宏. 2018. 深度学习之美：AI 时代的数据处理与最佳实践. 北京：电子工业出版社.

周志华. 2016. 机器学习. 北京：清华大学出版社.

朱筱筱. 2019. 关于网络爬虫监管的思考. 电子世界，（23）：70-71.

Albon C. 2018. Machine Learning with Python Cookbook. Sebastopol：O'Reilly Media，Inc.

Alpaydin E. 2004. Introduction to Machine Learning. Cambridge：The MIT Press.

Alpaydin E. 2014. Introduction to Machine Learning. 3rd ed. Cambridge：The MIT Press.

Beaver D D，Rosen R. 1978. Studies in scientific collaboration. Scientometrics，1（1）：65-84.

Breiman L. 1996. Bagging predictors. Machine Learning，24：123-140.

Breiman L. 2001a. Statistical modeling：the two cultures. Statistical Science，16（3）：199-231.

Breiman L. 2001b. Random forests. Machine Learning，45：5-32.

Breiman L，Friedman J H，Olsen R A，et al. 1984. Classification and Regression Trees. Boca Raton：Chaoman & Hall.

Brownlee J. 2016. Machine Learning Mastery with Python. http://machinelearningmastery.com/machine-learning-with-python.

Brynjolfsson E，Mitchell T. 2017. What can machine learning do? Workforce implications. Science，358（6370）：1530-1534.

Burkov A. 2019. The Hundred-Page Machine Learning Book. www.themlbook.com.

Chen T Q，Guestrin C. 2016. XGBoost：a scalable tree boosting system. San Francisco：22nd SIGKDD Conference on Knowledge Discovery and Data Mining（KDD）.

Chollet F. 2018. Deep Learning with Python. Greenwich：Manning Publications Co.

Cobb C W，Douglas P H. 1928. A theory of production. American Economic Review，18：139-165.

Cohen J. 1960. A coefficient of agreement for nominal scales. Educational and Psychological Measurement，20：37-46.

Conway D，White J M. 2012. Machine Learning for Hackers. Sebastopol：O'Reilly Media Inc.

Cortes C，Vapnik V. 1995. Support-vector networks. Machine Learning，20：273-297.

Cybenko G. 1989. Approximation by superpositions of a sigmoidal function. Mathematics of Control，Signals，and Systems，2：303-314.

Dangeti P. 2017. Statistics for Machine Learning. Birmingham：Packt Publishing.

Efron B. 1979. Bootstrap methods：another look at the jackknife. The Annals of Statistics，7：1-26.

Efron B，Hastie T. 2016. Computer Age Statistical Inference：Algorithms，Evidence，and Data Science. Cambridge：Cambridge University Press.

Efron B，Hastie T，Johnstone I，et al. 2004. Least angle regression. The Annals of Statistics，32：407-499.

Fisher R A. 1936. The use of multiple measurements in taxonomic problems. Annals of Eugenics，7：179-188.

Fix E，Hodges J L. 1951. Discriminatory analysis，nonparametric discrimination：consistency properties. Randolph Field：Technical Report 4，USAF School of Aviation Medicine.

Freund Y，Schapire R E. 1996. Experiments with a new boosting algorithm//Freund Y，Schapire R E. Proceedings of the Thirteenth International Conference on Machine Learning. San Francisco：Morgan Kauffman：156-158.

Freund Y，Schapire R E. 1997. A decision-theoretic generalization of on-line learning and an application to boosting. Journal of Computer and System Sciences，55：119-139.

Friedman J，Hastie T，Höfling H，et al. 2007. Pathwise coordinate optimization. The Annals of Applied Statistics，1：302-332.

Friedman J H. 2001. Greedy function approximation：a gradient boosting machine. The Annals of Statistics，29：1189-1232.

Friedman J H. 2002. Stochastic gradient boosting. Computational Statistics & Data Analysis，38：367-378.

Fukushima K. 1980. Neocognitron：a self-organizing neural network model for a mechanism of pattern recognition unaffected by shift in position. Biological Cybernetics，36：193-202.

Geron A. 2017. Hands-On Machine Learning with Scikit-Learn and Tensor Flow. Sebastopol：O'Reilly Media，Inc.

Goodfellow I，Bengio Y，Courville A. 2016. Deep Learning. Cambridge：The MIT Press.

Grus J. 2015. Data Science from Scratch. Sebastopol：O'Reilly Media，Inc.

Harrington P. 2012. Machine Learning in Action. Greenwich：Manning Publications Co.

Harrison Jr D，Rubinfeld D L. 1978. Hedonic housing prices and the demand for clean air. Journal of Environmental Economics and Management，5：81-102.

Haslwanter T. 2016. An Introduction to Statistics with Python. Berne：Springer International Publishing.

Hastie T，Tibshirani T，Friedman J. 2009. The Elements of Statistical Learning. 2nd ed. Berlin：Springer.

Haykin S. 1999. Neural Networks：A Comprehensive Foundation. 2nd ed. Englewood：Pearson Prentice Hall.

Haykin S. 2009. Neural Networks and Learning Machines. 3rd ed. Englewood：Pearson Prentice Hall.

He K M，Zhang X Y，Ren S Q，et al. 2016. Deep residual learning for image recognition. IEEE Conference on Computer Vision and Pattern Recognition.

Hoerl A E，Kennard R W. 1970. Ridge regression：biased estimation for nonorthogonal problems. Technometrics，12（1）：55-67.

Hornik K，Stinchcombe M，White H. 1989. Multilayer feedforward networks are universal approximators. Neural Networks，2：359-366.

Hotelling H. 1933. Analysis of a complex of statistical variables into principal components. Journal of Educational Psychology，24：417-441.

Jackson J E. 1991. A User's Guide to Principal Components. New York：John Wiley & Sons，Inc.

James G，Witten D，Hastie T，et al. 2013. An Introduction to Statistical Learning with Applications in R. Berlin：Springer.

Johnson R A，Wichern D W. 2007. Applied Multivariate Statistical Analysis. 6th ed. Englewood：Pearson Prentice Hall.

Kelleher J D，Namee B M，D'Arcy A. 2015. Fundamentals of Machine Learning for Predictive Data Analytics. Cambridge：The MIT Press.

Kessler M M. 1963. Bibliographic coupling between scientific papers. American Documentation，14（1）：10-25.

Kiefer J，Wolfowitz J. 1952. Stochastic estimation of the maximum of a regression function. The Annals of Mathematical Statistics，23：462-466.

Krizhevsky A，Sutskever I，Hinton G E. 2012. ImageNet classification with deep convolutional neural networks//Krizhevsky A，Sutskever I，Hinton G E. Advances in Neural Information Processing Systems. Doha：Curran Associates：1097-1105.

LeCun Y，Boser B，Denker J，et al. 1990. Handwritten digit recognition with a back-propagation network// Jordan M，LeCun Y，Solla S A. Advances in Neural Information Processing Systems. San Francisco：Morgan Kaufmann Publishers：386-404.

LeCun Y，Bottou L，Bengio Y，et al. 1998. Gradient-based learning applied to document recognition. Proceedings of the IEEE，86：2278-2324.

Lutz M. 2013. Learning Python. 5th ed. Sebastopol：O'Reilly Media，Inc.

Maas A L，Hannun A Y，Ng A Y. 2013. Rectifier nonlinearities improve neural network acoustic models. The 30th International Conference on Machine Learning.

MacQueen J. 1967. Some methods for classification and analysis of multivariate observations. The 5th Berkeley Symposium on Mathematical Statistics and Probability.

Mahalanobis P C.1936. On the generalized distance in statistics. Proceedings of the National Institute of Sciences of India，2：49-55.

Marsland S. 2015. Machine Learning：An Algorithmic Perspective. 2nd ed. Boca Raton：Talor & Francis Group.

Matthes E. 2019. Python Crash Course. 2nd ed. San Francisco：No Starch Press.

McCulloch W S，Pitts W. 1990. A logical calculus of the ideas immanent in nervous activity. Bulletin of Mathematical Biology，52（1/2）：99-115.

McFadden D L. 1974. Condition logit analysis of qualitative choice behavior//Zarembka P. Frontiers in Econometrics. New York：Academic Press：105-142.

McKinney W. 2018. Python for Data Analysis：Data Wrangling with Pandas，NumPy，and IPython. 2nd ed. Sebastopol：O'Reilly Media，Inc.

Minsky M L，Papert S A. 1969. Perceptrons. Cambridge：The MIT Press.

Mitchell T M. 1997. Machine Learning. New York：McGraw-Hill Education.

Mohri M，Rostamizadeh A，Talwalkar A. 2012. Foundations of Machine Learning. Cambridge：The MIT Press.

Moro S，Cortez P，Rita P. 2014. A data-driven approach to predict the success of bank telemarketing. Decision Support Systems，62：22-31.

Müller A C，Guido S. 2017. Introduction to Machine Learning with Python：A Guide for Data Scientists. Sebastopol：O'Reilly Media，Inc.

Nair V，Hinton G E. 2010. Rectified linear units improve restricted Boltzmann machines. The 27th International Conference on Machine Learning.

Pearson K. 1901. On lines and planes of closest fit to systems of points in space. The London，Edinburgh，and Dublin Philosophical Magazine and Journal of Science，2（11）：559-572.

Quinlan J R. 1979. Discovering rules by introduction from large collection of examples//Michie D. Expert Systems in the Micro Electronic Age. Edinburgh：Edinburgh University Press：168-201.

Quinlan J R. 1986. Induction of decision trees. Machine Learning，1：81-106.

Raschka S，Mirjalili V. 2017. Python Machine Learning. 2nd ed. Birmingham：Packt Publishing.

Rencher A C，Christensen W F. 2012. Methods of Multivariate Analysis. 3rd ed. New York：John Wiley & Sons，Inc.

Ripley B D. 1996. Pattern Recognition and Neural Networks. Cambridge：Cambridge University Press.

Robbins H，Monro S. 1951. A stochastic approximation method. The Annals of Mathematical Statistics，22：400-407.

Rosenblatt F. 1958. The perceptron：a probabilistic model for information storage and organization in the brain. Psychological Review，65：386-408.

Rubin D B. 1974. Estimating causal effects of treatments in randomized and nonrandomized studies. Journal of Educational Psychology，66：688-701.

Rumelhart D E，Hinton G E，Williams R J. 1986a. Learning internal representations by error propagation// Rumelhart D E，McClelland J L. Parallel Distributed Processing：Explorations in the Microstructure of Cognition. Cambridge：The MIT Press：318-362.

Rumelhart D E，Hinton G E，Williams R J. 1986b. Learning representations by back-propagating errors. Nature，323：533-536.

Shalev-Shwartz S，Ben-David S. 2014. Understanding Machine Learning：From Theory to Algorithms. Cambridge：Cambridge University Press.

Small H. 1973. Co-citation in the scientific literature：a new measure of the relationship between two documents. Journal of the American Society for Information Science，24（4）：265-269.

Srivastava N，Hinton G，Krizhevsky A，et al. 2014. Dropout：a simple way to prevent neural networks from overfitting. Journal of Machine Learning Research，15：1929-1958.

Stigler S M. 1981. Gauss and the invention of least squares. The Annals of Statistics，9（3）：465-474.

Strang G. 2016. Introduction to Linear Algebra. 5th ed. Wellesley：Wellesley-Cambridge Press.

Strang G. 2019. Linear Algebra and Learning from Data. Wellesley：Wellesley- Cambridge Press.

Sugiyama M. 2016. Introduction to Statistical Machine Learning. San Francisco：Morgan Kaufmann Publishers.

Theobald O. 2017. Machine Learning for Absolute Beginners. 2nd ed. https://www.doc88.com/p-7728437399490. html?r=1.

Theodoridis S. 2015. Machine Learning：A Bayesian and Optimization Perspective. New York：Academic Press.

VanderPlas J. 2017. Python Data Science Handbook. Sebastopol：O'Reilly Media，Inc.

Vapnik V N. 1995. The nature of Statistical Learning Theory. Berlin：Springer.

Vapnik V N. 1998. Statistical Learning Theory. New York：John Wiley & Sons，Inc.

Verhulst P F. 1838. Notice sur la loi que la population suit dans son accroissement. Correspondence Mathématique et Physique，10：113-121.

Werbos P. 1974. Beyond regression：new tools for prediction and analysis in the behavioral science. Ph. D. Thesis，Harvard University.

Wickham H. 2016. Ggplot2：Elegant Graphics for Data Analysis. 2nd ed. Berlin：Springer.

Wickham H，Grolemund G. 2017. R for Data Science. Sebastopol：O'Reilly Media，Inc.

Witten I H，Frank E，Hall M A，et al. 2017. Data Mining：Practical Machine Learning Tools and Techniques. 4th ed. San Francisco：Morgan Kaufmann Publishers.

Wolpert D H. 1996. The lack of a priori distinctions between learning algorithms. Neural Computation，8：1341-1390.

Wu T T，Lange K. 2008. Coordinate descent algorithms for lasso penalized regression. The Annals of Applied Statistics，2：224-244.

Zou H，Hastie T. 2005. Regularization and variable selection via the elastic net. Journal of the Royal Statistical Society：Series B（Statistical Methodology），67：301-320.